Vahlens Übungsbücher

Küpper/Friedl/Hofmann/Pedell
Übungsbuch zur Kosten- und Erlösrechnung

Übungsbuch zur Kosten- und Erlösrechnung

von

Prof. Dr. Dr. h.c. Hans-Ulrich Küpper
Prof. Dr. Gunther Friedl
Prof. Dr. Christian Hofmann
Prof. Dr. Burkhard Pedell

6., überarbeitete und erweiterte Auflage

Verlag Franz Vahlen München

ISBN 978 3 8006 3803 1

© 2011 Verlag Franz Vahlen GmbH,
Wilhelmstr. 9, 80801 München
Satz: DTP-Vorlagen der Autoren
Druck und Bindung:
Druckhaus Nomos, In den Lissen 12, 76547 Sinzheim

Gedruckt auf säurefreiem, alterungsbeständigem Papier
(hergestellt aus chlorfrei gebleichtem Zellstoff)

Vorwort zur sechsten Auflage

Dieses Übungsbuch wird offensichtlich weiter intensiv genutzt. Deshalb konnten wir es für diese sechste Auflage um zusätzliche Aufgaben ergänzen. Entsprechend den Wirkungsstätten der Autoren haben sie an unterschiedlichen Universitäten ihren ersten „Praxistest" schon hinter sich.

Für die Endredaktion danken wir vor allem Frau Dipl.-Kffr. Claudia Gaier, MBR, und Herrn Dipl.-Kfm. Markus Brunner, MBR, sowie Herrn Dennis Brunotte für die wiederum äußerst unkomplizierte Zusammenarbeit mit dem Vahlen-Verlag.

Im Namen aller Autoren:

München, im Sommer 2010   Prof. Dr. Dr. h.c. Hans-Ulrich Küpper

Vorwort zur fünften Auflage

Ein Übungsbuch lebt von den Studierenden, die sich an ihm trainieren und mit schwer ausrottbaren Unvollkommenheiten kämpfen müssen, sowie den Dozenten, welche für die (leider) unumgänglichen Klausuren regelmäßig neue Aufgaben ‚erfinden'. Über die Jahre hinweg leisten immer neue Mitarbeiter einen Beitrag. Dieser Wechsel in der Betreuung der Übungen und der damit verbundenen Aufgaben betrifft bei diesem Übungsbuch nicht nur die jeweiligen Bearbeiter der Neuauflagen. Alle seit dem Erstentwurf als „Darmstädter Skript" und der ersten Auflage als Autoren oder Überarbeiter Mitwirkenden sind inzwischen ihren Weg erfolgreich in Hochschule oder Praxis gegangen.

Die Koautoren dieser Auflage haben mich über mehrere Jahre hinweg an der Universität München begleitet und dabei eingehende Erfahrungen mit diesem Übungsbuch gesammelt. Diese haben sie in die vorige und die jetzige Neuauflage eingebracht, die das bewährte Gesamtkonzept beibehält, aber um zusätzliche Aufgaben erweitert wurde. Für deren Einarbeitung und die Endredaktion danke ich in besonderer Weise den Herren Dipl.-Kfm. Christian Lohmann, MBR, und Dr. Kai Sandner, MBR. Ein besonders herzlicher Dank richtet sich diesmal an Herrn Dipl.-Volkswirt Dieter Sobotka für die nicht nur über Jahre, sondern Jahrzehnte reichende hervorragende Zusammenarbeit.

München, im Sommer 2007   Prof. Dr. Dr. h.c. Hans-Ulrich Küpper

Vorwort zur ersten Auflage

Die Kosten- und Erlösrechnung gehört zu den wichtigsten Informationsinstrumenten von Unternehmungen. Ihre Kenntnis ist eine zentrale Basis betriebswirtschaftlichen Wissens und bildet daher einen wichtigen Gegenstand aller kaufmännischen oder betriebswirtschaftlichen Ausbildungsgänge von der Berufsschule bis zur Universität.

Dabei ist die Auseinandersetzung mit unterschiedlichen Systemen der Kosten- und Erlösrechnung eine wichtige Aufgabe im betriebswirtschaftlichen Studium. Dieses Übungsbuch soll es ermöglichen, die im Lehrbuch "Systeme der Kosten- und Erlösrechnung" von Marcell Schweitzer und Hans-Ulrich Küpper gekennzeichneten Probleme und Verfahren an einer größeren Zahl von Beispielen zu analysieren.

Seine Aufgaben zu den verschiedenen Bestandteilen und Systemen der Kosten- und Erlösrechnung unterstützen Vorlesungen, Übungen und Selbststudium. Sie sind im Schwierigkeitsgrad so abgestuft, daß man sowohl im Grund- als auch im Hauptstudium mit ihnen arbeiten kann. Durch die Skizzierung der Lösungen läßt sich der jeweilige Lösungsweg nachvollziehen.

Die Aufgaben sind aus Veranstaltungen an der Technischen Hochschule Darmstadt, der Universität Frankfurt und der Universität München hervorgegangen. Dort bildeten sie einen wesentlichen Bestandteil von Übungen des Grund- und des Hauptstudiums. Zum Teil wurden sie für Klausuren dieser Übungen bzw. des Vor- und Hauptdiploms entwickelt.

An der Erstellung, Prüfung und Überarbeitung der Aufgaben war neben den Autoren eine Reihe von Mitarbeitern an den genannten Hochschulen beteiligt. Den ersten Entwurf haben die Herren Dr. Wolfgang Bernhard und Dipl.-Wirtschaftsingenieur Christoph Loch, Ph.D., noch als studentische Mitarbeiter an der Technischen Hochschule Darmstadt erstellt. Die erste Umsetzung der Aufgaben und Lösungen in eine druckreife Fassung übernahmen vor allem unsere jetzigen studentischen Mitarbeiter Frau Dipl.-Ingenieur Marion Eibl, Frau Angela Gartner und Herr Burkhard Pedell. Ihnen und allen früheren Mitarbeitern, die zu der mühsamen Arbeit des laufenden Ausdenkens neuer (Klausur-) Aufgaben beigetragen haben, gebührt unser herzlicher Dank.

Wir hoffen, die meisten Fehler inzwischen ausgemerzt zu haben. Wie schwierig das ist, weiß jeder, der sich in die Kleinarbeit derartiger Aufgaben hineinkniet. Für Hinweise auf Fehler und Mängel sind wir dankbar, auch wenn es uns natürlich ärgert, sie nicht selbst gefunden zu haben.

München, im Herbst 1993

Prof. Dr. Hans-Ulrich Küpper
Dr. Konrad Bösl
Dipl.-Kfm. Volker Breid
Dipl.-Kfm. Ingo Koch

Inhaltsverzeichnis

Abkürzungsverzeichnis

Abschr.	Abschreibung
Abt.	Abteilung
AM	Ausbringungsmenge
Aufw.	Aufwendungen
AV	Arbeitsvorbereitung
AW	Anschaffungswert
BA	Beschäftigungsabweichung
BAB	Betriebsabrechnungsbogen
BEP	Break-Even-Point
BW	Buchwert
bzw.	beziehungsweise
cm	Zentimeter
cm^3	Kubikzentimeter
DB	Deckungsbeitrag
DB_{ges}	Gesamtdeckungsbeitrag
E	Erlös
EK	Einzelkosten
EM	Einsatzmenge
EMK	Einsatzmengenkosten
EW	Erwartungswert
FEK	Fertigungseinzelkosten
Fert.	Fertigung
FF	Fertigfabrikate
FGK	Fertigungsgemeinkosten
FK	Fertigungskosten
FKSt	Fertigungskostenstelle
FL	Fertigungslöhne
FM	Fertigungsmaterial
G	Gewinn
GK	Gemeinkosten
GK_v	variable Gemeinkosten
GKR	Gemeinschafts-Kontenrahmen
GKV	Gesamtkostenverfahren
GuV	Gewinn- und Verlustrechnung
HF	Halbfabrikate
h	Stunden
hl	Hektoliter
HK	Herstellkosten
HK_f	fixe Herstellkosten
HK_v	variable Herstellkosten
HKSt	Hilfskostenstelle
HuB	Hilfs- und Betriebsstoffe

K	Gesamtkosten
k	Stückkosten
K_f	fixe Gesamtkosten
k_f	fixe Stückkosten
K_{ist}	Istkosten
K_{plan}	geplante Gesamtkosten
K_{preis}	Preisabweichung
K_{Menge}	Mengenabweichung
$K_{M,P}$	Abweichung höheren Grades
K_{sek}	sekundäre Kosten
K_{soll}	Sollkosten
k_v	variable Stückkosten
K_{vp}	verrechnete Plankosten
KA	Kostenanteil
kalk.	kalkulatorisch
kg	Kilogramm
KoANr.	Kostenartennummer
KoSt	Kostenstelle
K_v	variable Gesamtkosten
KW	Kapitalwert
kWh	Kilowattstunden
l	Liter
LE	Leistungseinheit(en)
lmi	leistungsmengeninduziert
lmn	leistungsmengenneutral
m	Meter
m^2	Quadratmeter
m^3	Kubikmeter
MA	Mengenabweichung
Mat	Material
max.	maximal
ME	Mengeneinheit(en)
MEK	Materialeinzelkosten
min	Minuten
Mio	Million
MGK	Materialgemeinkosten
mm	Millimeter
MW	Marktwert
MWSt	Mehrwertsteuer
ND	Nutzungsdauer
p.a.	per anno
prop.	proportional
RE	Rechnungseinheit(en)
RW	Restwert
SEK	Sondereinzelkosten
SEKF	Sondereinzelkosten der Fertigung
SEKVt	Sondereinzelkosten des Vertriebs
SK	Selbstkosten

SK_{voll}	volle Selbstkosten
SK_v	variable Selbstkosten
sk	Stückselbstkosten
sk_v	variable Stückselbstkosten
sk_{voll}	volle Stückselbstkosten
St	Stück
StK	Stufenkosten
t	Tonnen
Teilk.	Teilkosten
TEV	Total Efficiency Variance
TG	Teilgewicht
u.a.	unter anderem
U	Umsatz
UKV	Umsatzkostenverfahren
Untern.	Unternehmung
VA	Verbrauchsabweichung
var.	variabel
VEV	Variable Efficiency Variance
vorzugeb.	vorzugebende
Vollk.	Vollkosten
Vt	Vertrieb
VtK	Vertriebskosten
VtK_f	fixe Vertriebskosten
VtK_v	variable Vertriebskosten
VtGK	Vertriebsgemeinkosten
Vw	Verwaltung
VwK	Verwaltungskosten
VwGK	Verwaltungsgemeinkosten
Vw- u. VtK	Verwaltungs- und Vertriebskosten
Vw- u. VtGK	Verwaltungs- und Vertriebsgemeinkosten
W	Wahrscheinlichkeit
ZI	Zielkostenindex
z.T.	zum Teil

1. Bestandteile der Kostenrechnung

1.1 Kostenartenrechnung

1.1.1 Abschreibungen

Aufgabe 1.1.1.1: Abschreibung in Bilanz und Kostenrechnung

Wann und bei welchen Gütern werden in der bilanziellen Rechnung und in der Kostenrechnung Abschreibungen angesetzt?

Kennzeichnen Sie die grundsätzlichen Gemeinsamkeiten und Unterschiede zwischen pagatorischem und kalkulatorischem Ansatz von Abschreibungen.

Aufgabe 1.1.1.2: Abschreibung in Bilanz und Kostenrechnung

Eine Krananlage mit einem Anschaffungswert von € 850.000,- besitzt ein voraussichtliches Nutzungspotential von 20.000 Leistungsstunden. Der Restwert beträgt am Ende der erwarteten Nutzungsdauer von zehn Jahren voraussichtlich € 50.000,-. Die Anlage wird bilanziell geometrisch-degressiv mit dem steuerlich maximal zulässigen Prozentsatz abgeschrieben. Dagegen wird die kalkulatorische Abschreibung zeit- und leistungsabhängig vorgenommen. Der Zeitabschreibung wird die Hälfte der Abschreibungsbasis zugrunde gelegt, während die andere Hälfte gemäß der Leistungsinanspruchnahme abgeschrieben wird. Die Leistungsinanspruchnahme beträgt in den ersten vier Jahren 1.500, 1.900, 2.200 bzw. 2.060 Stunden.

a) Mit welchem Prozentsatz wird die Krananlage bilanziell abgeschrieben?

b) Wie hoch ist die Abschreibungsquote bei der zeitabhängig vorgenommenen kalkulatorischen Abschreibung, wenn von einem linearen Abschreibungsverlauf ausgegangen werden kann?

c) Berechnen Sie die bilanziellen und die gesamten kalkulatorischen Abschreibungen für die ersten vier Jahre.

Aufgabe 1.1.1.3: Abschreibungsverfahren

Geben Sie einen Überblick über die Verfahren der Abschreibung. Berechnen Sie diese Abschreibungen für eine Produktionsanlage mit folgenden Daten:

- Wiederbeschaffungskosten [€]:   10.000,-
- Nutzungsdauer [Jahre]:   5
- Produktionsleistung [Stück/Jahr]:   4.000, 2.000, 2.000, 1.000, 1.000
- Steuerlich höchstzulässiger Abschreibungsprozentsatz: 20%

Aufgabe 1.1.1.4: Abschreibungsverfahren

Eine Maschine mit Anschaffungskosten in Höhe von € 180.000,- soll über vier Jahre abgeschrieben werden. Der Resterlös nach Periode vier betrage € 20.000,-. Über die Nutzungsdauer von vier Jahren wird mit einer Gesamtkapazität der Anlage von 320.000 Stück gerechnet, die sich wie folgt auf die einzelnen Perioden verteilt:

Periode	1	2	3	4
Stück	100.000	60.000	90.000	70.000

a) Stellen Sie jeweils einen Abschreibungsplan der gesamten Nutzungsdauer für die folgenden Abschreibungsmethoden auf:
  a1)   lineare Abschreibung
  a2)   geometrisch-degressive Abschreibung
  a3)   arithmetisch-degressive (digitale) Abschreibung
  a4)   leistungsabhängige Abschreibung.
  Aus dem Abschreibungsplan müssen der jeweilige Buchwert zu Periodenbeginn (BW_{t-1}), der Restbuchwert am Periodenende (RW) sowie der jährliche Abschreibungsbetrag (a_t) hervorgehen.

b) Kennzeichnen Sie drei verschiedene Abschreibungsursachen. Welche Abschreibungsmethode empfehlen Sie bei jeder dieser drei Ursachen?

Aufgabe 1.1.1.5: Abschreibung nach Bain/Kilger

Für einen LKW mit Wiederbeschaffungskosten von € 240.000,- werden eine maximale Nutzungsdauer von 10 Jahren und eine maximale Gesamtleistung von 180.000 km geschätzt. Berechnen Sie die monatlichen Abschreibungen nach dem Näherungsverfahren von Bain/Kilger bei einer Planbeschäftigung im Monat (x_p) von 1.500, 2.500 und 4.000 km für eine Istbeschäftigung im Monat (x_i) von 1.500, 2.500 und 4.000 km.

Wie beurteilen Sie dieses Verfahren? Begründen Sie Ihre Auffassung!

Aufgabe 1.1.1.6: Abschreibungsverfahren nach Bain

Das Unternehmen Werner GmbH produziert seit seinem 20-jährigen Firmenbestehen Stahl- und Leichtmetallfelgen für die Autoindustrie. Die beiden Felgentypen werden an jeweils einer eigenen Maschine gefertigt. Bisher werden die Abschreibungen im Rahmen der Grenzplankostenrechnung als fixer Kostenbestandteil behandelt. Der Chefcontroller beschließt die Abschreibungen in Zukunft nach dem Näherungsverfahren nach Bain zu berechnen.

a) Welchen Zweck erfüllt die Abschreibungsregel nach Bain im Rahmen der Grenzplankostenrechnung? Warum benötigt man dazu ein Näherungsverfahren?

Zu den beiden Maschinen liegen folgende Daten vor:

	Maschine 1: Stahlfelgen	Maschine 2: Leichtmetallfelgen
Wiederbeschaffungswert	4.000.000 €	6.000.000 €
Maximale Nutzungsdauer	8 Jahre	6 Jahre
Maximal Gesamtleistung	1.000.000 Felgen	200.000 Felgen

Es ist geplant, im nächsten Jahr 160.000 Stahlfelgen und 20.000 Leichtmetallfelgen zu produzieren.

b) Berechnen Sie die jährliche Abschreibung des Folgejahres nach dem Näherungsverfahren von Bain, wenn mit Maschine 1 tatsächlich 200.000 Stahlfelgen und mit Maschine 2 tatsächlich 40.000 Felgen produziert wurden. Weisen Sie dabei die fixe und variable Abschreibung getrennt aus.

c) Wie ändern sich die Ergebnisse für Maschine 1 aus Aufgabenteil b), wenn die geplante Anzahl von Stahlfelgen von 160.000 auf 200.000 steigt. Gehen Sie von dem gleichen tatsächlich realisierten Wert wie in Aufgabenteil b) aus.

d) Illustrieren Sie das Näherungsverfahren nach Bain grafisch für Maschine 1 anhand der Zahlen aus Aufgabenteil b). Zeigen Sie dabei genau die Differenz zwischen den errechneten Abschreibungen nach dem Näherungsverfahren und dem tatsächlichen Wertverlust (ohne Näherungsverfahren) auf. Berechnen Sie diese Differenz für Maschine 1 sowohl für die Angaben aus Aufgabenteil b) als auch für die Angaben aus Aufgabenteil c).

1.1.2 Personalkosten

Aufgabe 1.1.2.1: Lohn- und Gehaltsabrechnung

In der Lohnbuchhaltung liegen über eine zu entlohnende Tätigkeit in der Unternehmung die in nachfolgender Tabelle angegebenen Informationen vor:

Tätigkeit	Fräsen und Schleifen eines Werkstücks	
Vorgabezeit - Fräsen	Rüstzeit [min] Ausführungszeit je Stück [min]	195 7,6
- Schleifen	Rüstzeit [min] Ausführungszeit je Stück [min]	123 3
Entlohnung	Prämienzeitlohn Stundenlohn [€] Zeitersparnisprämie [€/min]	9,42 0,12

Über den diese Tätigkeit ausführenden Arbeitnehmer sind folgende Informationen bekannt. Der Arbeiter hat an 18 Arbeitstagen mit jeweils 8 Stunden 795 Werkstücke bearbeitet (gefräst und geschliffen). Während der 18 Arbeitstage trat eine betriebsbedingte Stillstandszeit von vier Stunden auf. Der Arbeitnehmer war im abgelaufenen Monat vier Tage krank.

a)   Wie hoch ist der Grundlohn des Arbeitnehmers?

b)   Welche Vorgabezeit ergibt sich für die bearbeitete Menge, wenn für den Fräs- und den Schleifvorgang jeweils einmal die Maschine vorbereitet und eingerichtet werden musste?

c)   Für welche Zeit bekommt der Arbeitnehmer eine Prämie bezahlt?

d)   Welcher Bruttolohnbetrag ergibt sich für den Arbeitnehmer?

1.1.3 Bestandsbewertung und Zinsen

Aufgabe 1.1.3.1: Bestandsbewertung

Ein Webereibetrieb stellt Stoffe für Herrenoberhemden her. Als Einsatzgüter werden u.a. Baumwollgarne verschiedener Stärke und Festigkeit benötigt. Für ein bestimmtes Baumwollgarn wurden im Laufe der vergangenen Abrechnungsperiode die in nachfolgender Tabelle aufgezeichneten Bewegungen in der Materialrechnung erfasst:

Datum	Vorgang	Menge [kg]	Preis [€/kg]
03.02.	Zugang	1.520	7,30
16.02.	Abgang	1.030	
13.07.	Abgang	700	
14.08.	Zugang	840	7,25
19.10.	Zugang	1.360	7,65
21.10.	Abgang	580	
28.11.	Abgang	950	

Der Bestand zu Jahresbeginn betrug 9.780 kg (Preis: 7,10 €/kg).

a) Ermitteln Sie den Endbestand an Baumwollgarn.

b) Bewerten Sie die Stoffabgänge nach der Lifo-, Fifo- und Hifo-Methode sowie mit dem gleitenden Durchschnitt.

Aufgabe 1.1.3.2: Kalkulatorische Zinsen

Eine industrielle Unternehmung möchte wissen, welchen Betrag sie an kalkulatorischen Zinsen kostenrechnerisch zu erfassen hat. Über verschiedene Anlagegüter liegen die in nachfolgender Tabelle aufgeführten Angaben über die kalkulatorischen Buchwerte und Abschreibungen vor:

Anlagegut	Kalkulatorischer Buchwert zu Periodenbeginn [€]	Kalkulatorische Abschreibungen (vom kalkulatorischen Buchwert) [%]
Bebaute Grundstücke	1.200.000,-	5
Maschinenpark	2.700.000,-	15
Betriebs- und Geschäftsausstattung	820.000,-	10
Fuhrpark	375.000,-	20

Die Unternehmung hat einen Wertpapierbesitz von € 100.000,-. Das durchschnittlich gebundene Umlaufvermögen setzt sich aus Stoffen von € 350.000,-, Halb- und Fertigerzeugnissen von € 1.030.000,-, Forderungen von € 710.000,- und Zahlungsmitteln von € 266.000,- zusammen. Von den Lieferantenkrediten sind € 509.000,- als zinslos anzusehen. Kunden haben Anzahlungen in Höhe von € 63.000,- geleistet. In den bebauten Grundstücken ist ein Mietshaus im Wert von € 480.000,- enthalten.

a) Berechnen Sie das betriebsnotwendige Kapital. Bei der Berechnung ist zu berücksichtigen, dass bei den abzuschreibenden Anlagegütern der durchschnittliche kalkulatorische Buchwert anzusetzen ist.

b) Wie hoch ist das zinsberechtigte betriebsnotwendige Kapital?

c) Mit welchem Betrag sind die kalkulatorischen Zinsen bei einem Zinssatz von 8 % anzusetzen?

Aufgabe 1.1.3.3: Kalkulatorische Zinsen

Die Bilanz einer Unternehmung weist am Ende von zwei aufeinander folgenden Stichtagen folgende Werte auf:

Aktiva	31.12.2002	31.12.2003	Passiva	31.12.2002	31.12.2003
Grundstück mit			Grundkapital	500.000,-	500.000,-
Fabrikhalle	100.000,-	120.000,-	Offene Rücklagen	150.000,-	150.000,-
Grundstück mit			Rückstellungen	110.000,-	110.000,-
Privatwohnung	80.000,-	70.000,-	Darlehen	150.000,-	180.000,-
Maschinen	530.000,-	570.000,-	Verbindlichkeiten aus		
Betriebs- und			Lieferungen und		
Geschäftsaus-			Leistungen	320.000,-	340.000,-
stattung	70.000,-	80.000,-	Erhaltene Anzahlungen	65.000,-	75.000,-
Roh-, Hilfs- und			Bilanzgewinn	35.000,-	5.000,-
Betriebsstoffe	130.000,-	110.000,-			
Erzeugnisse	140.000,-	120.000,-			
Forderungen	100.000,-	120.000,-			
Schecks und					
Kasse	130.000,-	110.000,-			
Wertpapiere des					
Umlaufvermögens	50.000,-	60.000,-			
Summe	1.330.000,-	1.360.000,-	Summe	1.330.000,-	1.360.000,-

a)   Ermitteln Sie aufgrund dieser Werte die Höhe der kalkulatorischen Zinsen für 2003, wenn mit einem Zinssatz von 10 % gerechnet wird.

b)   Warum rechnet man in der Kostenrechnung nicht mit den tatsächlich gezahlten Zinsen?

c)   Welche Bedeutung hat das Abzugskapital?

Aufgabe 1.1.3.4: Kalkulatorische Zinsen

Für einen einfachen Produktionsprozess gelten die nachfolgend angegebenen Daten über die Zahlungsvorgänge und die Entwicklung der Bestände.

Zeitpunkt	0	1	2	3	4	5	6	7
Bestände an: [€]								
Material	1.800	1.200	600					
Halbfertigerzeugnisse		600	600	600				
Fertigerzeugnisse			600	600	600			
Umsatz [€]				800	800	800		
Debitorenbestand [€]				800	1.600	1.600	800	
Auszahlung für Material [€]		1.800						
Einzahlungen für Produktverkauf [€]						800	800	800

a) Wie hoch sind der Endwert und die für diesen Prozess anzusetzenden Zinsen bei einem kalkulatorischen Zinssatz von 1%
   - mit Zinseszinsen,
   - ohne Zinseszinsen?

b) Wie werden die Zinsen in der traditionellen Kostenrechnung ermittelt?

c) Zeichnen Sie die Bestandsentwicklung für Material, Halb- und Fertigfabrikate sowie Debitoren in eine Grafik. Berechnen Sie unter Verwendung von Bestandshöhe und durchschnittlicher Lagerdauer die Höhe der Zinsen ohne Zinseszinsen für diesen Prozess. Vergleichen Sie das modifizierte Verfahren mit der traditionellen Berechnung.

Aufgabe 1.1.3.5: Kalkulatorische Zinsen

In einer Einproduktunternehmung werden in einem zweistufigen Produktionsprozess auf der ersten Stufe aus Rohmaterial Halbfertigprodukte und auf der zweiten Stufe aus den Halbfertigprodukten Fertigprodukte hergestellt. Die Fertigungsdauer der Produktion beträgt jeweils einen Monat. Pro Monat werden jeweils 40 Halbfertigprodukte aus Rohmaterial und 40 Fertigprodukte aus Halbfertigprodukten hergestellt. Das Rohmaterial sei das einzige Einsatzgut. Von Lohn- und anderen Zahlungen wird vereinfachend abstrahiert. Die Materialkosten betragen € 20,- je Stück. Das Material wird jeweils für 4 Monate beschafft, wobei der Unternehmung von den Lieferanten ein Zahlungsziel von einem Monat eingeräumt wird. Vereinfachend wird angenommen, dass der Materialabgang und der Zugang an Halb- und

Fertigfabrikaten jeweils geballt am Ende eines Monats erfolgen. Auch die Umsätze erfolgen annahmegemäß geballt am Ende eines Monats. Der erste Umsatz erfolgt am Ende des dritten Monats, wobei den Abnehmern ein Zahlungsziel von zwei Monaten gewährt wird. Der Absatzpreis je Fertigprodukt betrage € 25,-. Sie haben den Auftrag, die kalkulatorischen Zinsen für den Prozess zu berechnen, der mit der einmaligen Materialbeschaffung für 4 Monate beginnt und dem letzten Zahlungseingang für die aus dieser einmaligen Materialbeschaffung hergestellten Produkte endet. Der kalkulatorische Zinssatz betrage 1% je Monat (diskrete Verzinsung).

a)   Wie hoch sind die Werte in € der Bestände an Rohmaterial, Halbfertigprodukte und Fertigprodukte, des Umsatzes, des Debitorenbestandes, der Auszahlungen für Material und der Einzahlungen aus dem Produktverkauf zu Beginn jedes Monats bis zur letzten Einzahlung?

b)   Berechnen Sie die kalkulatorischen Zinsen nach dem traditionellen bestandsorientierten Verfahren.

c)   Berechnen Sie die kalkulatorischen Zinsen einschließlich Zinseszinsen nach dem zahlungsstromorientierten Verfahren.

d)   Berechnen Sie die kalkulatorischen Zinsen nach dem modifizierten bestandsorientierten Verfahren. Wie erklären Sie sich die Unterschiede zu den unter b) bzw. zu den unter c) ermittelten kalkulatorischen Zinsen?

e)   Veranschaulichen Sie die Unterschiede zwischen der traditionellen bestandsorientierten Zinsberechnung gemäß Teilaufgabe b) und der modifizierten bestandsorientierten Zinsberechnung gemäß Teilaufgabe d) anhand einer geeigneten Grafik.

Aufgabe 1.1.3.6: Kalkulatorische Zinsen

Eine Unternehmung produziert in einem zweistufigen Produktionsprozess aus dem Rohmaterial R über das Halbfertigerzeugnis HFE das Fertigerzeugnis FE. Zu diesem Prozess liegen Ihnen folgende Informationen vor:

Zeitpunkt	0	1	2	3	4	5	6	7	8
Bestände an: [€]									
- Rohmaterial R	4.800	3.200	1.600						
- Halbfertigerzeugnisse HFE		1.600	1.600	1.600					
- Fertigerzeugnisse FE			1.600	3.200	3.200	1.600			
Umsatz [€]					2.000	2.000	2.000		
Debitorenbestand [€]					2.000	4.000	4.000	2.000	
Auszahlungen für Rohmaterial [€]	1.000		3.800						
Einzahlungen für Produktverkauf [€]							2.000	2.000	2.000

Der kalkulatorische Zinssatz betrage 1% je Teilperiode (diskrete Verzinsung).

a) Berechnen Sie die kalkulatorischen Zinsen nach dem traditionellen bestandsorientierten Verfahren.

b) Ermitteln Sie die kalkulatorischen Zinsen einschließlich Zinseszinsen nach dem zahlungsstromorientierten Verfahren.

c) Berechnen Sie die kalkulatorischen Zinsen nach dem modifizierten bestandsorientierten Verfahren. Erläutern Sie die Unterschiede zu den unter a) bzw. zu den unter b) ermittelten kalkulatorischen Zinsen.

1.2 Kostenstellenrechnung

1.2.1 Primärkostenverteilung

Aufgabe 1.2.1.1: Primärkostenverteilung

Für das abgelaufene Geschäftsjahr eines Kleinbetriebes liegen folgende Zahlen aus der Buchhaltung vor:

Kostenarten	Zahlen der Buchhaltung [€]	Verteilungsgrundlage
Fertigungslöhne	100.000,-	(1) Lohnschein
Hilfslöhne	30.000,-	(2) Hilfsarbeiterstunden
Gehälter	20.000,-	(3) Zahl der Angestellten
Sozialkosten	15.000,-	(4) Gehalts-u.Hilfslohnsumme
Fertigungsmaterial	50.000,-	(5) Materialscheine
Hilfs- u. Betriebsstoffe	5.000,-	(6) Entnahmescheine
Abschreibungen	40.000,-	(7) investiertes Kapital
Sonstige Kosten	60.000,-	(8) internes Umlageverhältnis

Verteilungsschlüssel→	(1)	(2)	(3)	(4)	(5)	(6)	(7)	(8)
Kostenstellen ↓								
Allgemeine Kostenstelle	-	800	1		-	-	2	8
Arbeitsvorbereitung	-	600	2		-	-	4	6
Werkstatt	-	1000	0,5		-	30	6	10
Fertigungshauptstelle 1	70	200	1,5		30	5	15	12
Fertigungshauptstelle 2	30	200	2		20	5	10	14
Materialstelle	-	200	1		-	10	3	4
Verwaltungs- und Vertriebsstelle	-	-	2		-	-	-	6

a) Führen Sie mit Hilfe der angegebenen Verteilungsgrundlagen und der Verteilungsschlüssel die Kostenstellenrechnung im BAB durch und ermitteln Sie die Einzel- und Gemeinkosten.

b) Nach welchen Schlüsselarten können Kostenarten auf Kostenstellen verteilt werden?

Aufgabe 1.2.1.2: Primärkostenverteilung

In der Kostenrechnungsabteilung liegen für die abgelaufene Rechnungsperiode folgende Informationen vor:

Kosten-arten	Betrag	Vertei-Lungs-schlüssel	Vorkostenstellen		Ferti-gungs-hauptstelle	Endkostenstellen			Gesamt
			Allgemeine Kosten-stelle	Ferti-gungs-hilfsstelle		Material-stelle	Verwal-tungsstelle	Vertriebs-stelle	
Gehälter	320.000,-	Lohn-scheine [€]	12.000,-	97.000,-	24.000,-	--	124.000,-	63.000,-	320.000,-
Hilfslöhne	280.000,-	Hilfsarb.-stunden [h]	2.300	6.500	13.200	1.000	2.500	2.500	28.000
Soziale Aufwen-dungen	225.000,-	Löhne u. Gehälter [€]							
Betriebs-stoffe	32.000,-	Maschi-nenzahl	--	10	30	--	--	--	40
Abschrei-bungen	470.000,-	Umbaute Fläche [m³]	190	205	885	130	530	410	2.350
Zinsen	114.000,-	Investierte Werte [€]	180,-	200,-	960,-	140,-	440,-	360,-	2.280,-
Sonstige Gemein-kosten	260.000,-	Zahl der Mitarbeiter	2	5	16	1	9	7	40

a) Verteilen Sie im BAB die Kostenarten nach dem angegebenen Verteilungsschlüssel auf die Kostenstellen.

b) Berechnen Sie in diesem BAB die Summe der primären Gemeinkosten für die beiden Vorkostenstellen und die Kosten der Endkostenstellen.

c) Beurteilen Sie die bei der Kostenumlage angewandten Schlüsselgrößen, Lohnscheine, Maschinenzahl, umbaute Fläche, investierte Werte. Begründen Sie Ihre Meinung.

1.2.2 Verfahren der innerbetrieblichen Leistungsverrechnung (Sekundärkostenrechnung)

Aufgabe 1.2.2.1: Blockumlageverfahren

Das Zweigwerk eines Herstellers von Schlagbohrgeräten ist in drei Vorkosten- und vier Endkostenstellen gegliedert. Folgende Kostenarten, deren tatsächlich entstandene Höhe sich aus der Buchhaltung ergibt, liegen vor:

Fertigungsmaterial (FM)	€	50.000,-
Fertigungslöhne in Stelle A (FL A)	€	50.000,-
Fertigungslöhne in Stelle B (FL B)	€	40.000,-
Kalkulatorischen Ausschusskosten (AK)	€	20.000,-
Sonstige Gemeinkosten (GK)	€	307.000,-

Führen Sie die Kostenstellenrechnung durch und ermitteln Sie die Zuschlagssätze für die Endkostenstellen. Die innerbetriebliche Leistungsverrechnung soll aus Vereinfachungsgründen mit einer Blockumlage vorgenommen werden, wobei die Kosten im Verhältnis 3 : 4 : 2 : 1 auf die Fertigungshauptstellen A und B sowie die Materialstelle M und die Verwaltungs- und Vertriebsstelle VV umgelegt werden. Bezugsbasen für die Zuschlagssätze in A, B und M sind die jeweiligen Einzelkosten, in VV die Herstellkosten.

Die Verteilung der Gemeinkosten auf die Kostenstellen ist nach folgenden Schlüsseln vorzunehmen:

	Vorkostenstellen			Endkostenstellen			
	I	II	III	A	B	M	VV
Kalkulatorischer Ausschuss	4	4	2	6	4	-	-
Sonstige Gemeinkosten	25	15	10	40,5	38	5	20

Lagerbestandsänderungen sind nicht aufgetreten.

Aufgabe 1.2.2.2: Block- und Treppenumlageverfahren

Für die Abrechnung innerbetrieblicher Leistungen liegen folgende Daten vor:

	Allgemeine Kostenstellen			Fertigungsbereich				Material-bereich		Verwal-tung und Vertrieb	
	Haus-verwal-tung	Repara-turen	Fert. hilfs-stelle	Säge-rei	Be-schich-ten u. Pres-sen	Boh-rerei	Mon-tage	Ein-kauf	Lager	Vw	Vt
Verteilungs-grundlage: m²-Flächen	20	40	60	120	100	60	100	40	140	80	40
Reparatur-stunden					48	32			20	10	
Lohn-scheine				100	120	70	160				

	Haus-verwal-tung	Repa-raturen	Fert.-hilfs-stelle	Sägerei	Beschich-ten u. Pressen	Boh-rerei	Mon-tage	Ein-kauf	Lager	Ver-waltung	Vertrieb
Kosten-arten											
FL [€]	-	-	-	10.000,-	12.000,-	7000,-	16.000,-	-	-	-	-
FM [€]	-	-	-	-	-	-	-	15.000,-	5.000,-	-	-
GK [€]	12.480,-	4.860,-	8.500,-	6.250,-	7.400,-	5.500,-	7.340,-	8.460,-	9.340,-	20.730,-	16.140,-

a) Legen Sie die Kosten der allgemeinen Kostenstellen auf die Endkosten-stellen über das Block- und Treppenumlageverfahren um.

- Die Umlage der Kosten der Hausverwaltung erfolgt anhand der Fläche der Kostenstellen.
- Die Umlage der Reparaturkosten erfolgt entsprechend der Reparaturstunden.
- Die Kosten der Fertigungshilfsstelle werden im Verhältnis der Lohnscheine umgelegt.

b) Bestimmen Sie für die vier Fertigungskostenstellen, die Material-kostenstelle sowie die Verwaltungs- und Vertriebskostenstellen die Gemeinkostenzuschlagssätze.

Aufgabe 1.2.2.3: Block- und Treppenumlageverfahren

In einem Industriebetrieb sind die primären Kosten ermittelt worden. Die Leistungsströme sind in der nachstehenden Tabelle angegeben.

Kostenarten	Betrag [€]	Kostenstelle
Werksarzt	80.000,-	KS 1
Meisterbüro	150.000,-	KS 2
Reparaturwerkstatt	65.000,-	KS 3
Dampf und Heizung	35.000,-	KS 4
Sonstige Hilfsdienste	60.000,-	KS 5
Kartonagenproduktion	1.000.000,-	KS 6
Wellpappeproduktion	500.000,-	KS 7
Feinpapierproduktion	800.000,-	KS 8

an von	KS 1	KS 2	KS 3	KS 4	KS 5	KS 6	KS 7	KS 8	Summe
KS 1	0	5	2	0	3	50	10	40	110 Patienten
KS 2	0	0	0	0	0	2.400	2.000	3.600	8.000 h
KS 3	0	50	0	0	50	2.500	500	1.900	5.000 h
KS 4	10	20	40	0	30	400	500	1.100	2.100 KWh
KS 5	0	10	0	0	0	20	20	50	100 %
KS 6	0	0	0	0	0	0	0	0	0
KS 7	0	0	0	0	0	0	0	0	0
KS 8	0	0	0	0	0	0	0	0	0

a)   Führen Sie die Umlage nach dem Treppenumlageverfahren durch (Reihenfolge beachten und auf volle € aufrunden!).

b)   Welche Endkosten erhalten Sie, wenn Sie das Blockumlageverfahren anwenden (aufrunden!)?

Aufgabe 1.2.2.4: Primärkostenverteilung und Deckungs-umlageverfahren

Die Unternehmung A stellt ihre Erzeugnisse in Einzelfertigung her. Der Leiter der betriebswirtschaftlichen Abteilung möchte für das abgelaufene Geschäftsjahr die effektiven Gemeinkosten verursachungsgerecht den Kostenträgern zurechnen. Dazu beauftragt er Sie mit der:

• Ermittlung der primären Stellengemeinkosten des BAB
• Durchführung einer innerbetrieblichen Leistungsverrechnung mit Hilfe des Deckungsumlageverfahrens. Eine eventuelle Deckungsumlage ist auf die Fertigungskostenstellen im Verhältnis 4:1:1 auf die Fertigungsstellen I, II, III zu verteilen

- Ermittlung der Gemeinkostenzuschlagssätze für die Fertigungsstellen I, II, III, die Material-, Verwaltungs- und Vertriebsstelle. Bezugsbasis für die Fertigungsstellen sind die Fertigungslöhne, für die Materialstelle das Fertigungsmaterial und für die Verwaltungs- und Vertriebsstelle die Herstellkosten

Für die Erfüllung dieser Aufgaben liegen Ihnen die nachfolgenden Informationen vor:

Kostenarten	Zahlen der Buchhaltung [€]	Verteilungsgrundlage
Gehälter	75.000,-	Zahl der Angestellten
Fertigungslöhne	480.000,-	Akkordlohnstunden
Hilfslöhne	90.000,-	Zahl der Hilfsarbeiter
Fertigungsmaterial	420.000,-	Materialentnahmescheine
Hilfs- u. Betriebsstoffe	45.000,-	Materialentnahmescheine
Instandhaltungskosten	30.000,-	Rechnungen
Kalkulatorische Kosten	120.000,-	investierte Werte
Verwaltungskosten	105.000,-	
Vertriebskosten	135.000,-	

	Zahl der Hilfs-arbeiter	Akkord-lohn [h]	Hilfs- und Betriebs-stoffe [%]	Ferti-gungs-material [€]	Zahl der Ange-stellten	Investierte Werte [€]	Instand-haltung [€]
Allgemeine Kostenstellen:							
A	3	-	10	-	-	40.000,-	-
B	3	-	25	-	-	35.000,-	-
C	1	-	-	-	1	20.000,-	-
Fertigungs-stellen:							
I	1	2.000	5	105.000,-	2	95.000,-	12.000,-
II	2	3.500	20	165.000,-	-	300.000,-	18.000,-
III	-	2.500	15	150.000,-	-	155.000,-	-
Materialstelle	2	-	10	-	-	30.000,-	-
Verwaltung	-	-	5	-	4	65.000,-	-
Vertrieb	-	-	10	-	3	60.000,-	-

Leistungsaustausch:

an von	A	B	C	I	II	III	Material-stelle	Ver-waltung	Ver-trieb
A [m²]	(3.600)	225	150	900	450	600	390	375	510
B [Stück]	20	(300)	20	80	60	100	10	4	6
C [kWh]	15.000	37.500	(150.000)	30.000	30.000	30.000	6.000	1.500	-

In Klammern sind die jeweiligen Gesamtleistungen der Hilfskostenstelle angegeben. Die Verrechnungspreise betragen für Stelle A (genutzte Fläche) 10 €/m², B (Reparatur) Istkosten, C (Strom) 0,10 €/kWh.

Aufgabe 1.2.2.5:   Deckungsumlageverfahren

In einem Kleinbetrieb steht für die innerbetriebliche Leistungsverrechnung folgendes Zahlenmaterial zur Verfügung:

Kosten-stellen	Allgemeine Kostenstellen			Endkostenstellen		
	Wasser	Strom	Reparatur	Fertigung	Material	Vw- u.Vt
Primärkosten [€]	1.600,-	5.300,-	2.900,-	22.000,-	3.100,-	2.100,-

von an	Wasser	Strom	Reparatur	Fertigung	Material	Vw- u.Vt
Wasser [m³]	-	100	200	1.000	300	100
Strom [kWh]	10	-	60	500	30	70
Reparatur [h]	5	50	-	100	40	5

Verrechnungspreise: *Bezugsbasen:*
Wasser   1,- €/m³   FGK: FL 74.000,- €
Strom   10,- €/kWh   MGK: FM 22.200,- €
Reparatur   20,- €/h   Vw- u. VtGK: HK

a)   Führen Sie eine innerbetriebliche Leistungsverrechnung mit dem Deckungsumlageverfahren (Gutschrift-Lastschrift-Verfahren) durch. Eine eventuelle Deckungsumlage ist auf die Endkostenstellen im Verhältnis der bis dahin aufgelaufenen Kostenstellenkosten zu verteilen. Berechnen Sie die Gemeinkostenzuschlagssätze.

b)   Welcher Rechenvorgang führt bei diesem Verfahren zu einem Fehler?

Aufgabe 1.2.2.6:   Mathematisches Verfahren

Durch die Verteilung der Kostenarten auf die Kostenstellen im BAB haben sich in einem Zweigwerk nachfolgende primäre Stellenkosten ergeben (in Klammern sind die Gesamtleistungen der Schreinereien angegeben):

Kostenstellen	Schreinerei 1	Schreinerei 2	Spritz-guss	Druck-guss
primäre Stellenkosten [€]	20.000,-	14.000,-	10.000,-	12.000,-
Leistungsbeziehungen von				
Schreinerei 1 [h] an	(100)	50	30	20
Schreinerei 2 [Stück] an	400	(1000)	200	400

a) Welches Verfahren der innerbetrieblichen Leistungsverrechnung ist im vorliegenden Fall am besten geeignet? Begründen Sie Ihre Auswahl.

b) Stellen Sie für die innerbetriebliche Leistungsverrechnung ein Gleichungssystem auf.

c) Kennzeichnen Sie im Gleichungssystem diejenigen Koeffizienten, die bei den Gemeinkosten die innerbetrieblichen Leistungen ausmachen.

d) Geben Sie die sekundären Kosten und die Gemeinkosten an.

e) Ermitteln Sie die Gemeinkostenzuschlagssätze, wenn die Fertigungslöhne (€ 64.000,- bei Spritzguss und € 152.000,- bei Druckguss) als Bezugsbasen verwendet werden.

Aufgabe 1.2.2.7: Mathematisches Verfahren

Bei der Verteilung der Kostenarten auf die Kostenstellen im BAB haben sich in einer Unternehmung die in der Matrix stehenden primären Kosten und innerbetrieblichen Leistungen ergeben:

Empfangende Kostenstelle		Abgebende Hilfskostenstelle					Primäre Gemeinkosten
		1	2	3	4	5	
Hilfskostenstelle	1	-	50	150	180	105	11700
	2	30	-	30	-	30	1300
	3	450	900	-	540	330	32600
	4	240	1440	390	-	180	32700
	5	960	1860	270	690	-	17800
Hauptkostenstelle		3070	13650	5670	6030	3075	

a) Stellen Sie ein Gleichungssystem für den gegenseitigen Leistungsaustausch der Hilfskostenstellen auf.

b) Kennzeichnen Sie in Ihrem Gleichungssystem die Leistung der 2. Hilfskostenstelle, den Leistungsfluss von der 3. zur 4. Hilfskostenstelle und die primären Kosten der 5. Hilfskostenstelle.

c) Geben Sie die Gleichung für die Kosten der Hauptkostenstelle an.

Aufgabe 1.2.2.8:   Iteratives Verfahren

Für ein Fertigungsunternehmen liegen die nachfolgenden primären Gemeinkosten und die innerbetrieblichen Leistungsbeziehungen vor. Führen Sie eine
Umlage der Kosten der Vorkostenstellen auf die Hauptkostenstellen mit dem
iterativen Verfahren durch. Wiederholen Sie die Umlage so oft, bis die zu
verteilenden Kostenbeträge kleiner als € 10,- werden. (Runden Sie auf volle
€.)

Kostenstellen	V1 Wasser	V2 AV	V3 Strom	E1 Material	E2 Fertigung
primäre Gemein-kosten [€]	12.480,-	8.400,-	22.000,-	7.800,-	36.500,-

Leistungsaustausch:

an von	V_1 Wasser	V_2 AV	V_3 Strom	E_1 Material	E_2 Fertigung
V_1 [m³]	--	2.200	5.000	4.900	27.900
V_2 [h]	20	--	20	40	80
V_3 [kwh]	2.000	3.000	-	14.000	81.000

Aufgabe 1.2.2.9:   Iteratives Verfahren

In einem Betrieb liegen für die Hilfskostenstellen Pressluft, Strom,
Werkzeuge und Reparatur sowie die Fertigungskostenstellen Schweißerei
und Dreherei die primären Stellenkosten vor.

Kostenstellen	Pressluft	Strom	Werkzeuge	Reparatur	Schweißerei	Dreherei
Primäre Kosten [€]	2.000,-	5.000,-	1.000,-	10.000,-	10.000,-	20.000,-
Leistungs-verteilung:						
Pressluft an	(50)	10	5	5	10	20
Strom an	2	(20)	4	2	4	8
Werkzeuge an	--	--	(10)	2	4	4
Reparaturen an	--	--	2	(20)	8	10

In Klammern sind die jeweiligen Gesamtleistungsmengen der Hilfskostenstelle angegeben, ohne Klammern die empfangenen Mengen.

a) Welche Verfahren der innerbetrieblichen Leistungsverrechnung lassen sich grundsätzlich in diesem Fall anwenden? Begründen Sie Ihre Meinung.

b) Führen Sie die innerbetriebliche Leistungsverrechnung mit dem iterativen Verfahren durch, bis die zu verteilenden Kosten geringer als € 1,- werden und ermitteln Sie die Gesamtkosten der Schweißerei und der Dreherei.

Aufgabe 1.2.2.10: Treppenumlage- und mathematisches Verfahren

Für die Umlage der Kosten der Vorkostenstellen auf die Hauptkostenstellen mit dem Treppenumlageverfahren stehen Ihnen die Zahlen der primären Gemeinkosten und der innerbetrieblichen Leistungsströme zur Verfügung:

Kostenstellen	Vorkostenstellen			Endkostenstellen		
	V_1 Dampf	V_2 Reparaturen	V_3 Strom	E_4 Fertigung	E_5 Material	E_6 Vw- u. Vt
primäre Gemein-kosten [€]	6.400,-	14.400,-	18.000,-	30.000,-	5.400,-	6.800,-
von an	V_1	V_2	V_3	E_4	E_5	E_6
V_1 [t]	-	-	300	1.200	400	100
V_2 [h]	300	-	100	700	60	40
V_3 [kWh]	2.000	4.000	-	60.000	10.000	4.000

a) Welche Grundregel gilt bezüglich der Reihenfolge beim Treppenumlageverfahren, um den dabei begangenen Fehler möglichst klein zu halten?

b) Führen Sie eine innerbetriebliche Leistungsverrechnung mit Hilfe des Treppenumlageverfahrens durch und beurteilen Sie das Verfahren.

c) Stellen Sie für die innerbetriebliche Leistungsverrechnung ein simultanes Gleichungssystem auf und kennzeichnen Sie diejenigen Koeffizienten, die bei den Gemeinkosten die innerbetrieblichen Leistungen ausmachen.

d) Ermitteln Sie die Kosten der innerbetrieblichen Leistungen mit Hilfe des mathematischen Verfahrens.

e) Stellen Sie die Kostenabrechnung in Kontenform dar.

Aufgabe 1.2.2.11: Treppenumlage- und mathematisches Verfahren

Für drei Vorkostenstellen und zwei Endkostenstellen, zwischen denen die nachfolgend angegebenen Leistungsbeziehungen bestehen, soll eine innerbetriebliche Leistungsverrechnung durchgeführt werden. Die primären Gemeinkosten sind der nachstehenden Tabelle zu entnehmen.

	Vorkostenstellen			Endkostenstellen		Summe
	1	2	3	I	II	
primäre Gemein-kosten [€]	15.000,-	20.000,-	32.000,-	104.000,-	96.000,-	267.000,-
Leistungsabgabe von /an V_1 V_2 V_3	0 50 1.000	100 50 1.500	250 0 500	1.000 200 6.000	2.250 500 8.000	3.600 800 17.000

a)   Führen Sie eine innerbetriebliche Leistungsverrechnung auf der Basis der Treppenumlage (Stufenleiterverfahren) durch und gehen Sie dabei von folgender Reihenfolge der Vorkostenstellen aus: V_1-V_2-V_3.

b)   Berechnen Sie die innerbetrieblichen Verrechnungssätze der Vorkostenstellen auf der Basis des Gleichungsverfahrens.

Aufgabe 1.2.2.12: Treppenumlage- und mathematisches Verfahren

In einer Unternehmung sind drei allgemeine Hilfskostenstellen (A, B, C) eingerichtet. Diese drei versorgen sich sowohl untereinander als auch die Endkostenstelle "Bildschirmmontage" (BM) mit innerbetrieblichen Leistungen. Die im einzelnen abgegebenen und empfangenen Leistungen sowie die primären Kosten sind in der nachfolgenden Tabelle zusammengestellt.

Kosten-stellen	primäre Kosten [€]	Erstellte Leistungen in Einheiten [LE]	Leistungsabgaben in Einheiten [LE] an:			
			A	B	C	BM
A	3.400,-	21.000	1.000	--	5.000	15.000
B	4.000,-	250	125	--	75	50
C	6.000,-	1.500	360	300	--	840

a)   Zur innerbetrieblichen Leistungsverrechnung wendet die Unternehmung bislang das Treppenumlageverfahren an. Bestimmen Sie danach den Verrechnungspreis für die Hilfskostenstelle A (Beachten Sie die zweckmäßige Anordnung der Kostenstellen!).

b)   Die Unternehmung ist sich der Ungenauigkeiten des Treppenumlageverfahrens bewusst und erwägt daher, die innerbetriebliche Leistungsverrechnung mit Hilfe eines simultanen Gleichungssystems vorzunehmen. Bestimmen Sie nach diesem exakten Verfahren die Verrechnungspreise der drei Hilfskostenstellen pro Leistungseinheit (LE).

Aufgabe 1.2.2.13: Deckungsumlage- und mathematisches Verfahren

In einer Unternehmung ergaben sich nach der Verrechnung der Gemeinkosten auf die Kostenstellen folgende Primärkosten:

Vorkostenstellen [€]				Endkostenstellen [€]		
A_1	A_2	A_3	A_4	F	M	Vw- u. Vt
21.960,-	28.040,-	11.760,-	5.920,-	144.900,-	25.430,-	21.990,-

Über den Leistungsaustausch liegen folgende Angaben vor:

an von	A_1	A_2	A_3	A_4	F	M	Vw- u. Vt
A_1 [m²]	140	210	260	140	1.000	600	150
A_2 [t]	320	-	480	960	1.440	640	160
A_3 [h]	50	69	-	2	150	5	3
A_4 [kWh]	10.000	2.000	22.000	16.000	80.000	6.000	4.000

a)   Es sind die primären Stellenkosten der allgemeinen Kostenstellen A_1, A_2, A_3 und A_4 unter Berücksichtigung der gegenseitigen Leistungsabgabe nach dem Deckungsumlageverfahren (Gutschrift-Lastschrift-Verfahren) auf die Fertigungsstelle F, Materialstelle M und Verwaltungs- und Vertriebsstelle Vw- u. Vt zu verteilen und die Gemeinkosten der Hauptkostenstellen zu ermitteln. Folgende Verrechnungspreise sind anzusetzen:

A_1	genutzte Fläche	12,- €/m²
A_2	Dampf	10,- €/t
A_3	Reparatur	Istkosten
A_4	Strom	0,12 €/kWh

Eine etwaige Deckungsumlage ist im Verhältnis F : M : Vw- u. Vt = 2 : 1 : 1 auf die Endkostenstellen zu verteilen.

b)   Wie lautet das vollständige Gleichungssystem des mathematischen Verfahrens für die innerbetriebliche Leistungsverrechnung?

Aufgabe 1.2.2.14: Deckungsumlage-, Treppenumlage- und mathematisches Verfahren

Aus einem Betrieb, der in fünf Hilfskostenstellen und drei Hauptkostenstellen gegliedert ist, stehen Ihnen die primären Stellenkosten, die Daten über den Leistungsaustausch und die Verrechnungspreise zur Verfügung.

Leistungs-beziehungen	Hilfskostenstellen					Hauptkostenstellen		
	1	2	3	4	5	I Fert.	II Fert.	III Vw- u. Vt
1 [m³] ⎫	(7.000)	200	-	-	-	4.500	1.300	1.000
2 [kWh] ⎪	12.000	(80.000)	30.000	7.000	4.000	17.000	8.000	2.000
3 [%] ⎬ an	10	-	(100)	-	-	60	10	20
4 [t] ⎪	500	100	-	(4.000)	-	1.200	1.400	800
5 [h] ⎭	400	300	-	300	(2.500)	500	700	300
primäre Stellen-kosten [DM]	2.500	4.000	12.000	3.400	29.400			5.000

Einzelkosten: 15.000   7.000

Die Gesamtleistungsmenge der Hilfskostenstelle ist jeweils in Klammern angegeben.

Hilfskostenstellen	Einheit	Verrechnungspreis
1	€/m³	1,5
2	€/kWh	0,1
3	€	Istkosten
4	€/t	2,-
5	€/h	12,-

a)   Führen Sie die innerbetriebliche Leistungsverrechnung mit dem Deckungsumlageverfahren (Gutschrift-Lastschrift-Verfahren) durch. Eine eventuelle Deckungsumlage ist zu gleichen Teilen auf die Hauptkostenstellen I und II zu verteilen.

b)   Ermitteln Sie die Gemeinkostenzuschlagssätze, wenn die Bezugsgrößen der Hauptkostenstellen I und II die Fertigungslöhne, für Verwaltung und Vertrieb die Herstellkosten sind.

c) Bestimmen Sie die optimale Reihenfolge der Hilfskostenstellen bei Anwendung des Treppenumlageverfahrens.

d) Stellen Sie das Gleichungssystem auf, das bei der Anwendung des mathematischen Verfahrens benötigt wird.

Aufgabe 1.2.2.15: Iteratives und mathematisches Verfahren

In einem Betrieb sollen die primären Stellenkosten gemäß dem Leistungsaustausch zwischen Allgemeiner Kostenstelle, Hilfs- und Fertigungskostenstellen verrechnet werden. Als Daten liegen die folgenden primären Stellenkosten und Verteilungsgrundlagen vor:

		I	II	III	IV	V
Kostenstellen		Allgemein	HKSt 1	HKSt 2	FKSt 1	FKSt 2
primäre Gemeinkosten [€]		3.000,-	5.000,-	6.000,-	25.500,-	27.000,-
Leistungsverteilung	I an	--	18	2	15	25
	II an	--	--	--	4	6
	III an	1	3	--	8	8

a) Führen Sie die Leistungsverrechnung nach dem iterativen Verfahren durch und ermitteln Sie die Gesamtkosten der Fertigungskostenstellen. Runden Sie jeweils auf volle €-Beträge (z.B. 0,49 € = 0,- € und 0,50 € = € 1,-). Wiederholen Sie die Umlage so lange, bis die zu verteilenden Kosten geringer als € 1,- werden.

b) Stellen Sie das Gleichungssystem auf, das bei Anwendung des mathematischen Verfahrens benötigt wird. Zeigen Sie anhand der Kostenstelle II die Übereinstimmung der Gleichung auf der Grundlage der Kostenanteile mit derjenigen unter Verwendung von Stückkosten.

Aufgabe 1.2.2.16: Blockumlage- und mathematisches Verfahren

Eine Unternehmung gliedert sich in 7 Kostenstellen (KS). Für das abgelaufene 1. Quartal stellen sich die Leistungsbeziehungen in Einheiten der Vorprodukte wie folgt dar:

von \ an	KS_1	KS_2	KS_3	KS_4	KS_5	KS_6	KS_7
KS_1	0	0	0	0	400	400	0
KS_2	0	0	0	0	0	200	0
KS_3	0	0	0	0	0	300	300
KS_4	0	0	0	0	0	0	100

Nachfolgende Tabelle zeigt die Primärkosten der Kostenstellen:

Kostenstelle	KS_1	KS_2	KS_3	KS_4	KS_5	KS_6	KS_7
Primäre Gemeinkosten [€]	60.000	80.000	75.000	40.000	35.000	70.000	20.000

a)   Die Fertigungsmengen der drei Endkostenstellen betragen:

– KS_5: 100 Stück von Produkt P5
– KS_6: 200 Stück von Produkt P6
– KS_7: 150 Stück von Produkt P7

Führen Sie die innerbetriebliche Leistungsverrechnung auf Basis des Blockumlageverfahrens in einem Betriebsabrechnungsbogen durch. Weisen Sie den Endkostenstellen die Gemeinkosten der Vorkostenstellen zu und berechnen Sie die Gemeinkosten je Einheit für die drei Endprodukte. Begründen Sie knapp, ob sich das Blockumlageverfahren bei der vorliegenden Leistungsstruktur zur Leistungsverrechnung eignet.

b) Im 2. Quartal ergeben sich folgende Veränderungen im Produktionsprozess: In der neu geschaffenen KS_8 wird das Produkt P8 gefertigt. In KS_6 werden 100 Stück P6 für den Markt sowie 100 Einheiten für KS_8 produziert und geliefert. KS_6 benötigt auf Grund von genutzten Einsparpotentialen nur noch 200 Einheiten von KS_3; die eingesparten 100 Einheiten fließen in KS_8. Die übrigen Güterströme bleiben unverändert. Insgesamt werden 100 Einheiten P8 hergestellt. Die primären Gemeinkosten der KS_8 betragen € 30.000.

Geben Sie einen tabellarischen Überblick über die Güterströme.

Bestimmen Sie die Gemeinkosten der Endkostenstellen sowie je Einheit der Endprodukte, indem Sie die innerbetriebliche Leistungsverrechnung nach dem Treppenumlageverfahren in einem Betriebsabrechnungsbogen durchführen. Begründen Sie kurz, ob dieses Verfahren unter Beachtung der Leistungsbeziehungen zweckmäßig ist.

c) Gehen Sie von den Annahmen aus Aufgabenteil b) aus. Die Einführung von Qualitätskontrollen im 3. Quartal zeigt, dass 10 Einheiten P5 erforderlich sind, um einen hochwertigen Produktionsablauf in KS_1 zu garantieren. Veranschaulichen Sie die nun vorliegenden Leistungsverflechtungen der Kostenstellen mit Hilfe eines Stromdiagramms. Führen Sie die innerbetriebliche Leistungsverrechnung auf Basis des Gleichungsverfahrens durch! Weisen Sie je Kostenstelle die Gemeinkosten nach durchgeführter innerbetrieblicher Leistungsverrechnung aus und bestimmen Sie für die vier Endprodukte den Gemeinkostenbetrag je Stück.

1.3 Kalkulation

1.3.1 Mehrstufige Divisionsrechnung

Aufgabe 1.3.1.1: Mehrstufige Divisionskalkulation

Bei der Erzeugung eines chemischen Massenprodukts sind auf der ersten Fertigungsstufe 500 t Grundsubstanz erzeugt worden, die Stufenkosten in Höhe von € 60.000,- verursacht haben. 450 t dieser Grundsubstanz sind in der zweiten Fertigungsstufe eingesetzt worden, wo aus ihnen 300 t des Endprodukts gewonnen wurden und € 21.000,- als Stufenkosten entstanden sind. In der Abrechnungsperiode wurden 250 t des Endprodukts abgesetzt. Die für den Absatz entstandenen Vertriebskosten haben € 7.500,- betragen.

Ermitteln Sie die Selbstkosten je t mit einem geeigneten Kalkulationsverfahren.

Aufgabe 1.3.1.2: Mehrstufige Divisionskalkulation

Ein homogenes Produkt wird in einem dreistufigen Fertigungsprozess hergestellt. Die Produktionszahlen sind aus der nachstehenden Tabelle ersichtlich. Aus der Kostenrechnung des betreffenden Zeitraums liegen die Stufenkosten vor.

Ermitteln Sie die Selbstkosten je kg mit einem geeigneten Kalkulationsverfahren.

Stufe	Einsatzmenge [kg]	Ausbringungsmenge [kg]
1	160.000	150.000
2	140.000	140.000
3	155.000	128.000
4	Absatzmenge [kg] 108.000	

Kostenarten	Betrag [€]
Rohstoffkosten [€/kg]	0,75
Fertigungskosten der Stufe 1	180.000,-
Fertigungskosten der Stufe 2	350.000,-
Fertigungskosten der Stufe 3	326.500,-
Vertriebskosten	129.600,-

Aufgabe 1.3.1.3: Mehrstufige Divisionskalkulation

In einem Betrieb werden aus einem Ausgangsrohstoff durch Bearbeitung auf mehreren Produktionsstufen, auf denen zum Teil produktionsbedingte Mengenverluste auftreten, drei verschiedene Endprodukte A, B und C sowie die Zwischenprodukte D, E, F, G, H, J und K hergestellt. EM gibt die zum Einsatz gelangte Menge des Produkts der jeweiligen Vorstufe an, AM die hergestellte Menge des Produkts der jeweiligen Produktionsstufe. Stufenkosten (StK) sind die zusätzlichen Herstellkosten der jeweiligen Produktionsstufe.

a)   Ermitteln Sie nach der Durchwälzmethode die Herstellkosten pro t für alle Zwischen- und Endprodukte.

b)   Ermitteln Sie den Wert der Bestandsveränderungen bei den Zwischen- und Endprodukten. In der Periode wurden von Endprodukt A 180 t, von Endprodukt B 170 t und von Endprodukt C 400 t verkauft.

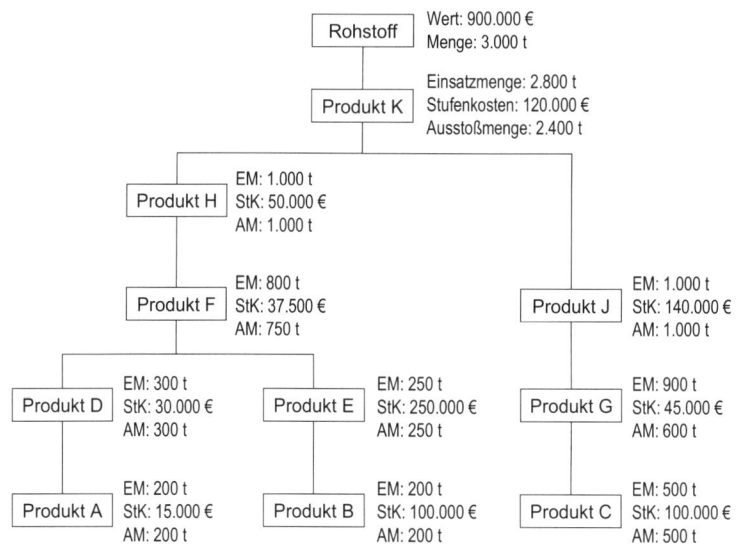

Aufgabe 1.3.1.4: Mehrstufige Divisionskalkulation

Die „Bohr Frei GmbH" stellt Rohlinge für Gewindebohrer her. Dabei sind in der letzten Abrechnungsperiode insgesamt folgende Kosten und Lagerbestandsveränderungen angefallen. Zu Beginn der Periode waren sämtliche Zwischen- und Endlager leer.

Produktionsstufen	Stufe I: Rohlinge fertigen	Stufe II: Rohlinge härten	Verwaltung und Vertrieb
Kosten je Produktionsstufe	49.000,- €	29.500,- €	15.000,- €
Ausbringungs- und Absatzmenge je Stufe	28.000 Stück, davon: 5.000 Stück gehen auf Lager	22.500 Stück, davon: 2.500 Stück gehen auf Lager	20.000 Stück werden verkauft

Welche der folgenden Aussagen sind richtig?

a) Die Divisionskalkulation mit Äquivalenzziffern, auch Äquivalenzziffernrechnung genannt, findet bei artverwandten Produkten Anwendung, die ein- und denselben technischen Fertigungsprozess durchlaufen. Oft unterscheiden sich die Produkte nur in der Materialverbrauchsmenge.

b) Der Wert der Lagerbestandserhöhung der gehärteten Rohlinge beträgt 7.750,- €.

c) Die Herstellkosten je Rohling betragen 3,30 €.

d) Die Selbstkosten je Rohling betragen 3,85 €.

Die Geschäftsleitung der „Bohr Frei GmbH" möchte in Zukunft fertige Gewindebohrer herstellen. Die Fertigung erweitert sich um eine Stufe und es fallen – zusätzlich zu den bisherigen Kosten – folgende zusätzliche Kosten an. Die gesamte produzierte Menge an Gewindebohrern wird am Markt abgesetzt.

Produktionsstufe	Stufe III Gewinde fräsen
Kosten der Produktionsstufe	32.050,- €
Ausbringungsmenge	19.000 Stück

e) Die Herstellkosten je Gewindebohrer betragen 4,95 €.

f) Die Gesamtselbstkosten für die Fertigung der Gewindebohrer betragen 119.500 €.

1.3.2 Äquivalenzziffernrechnung

Aufgabe 1.3.2.1: Äquivalenzziffernrechnung

In einer Wachsgießerei werden Kerzen unterschiedlicher Größe hergestellt. Bei jeder Kerzengröße wird das gleiche Wachs verwendet. Die Materialkosten sind somit proportional zum Kerzenvolumen.

Kerzensorten	klein	mittel	groß
Volumen [cm³] Ausbringungsmenge [Stück]	100 200.000	200 225.000	800 100.000

Die gesamten Materialkosten betragen € 3.335.000,-.

Bestimmen Sie die Materialkosten pro Kerzensorte und pro Sorteneinheit durch Äquivalenzziffernrechnung. Verwenden Sie dabei die Kerzengröße und die Stückzahlen als Äquivalenzziffern.

Aufgabe 1.3.2.2: Äquivalenzziffernrechnung

Die Blechwalzwerk AG stellt Bleche mit unterschiedlicher Stärke her.

Stärke [mm]	0,4	0,5	1,0	1,25	2,5
Menge [t]	500	400	700	600	300

Die Gesamtkosten einer Periode betragen € 879.000,-.

Da Bleche geringerer Stärke öfter gewalzt werden müssen, steigen die Fertigungskosten tendenziell mit abnehmender Blechstärke. Hingegen kommt es bei Blechen über 1 mm Stärke zu zunehmenden Ausschusskosten.

Bezogen auf die Blechstärke von 1 mm lässt sich folgende Grundtendenz im Kostenverhalten angeben:

Stärke [mm]	0,4	0,5	1,0	1,25	2,5
höhere Kosten	50%	30%	-	5%	10%

a) Welches Kalkulationsverfahren ist geeignet? Begründen Sie Ihre Aussage.

b) Berechnen Sie die Selbstkosten für jede Blechstärke pro Tonne sowie insgesamt.

Aufgabe 1.3.2.3: Äquivalenzziffernrechnung

Eine Unternehmung stellt Tonrohre her. Die verschiedenen Sorten unterscheiden sich hinsichtlich ihrer Länge und ihres Durchmessers. Die Preise der einzelnen Sorten und die Produktionsmengen einer abgelaufenen Periode sind in der nachstehenden Tabelle angegeben. Die Kalkulation wird mit einer Äquivalenzziffernrechnung durchgeführt. Als Äquivalenzziffer gilt das Produkt aus Durchmesser und Länge.

Länge Durchmesser	100 cm	50 cm	30 cm
100 mm	Sorte (1) 10,- [€/Stück] 10.000 [Stück]	Sorte (2) 3,- [€/Stück] 2.000 [Stück]	Sorte (3) 2,- [€/Stück] 200 [Stück]
150 mm	Sorte (4) 15,- [€/Stück] 30.000 [Stück]	Sorte (5) 8,- [€/Stück] 3.000 [Stück]	Sorte (6) 6,- [€/Stück] 1.000 [Stück]

An Gesamtkosten sind € 470.080,- angefallen.

Ermitteln Sie die Selbstkosten und die Gewinne je Stück. Verwenden Sie als Äquivalenzziffern das Produkt aus Rohrdurchmesser und Rohrlänge.

Aufgabe 1.3.2.4: Äquivalenzziffernrechnung

In der Nahrungsmittelherstellung der "Es Schmeckt" GmbH werden Konfitüren verschiedener Fruchtsorten und Mischungen hergestellt. Da für die einzelnen Sorten die Mischungsverhältnisse, die Mengen der Geschmacksverfeinerungsstoffe und die Art der Zubereitung unterschiedlich sind, wären die auf jede Sorte entfallenden Kosten nur unter großem organisatorischen Aufwand genau zuzurechnen. Deswegen hat sich die Kostenrechnungsabteilung für die Anwendung der Äquivalenzziffernrechnung entschlossen.

Sorte	Äquivalenzziffern			in der Abrechnungsperiode hergestellte Menge [Stück]
	Konfitüre	Verpackung	sonstige Herstellkosten	
1	5,5	3,0	4,0	17.000
2	3,0	3,0	4,5	12.000
3	6,5	3,0	2,0	50.000
4	4,0	3,0	6,0	61.000
5	8,0	5,0	9,0	24.000
6	10,0	5,0	8,0	25.000

Kostenarten	Betrag [€]
Früchte	210.000,-
Gelierzucker	56.000,-
Konservierungsstoffe	30.000,-
Geschmacksverfeinerungsstoffe	23.340,-
Gläser	40.100,-
Etiketten	7.500,-
Kartons	5.600,-
Löhne	145.000,-
Lagerkosten	30.000,-
kalkulatorische Abschreibung	126.200,-

Kalkulieren Sie die Herstellkosten pro Glas jeder Sorte und pro Sorte insgesamt mit Hilfe der angegebenen Herstellmengen und Äquivalenzziffern.

Aufgabe 1.3.2.5: Äquivalenzziffernrechnung

In einer Ziegelei werden vier verschiedene Produkte hergestellt. Der Betrieb kalkuliert die einzelnen Produktarten mit Äquivalenzziffern. Die Gesamtherstellkosten der Abrechnungsperiode belaufen sich auf € 67.500,- davon sind € 27.000,- fixe Kosten. Die variablen Vertriebskosten betragen € 33.480,-.

Erzeugnisart	hergestellte Menge [in 1.000 Stück]	verkaufte Menge [in 1.000 Stück]	Äquivalenzziffern für		
			fixe Kosten	variable Kosten	Vertriebs- kosten
Bauziegel A	120	100	1,0	1,0	2,0
Bauziegel B	75	75	2,0	1,6	2,0
Dachziegel I	60	40	3,0	2,0	1,0
Dachziegel II	150	120	1,5	3,0	1,4

Bestimmen Sie die Herstellkosten und die Selbstkosten jeder Erzeugnisart (in 1.000 Stück)

a)   zu Vollkosten

b)   zu Teilkosten.

1.3.3 Zuschlagsrechnung

Aufgabe 1.3.3.1: Zuschlagskalkulation

Eine Unternehmung der Metallindustrie stellt plastikbeschichtete Zäune her. Die Zäune haben Höhen von 80, 100, 120, 160 und 200 cm bei jeweils 25 m Länge pro Rolle. Die Fertigung erfolgt in den Fertigungskostenstellen F1 Drahtzieherei, F2 Flechterei, F3 Beschichterei.

Aus dem Betriebsabrechnungsbogen wurden für die Ermittlung der Kosten pro 25 m Rolle Zaun die folgenden Daten übernommen:

[€]	Material (1)	F1 (2)	F2 (3)	F3 (4)	Verwaltung (5)	Vertrieb (6)
	Kostenstellen					
Materialeinzel-kosten	135.340,-					
Fertigungslohn		42.375,-	46.938,-	53.415,-		
Gemeinkosten	19.348,-	27.869,-	24.740,-	28.913,-	45.850,-	36.980,-

Wegen der bestehenden Unsicherheiten in Bezug auf die Messung der Äquivalenzziffern soll zur Ermittlung der Selbstkosten pro Produkteinheit ein Verfahren der Zuschlagskalkulation angewendet werden.

Als relevante Bezugsgrößen dienen für die Verrechnung der Produkt-Materialgemeinkosten die Materialeinzelkosten. Die Zurechnung der Fertigungslöhne auf die Produkte erfolgt unter Verwendung der Maschinenzeiten von 37.800 Maschinenminuten in der Drahtzieherei, 54.000 Maschinenminuten in der Drahtflechterei und 27.000 Maschinenminuten in der Beschichterei.

Die Fertigungsgemeinkosten werden unter Verwendung der Fertigungszeiten und der Maschinenzeiten in den Fertigungskostenstellen verrechnet. Die Bezugsgröße für die Verrechnung der Fertigungsgemeinkosten ist in der Drahtzieherei die Maschinenzeit, in der Drahtflechterei für die Verrechnung von € 10.860,- die Fertigungszeit (18.000 Fertigungsminuten) sowie von € 13.880,- die Maschinenzeit, in der Beschichterei die Fertigungszeit (44.700 Fertigungsminuten). Die Verrechnung der Verwaltungs- und Vertriebsgemeinkosten erfolgt auf Basis der Herstellkosten.

Für das Produkt 3 (25 m Rolle Zaun mit 120 cm Höhe) werden die Materialeinzelkosten mit € 7,25 ermittelt. Die Maschinenzeiten für die Fertigung einer Produkteinheit wurden in den Fertigungskostenstellen 1, 2, 3 gemessen mit 2; 3,5; 2 Minuten; als Fertigungszeiten wurden ermittelt 2; 1; 2,5 Minuten.

Bestimmen Sie im Rahmen einer differenzierten Zuschlagskalkulation die Selbstkosten pro Einheit des Produktes 3.

Aufgabe 1.3.3.2: Zuschlagskalkulation

In einer Fertigungskostenstelle wird zunächst auf Maschine I und dann auf Maschine II eine Produktart bearbeitet. In der letzten Abrechnungsperiode sind an maschinenabhängigen Fertigungsgemeinkosten angefallen:

[€]	Maschine I	Maschine II
Kalkulatorische Abschreibungen	16.000,-	12.500,-
Kalkulatorische Zinsen	7.000,-	3.750,-
Instandhaltungs- und Wartungskosten	2.000,-	4.450,-
Energie- und Betriebsstoffkosten	3.500,-	4.000,-
Raumkosten	1.500,-	800,-

In der betreffenden Kostenstelle sind außerdem maschinenunabhängige Fertigungsgemeinkosten entstanden:

Hilfslöhne	€	25.000,-
Sozialkosten	€	40.000,-
Arbeitsvorbereitung	€	3.400,-

Die Fertigungseinzelkosten beliefen sich auf € 6,- und die Sondereinzelkosten der Fertigung auf 0,50 €/Stück. In der Abrechnungsperiode wurden 6.000 Stück produziert. Die durchschnittliche Fertigungszeit an Maschine I beträgt 10 Minuten/Stück, an Maschine II 15 Minuten/Stück.

Ermitteln Sie die Fertigungskosten je Stück.

Aufgabe 1.3.3.3: Zuschlagskalkulation

Für eine Werkzeugmaschine liegen die Fertigungslohnkosten und die Fertigungsmaterialkosten vor. Des weiteren gelten die Gemeinkostenzuschlagssätze der vorhergehenden Periode.

Fertigungslöhne [€]	120.000,-
Fertigungsmaterial [€]	50.000,-
Fertigungslohn-Gemeinkostenzuschlagssatz [%]	210
Fertigungsmaterial-Gemeinkostenzuschlagssatz [%]	15
Vw- und Vt-Gemeinkostenzuschlagssatz [%]	60

a)   Ermitteln Sie die Selbstkosten mit Hilfe der Zuschlagskalkulation.

b)   Errechnen Sie den Angebotspreis so, dass nach Abzug von 3% Skonto und 5% Rabatt noch ein Gewinnaufschlag von 10% übrig bleibt.

Aufgabe 1.3.3.4: Zuschlagskalkulation

Die Produkte A, B und C werden in drei Fertigungshauptstellen (FKSt) gefertigt. In den nachstehenden Tabellen sind die dafür jeweils verwendeten Fertigungslöhne (FL) und Fertigungsmaterialien (FM), weiterhin die Gemeinkosten (GK), Fertigungsmaterial- und Lohnkosten der letzten Periode aufgeführt.

Kostenarten	Fertigungskostenstellen			Material-stelle	Verwaltungs-stelle	Vertriebs-stelle
[€]	I	II	III			
Gemeinkosten	78.750,-	82.350,-	93.500,-	25.200,-	115.160,-	86.370,-
Fert.material				105.000,-		
Fert.löhne	75.000,-	61.000,-	55.000,-			

Produkt	FKSt I		FKSt II		FKSt III	
	FM [€]	FL [€]	FM [€]	FL [€]	FM [€]	FL [€]
A	1,50	3,-	0,50	4,-	1,50	0,50
B	0,40	2,-	0,60	1,-	4,-	0,40
C	0,60	1,-	1,70	1,20	0,20	5,-

a) Ermitteln Sie die Gemeinkostenzuschlagssätze.

b) Kalkulieren Sie die Selbstkosten der Produkte durch Zuschlagskalkulation.

Aufgabe 1.3.3.5: Zuschlagskalkulation

Für die Kalkulation einer Spezialmaschine sind folgende Planwerte für die Einzelkosten angesetzt worden.

Kosten	Betrag [€]
Fertigungsmaterial	1.550,-
Fertigungslöhne	1.830,-
Sondereinzelkosten der Fertigung	132,-
Sondereinzelkosten des Vertriebs	245,-

Die geplante Fertigungszeit für die Spezialmaschine beträgt 200 Stunden.

Folgende Planwerte liegen für die gesamte Unternehmung vor:

Kostenarten	Betrag [€]
Geplante Einzelkosten:	
Fertigungsmaterial	170.650,-
Fertigungslöhne	298.235,-
Sondereinzelkosten der Fertigung	15.800,-
Sondereinzelkosten des Vertriebs	42.325,-
Geplante Gemeinkosten:	
Materialgemeinkosten	35.000,-
Fertigungsgemeinkosten	513.000,-
Verw.- und Vertriebsgemeinkosten	235.300,-

Die gesamte geplante Fertigungszeit beträgt 28.500 Stunden.

a)   Kalkulieren Sie die geplanten Selbstkosten der Maschine mit einem Gesamtzuschlag auf die Summe der Einzelkosten.

b)   Kalkulieren Sie die Selbstkosten der Maschine, indem Sie die Materialgemeinkosten auf das Fertigungsmaterial, die Fertigungsgemeinkosten proportional zur Fertigungszeit und die Verwaltungs- und Vertriebskosten auf die Herstellkosten zuschlagen.

Aufgabe 1.3.3.6: Zuschlagskalkulation

Aus der Kostenrechnung eines Unternehmens liegen folgende Daten vor:

Kostenstellen → Kostenarten [€] ↓	Fertigungsstellen			Materialstellen		Verwaltung	Vertrieb
	I	II	III	I	II		
Hilfslöhne	3.017,-	4.312,-	10.515,-	500,-	250,-	1.750,-	1.830,-
Fertigungslöhne	135.000,-	225.000,-	375.300,-	--	--	--	--
Gehälter	--	1.400,-	7.971,-	--	500,-	92.144,-	103.741,-
Fertigungsmaterial	--	--	--	68.300,-	55.000,-	--	--
Zinsen	5.733,-	8.730,-	15.923,-	--	350,-	15.930,-	18.930,-
Abschreibungen	10.500,-	15.375,-	35.121,-	2.481,-	1.178,-	11.330,-	23.230,-
Sonstige Verwaltungskosten	3.700,-	1.683,-	9.283,-	1.800,-	472,-	3.770,-	2.178,-

Einzelkosten der Produkte A und B:

Produkt	FL I	FL II	FL III	Mat I	Mat II	SEKVt
A	153,-	172,-	102,-	53,-	91,-	21,-
B	33,-	65,-	93,-	121,-	25,-	---

Berechnen Sie die Zuschlagssätze auf Vollkostenbasis und kalkulieren Sie für Produkt A einen Angebotspreis, der nach Abzug von 3% Skonto und 5% Rabatt noch 15% Gewinn enthält.

Aufgabe 1.3.3.7: Zuschlagskalkulation

Der Betriebsabrechnungsbogen einer Plankostenrechnung auf Vollkostenbasis besitzt nach Durchführung der Kostenstellenumlage folgende Werte.

Gemein-kosten	Betrag [€]	Materialstellen		Fertigungsstellen			Verwaltungs-stelle	Vertriebs-stelle
		1	2	1	2	3		
Summe	549.900,-	22.500,-	24.000,-	138.000,-	180.000,-	45.000,-	54.000,-	86.400,-
Zuschlags-basis		Fertigungsmaterial [€]		Fertigungszeit [h]		Fertigungs-löhne [€]	Herstellkosten [€]	
		250.000,-	200.000,-	3.000	2.400	18.000,-	1.080.000,-	

	Produkt A	Produkt B
Fertigungsmaterial 1 [€]	100,-	150,-
Fertigungsmaterial 2 [€]	50,-	80,-
Fertigungslöhne in Fertigungsstelle 1 [€]	41,-	95,-
Fertigungslöhne in Fertigungsstelle 2 [€]	30,-	---
Fertigungslöhne in Fertigungsstelle 3 [€]	40,-	64,-
Erlöse je Einheit [€]	700,-	850,-
Fertigungszeit in Stelle 1 [h]	1,5	2,4
Fertigungszeit in Stelle 2 [h]	1,4	---
Fertigungszeit in Stelle 3 [h]	2,0	3,2

Für Produkt B fallen Sondereinzelkosten der Fertigung in Höhe von € 17,50 an. Die Sondereinzelkosten des Vertriebs betragen für Produkt A € 20,- und für Produkt B € 30,-.

a) Berechnen Sie den Zuschlagssatz für jede der sieben Endkostenstellen.

b) Berechnen Sie mit den errechneten Zuschlagssätzen - unter Verwendung eines gemeinsamen Kalkulationsschemas - die geplanten Selbstkosten und die geplanten Stückerfolge von zwei Endprodukten.

Aufgabe 1.3.3.8: Zuschlagskalkulation

Die Gewinde-GmbH fertigt in einer Abrechnungsperiode an verschiedenen Maschinen aus Stahlstangen Präzisions-Gewindestangen vom Typ 1 (10.000 Stück) und Typ 2 (20.000 Stück) an. Die Stahlstangen werden zunächst in der Dreherei mit einem Gewinde versehen und dann mit Chrom überzogen.

Aus dem BAB der Abrechnungsperiode ergeben sich für die Kostenstellen des Unternehmens folgende Gemeinkosten:

Kostenstelle	Gemeinkosten
Materialstelle	228.000 €
Dreherei	798.000 €
Verchromung	360.000 €
Vertrieb	178.600 €

Daneben fallen für die Gewindestangen folgende Einzelkosten an:

	Typ 1	Typ 2
Materialeinzelkosten	100 €/Stück	64 €/Stück
Fertigungslöhne in der Dreherei	50 €/Stück	48 €/Stück
Sondereinzelkosten der Dreherei	4 €/Stück	3 €/Stück

Welche der folgenden Aussagen sind richtig?

a) Zu den wichtigsten Aufgaben der Kostenrechnung gehört die Unterstützung der Unternehmensleitung bei der kurzfristigen Planung und der Kontrolle des Unternehmensgeschehens. Dabei unterscheidet man die Kostenträgerstückrechnung und die Kostenträgerzeitrechnung.

b) Der Zuschlagsatz für die Materialstelle beträgt 10%.

c) Die Fertigungsgemeinkosten betragen bei Typ 1 und Typ 2 je Stück 14,00 €.

d) Die Bezugsgröße der Vertriebskosten sind die Herstellkosten, in diese müssen die Verwaltungsgemeinkosten einbezogen werden.

e) Die durch die Kostenträgerrechnung ermittelten Herstellkosten dienen als Grundlage für die Kalkulation der Angebotspreise.

1.3.4 Maschinenstundensatzrechnung

Aufgabe 1.3.4.1: Maschinenstundensatzrechnung

In der Fertigungsabteilung einer Unternehmung stehen für die Vornahme einer bestimmten Arbeitsverrichtung ein Großgerät und fünf kleinere Geräte zur Verfügung.

Maschine	Großgerät	Kleingeräte				
		1	2	3	4	5
Belegzeit [h/Bauteil]	2,0	0,9	1,2	0,3	0,6	1,5

	Kosten [€]	Zuschlagssatz [%]
Fertigungsmaterial	120,-	30
Fertigungslöhne	70,-	210

Planwerte		
Rechnungsmerkmal	Großgerät	Gruppe der 5 Kleingeräte
Nutzungsdauer [Jahre]	10	12 (je Gerät)
Wiederbeschaffungswert [€] = Anschaffungskosten [€]	384.000,-	63.000,- (je Gerät)
Raumbedarf [m²]	30	50 (gesamte Gruppe)
Strombedarf [kWh]	5	3 (je Gerät)
Jährliche Instandhaltung [€]	5.600,-	9.000,- (gesamte Gruppe)
Versicherung [€]	3.840,-	3.000,- (gesamte Gruppe)
Jährliche Werkzeugkosten [€]	1.200,-	450,- (je Gerät)
Ausfallzeiten [h]	240	340 (je Gerät)

- Zinssatz 10% (Durchschnittsverzinsung!)
- Raumkosten monatlich 6,- €/m²
- Strompreis 0,14 €/kWh

Die tägliche Arbeitszeit beträgt 8 Stunden an 230 Tagen im Jahr. Ein Bauteil wird auf den 6 Maschinen gefertigt.

a)   Berechnen Sie den geplanten Maschinenstundensatz für das Großgerät und ein Kleingerät.

b)   Kalkulieren Sie anhand der errechneten Maschinenstundensätze und der angegebenen Fertigungslohn-, Fertigungsmaterialkosten und Maschinenbelegungszeiten die Herstellkosten des Bauteils.

c)   Unter welchen Umständen erachten Sie die Kalkulation mit Maschinenstundensätzen für sinnvoll?

1.3.5 Kalkulation von Kuppelprodukten

Aufgabe 1.3.5.1:   Kalkulation von Kuppelprodukten

In einem Kuppelprozess werden vier Produkte erzeugt. Die dabei angefallenen Kosten, Produktionsmengen und Erlöse sind aus der nachstehenden Tabelle ersichtlich.

Produkt	direkt zurechen-bare Kosten [€]	Kosten des Kuppelprozesses [€]	Produktionsmenge [Stück]	Erlöse [€]
A	40.000,-		20.000	100.000,-
B	8.000,-	80.000,-	2.000	20.000,-
C	12.000,-		1.000	30.000,-
D	4.000,-		1.000	10.000,-

a)   Kalkulieren Sie die Stückkosten nach der Restwertmethode, wenn Produkt A das Hauptprodukt ist.

b)   Kalkulieren Sie die Stückkosten nach der Verteilungsrechnung mit einer Verteilung nach Marktwerten (Marktwertmethode).

Aufgabe 1.3.5.2:   Kalkulation von Kuppelprodukten

In einem Chemiebetrieb entstehen bei einer Kuppelproduktion in der ersten Fertigungsstufe die Zwischenprodukte A und B. Beide Zwischenprodukte müssen in einem weiteren Kuppelproduktionsprozess verarbeitet werden.

Aus Produkt A entstehen in der zweiten Fertigungsstufe die absatzfähigen Produkte C und D. Dabei fallen im Anschluss an die Aufspaltung direkt zurechenbare Kosten für C in Höhe von € 10.000,- und für D in Höhe von € 20.000,- an. Der Stückverkaufspreis von Produkt C beträgt € 20,-, von Produkt D € 500,-.

Bei der Verarbeitung von B lassen sich die Endprodukte E und F sowie das weitere Zwischenprodukt G gewinnen. Für Produkt E betragen die direkt zurechenbaren Weiterverarbeitungskosten € 10.000,-. Durch einen Veredelungsprozess resultiert aus dem Produkt G das am Markt absetzbare Erzeugnis H, wobei der Prozess Kosten in Höhe von € 60.000,- verursacht. Das Produkt H kann zu 500,- €/Stück verkauft werden, während die Produkte E und F jeweils einen Verkaufspreis von 10,- €/Stück erzielen.

Für den gesamten Fertigungsprozess werden 100.000 kg einer Mischung aus zwei Rohstoffen eingesetzt. Für Rohstoff I, der zu 60% eingeht, sind 0,50 €/kg, für Rohstoff II 1,- €/kg zu bezahlen. Für die Mischung entstehen Kosten in Höhe von € 30.000,-.

a) Ermitteln Sie die Gewinne der verkauften Produkte bei Verwendung der Marktwerte als Bezugsgröße (Marktwertmethode). Folgende Produktions- bzw. Absatzmengen gelten:

Produkt	A	B	C	D	E	F	G	H
Produktions- bzw. Absatz- menge [Stück]	100	500	2.000	50	3.000	500	2.000	1.000

b) Aufgrund strenger Umweltschutzauflagen wird in naher Zukunft die Weiterverarbeitung von Zwischenprodukt A nunmehr unter strengen Auflagen möglich sein. Die Unternehmung gibt deshalb die Weiterverarbeitung von A auf. Ein Entsorgungsunternehmen ist bereit, die je Kuppelprozess anfallende Menge von Produkt A gegen ein Entgelt von € 12.000,- zu übernehmen. Kalkulieren Sie unter diesen Bedingungen den Gewinn von Hauptprodukt H nach der Restwertmethode.

Aufgabe 1.3.5.3:   Kalkulation von Kuppelprodukten

Bei einem Kuppelprozess entstehen die Endprodukte A, C und D. Die Produkte C und D werden aus dem Zwischenprodukt B gewonnen. Bei der Produktion von A und B fallen in der Kostenstelle 1 die Kosten K1 an, bei der Produktion von C und D in der Kostenstelle 2 die Kosten K2.

	Marktwerte [€]
A	90.000,-
C	85.000,-
D	65.000,-

	Kosten [€]
Rohstoff	20.000,-
K1	100.000,-
K2	90.000,-

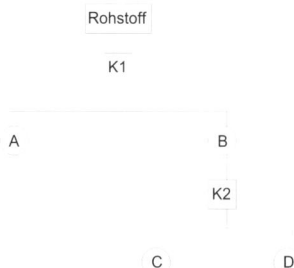

a) Bestimmen Sie die Herstellkosten der Endprodukte über die Marktwert-methode (retrograde Rechenweise).

b) Kalkulieren Sie den Gewinn, wenn A und C Nebenprodukte sind.

Aufgabe 1.3.5.4: Kalkulation von Kuppelprodukten

Aus einem Rohstoff (30.000 kg zu 1,- €/kg) entstehen bei einer Kuppel-produktion in einer Abrechnungsperiode die Kuppelprodukte A und B. Wäh-rend Produkt A sofort am Markt abgesetzt werden kann, wird B in mehreren Produktionsstufen zu den Endprodukten B11 und B12 und B2 weiterverar-beitet und dann ebenfalls vollständig verkauft.

Die Produktionsstufen mit den entstehenden Kosten in den Kostenstellen K1 bis K5 und die Marktwerte der Endprodukte zeigt untenstehende Darstellung.

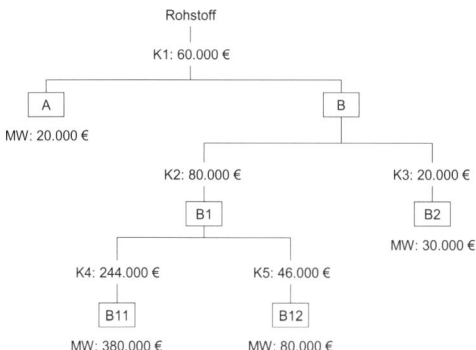

Ermitteln Sie die Gewinne der verkauften Endprodukte, indem Sie deren Marktwerte als Verteilungsgrundlage der Kosten heranziehen.

Aufgabe 1.3.5.5:   Kalkulation von Kuppelprodukten

Die Firma Fadenschein GmbH & Co KG stellt aus einem Rohstoff bei Kosten in Höhe von € 50.000,- (K1) die Kuppelprodukte A, B und C her. Produkt C kann sofort am Markt abgesetzt werden, während A und B erst noch zu den verkaufsfähigen Endprodukten A1, A2, B2, B3 und B4 weiterverarbeitet werden müssen. Die nachfolgende Tabelle gibt die Produktionsstruktur, die anfallenden Kosten (K1 bis K7) und die Verkaufspreise (Marktwerte MW) wieder.

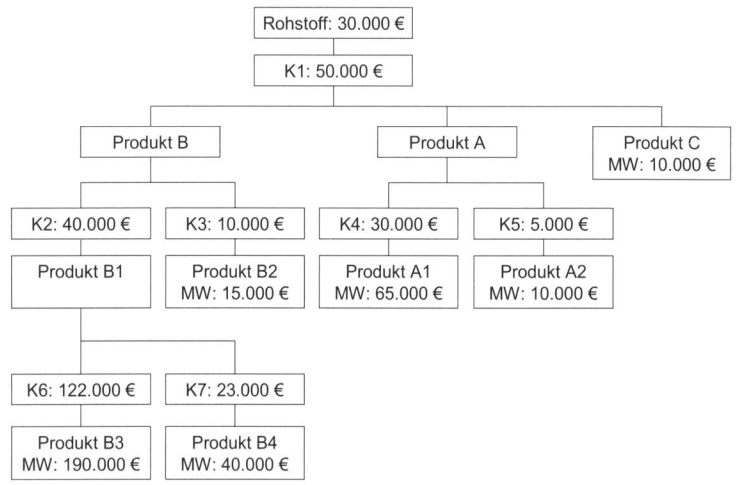

Ermitteln Sie mit Hilfe der retrograden Rechenweise (Marktwertmethode) die Kosten der verkauften Endprodukte.

Aufgabe 1.3.5.6:   Kalkulation von Kuppelprodukten

Ihr Vorgesetzter, Leiter der Abteilung "Kalkulation und Kostenkontrolle", beauftragt Sie, für das abgelaufene Geschäftsjahr die Herstellkosten der verkaufsfähigen Produkte, die im Rahmen einer Kuppelproduktion anfallen, zu ermitteln. Folgende Angaben stehen Ihnen zur Verfügung:

Aus dem Rohstoff, der zu einem Preis von € 156.000,- eingekauft wurde, entstanden während der Produktionsperiode die Kuppelprodukte A bis P entsprechend der nachfolgenden Produktionsstruktur, wobei die Produkte A, B,

D, F, G, I, K, und N nur Zwischenprodukte darstellen, während die Produkte
C, E, H, L, M, O, und P marktfähige Hauptprodukte sind.

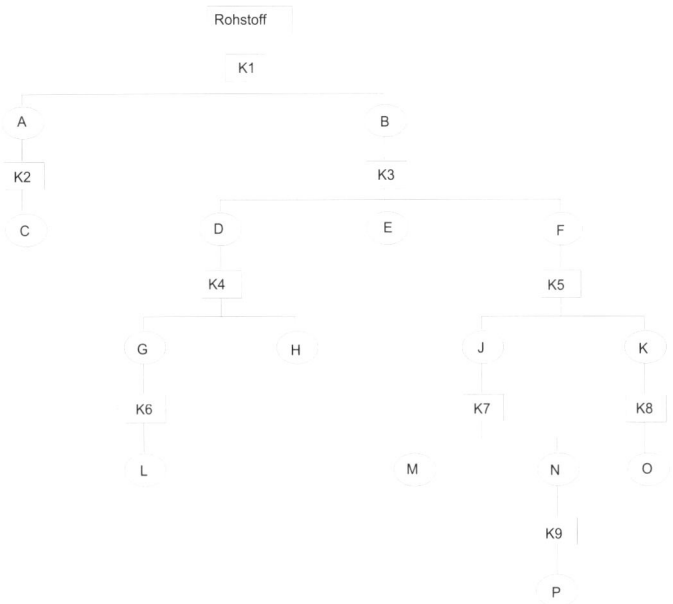

Die in den einzelnen Kostenstellen angefallenen Kosten und die Marktwerte
der Hauptprodukte geben die folgenden Abbildungen wieder.

Kostenstellen	Kosten [€]
K1	180.000,-
K2	60.000,-
K3	100.000,-
K4	120.000,-
K5	120.000,-
K6	20.000,-
K7	40.000,-
K8	40.000,-
K9	40.000,-

Produkte	Marktwerte der Haupt-produkte [€]
C	80.000,-
E	140.000,-
H	60.000,-
L	160.000,-
M	140.000,-
O	200.000,-
P	180.000,-

a) Bestimmen Sie mit Hilfe der retrograden Rechenweise (Marktwertmethode) die Herstellkosten der verkauften Produkte.

b) Alternativ zu dieser Rechnung schlägt Ihnen Ihr Vorgesetzter eine andere Betrachtungsweise vor, bei der die Produkte L und M als Nebenprodukte angesehen werden, wobei sich deren Ergebnis auf die entsprechenden Hauptprodukte auswirkt. Wie groß sind die Herstellkosten
und Gewinne der Hauptprodukte in diesem Fall?

Aufgabe 1.3.5.7:   Kalkulation von Kuppelprodukten

Eine Unternehmung der chemischen Industrie stellt aus einem Rohstoff im Wert von € 25.000,- in einer Kuppelproduktion die Produkte A bis J her. Die Produkte B, E und G sind Zwischenprodukte, die vollständig zu den Produkten der untergeordneten Stufen weiterverarbeitet werden; A, C, D, F, H und J sind verkaufsfähige Endprodukte. Die folgende Abbildung enthält die Erzeugnisstruktur und die Produktionsmengen.

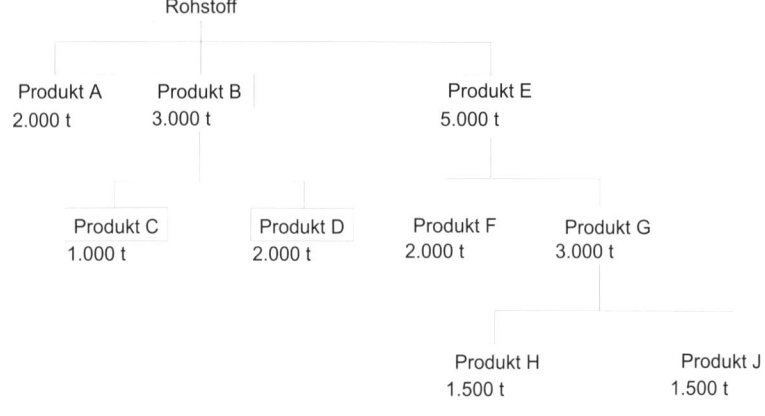

Folgende Kosten sind entstanden:

Direkt zurechenbare Kosten [€/t]	Produkt A	4,-
	Produkt D	4,50
	Produkt G	2,-
	Produkt J	2,-
Sonstige, nicht direkt auf Produkte zurechenbare Verfahrenskosten [€]		20.000,-

Die Endprodukte erzielen am Markt folgende Erlöse:

Produkt	A	C	D	F	H	J
[€/t]	10,-	5,-	12,-	8,-	8,-	6,-

a) Berechnen Sie mit Hilfe der Marktwertmethode die Gewinne der verkauften Endprodukte.

b) Wie verändert sich der Gesamtgewinn des Unternehmens, wenn D und H als Nebenprodukte betrachtet werden? Begründen Sie Ihre Aussage.

c) Sollte die Produktion der Produkte C, F, H, J zugunsten einer Produktionserweiterung der gewinnträchtigen Produkte A und D eingeschränkt werden?

1.3.6 Verfahrenswahl

Aufgabe 1.3.6.1: Verfahrenswahl

In der "Bodo Butter AG Büttelborn" möchte der Leiter der Produktionsabteilung eine Verfahrensplanung durchführen. Dazu stehen folgende Daten aus der Kostenrechnung zur Verfügung. Die Produkte I, II und III können von drei verschiedenen Drehbänken (Normale Drehbank, Halbautomat, Drehautomat) bearbeitet werden. Dabei fallen die unten angegebenen Rüst-, Werkzeug- und Energiekosten an. Das Produkt III lässt sich mit einem Sonderwerkzeug, das ausgeliehen werden muss, auf dem Vollautomaten bearbeiten. Die Maschinensätze geben die Kosten pro Bearbeitungsminute an.

Kostenarten	Drehautomat	Halbautomat	Drehbank
Einricht-, Rüstkosten [€]	1.000,-	500,-	50,-
Sonderwerkzeug bei Produkt III [€]	500,-	--	--
Werkzeugverschleiß [€/min]	3,-	1,50	2,-
Energie [€/min]	1,-	0,75	1,25
Maschinensatz [€/min]	2,-	0,50	0,10

Produkt	Bearbeitungszeit [min/Stück]			Stückzahl
	Drehautomat	Halbautomat	Drehbank	
I	0,2	3,0	5,0	100
II	2,0	3,0	5,0	10
III	0,4	1,5	6,0	500

Ermitteln Sie die kostengünstigste Maschinenauswahl.

Aufgabe 1.3.6.2:   Verfahrenswahl

Das bisherige Produktionsverfahren in einem Werk soll im Hinblick auf Erhöhung der Produktionsmenge untersucht werden. Sie erhalten folgende Informationen:

Bisherige Herstellmenge	[Stück]	1.000
Geplante Herstellmenge	[Stück]	1.500
Preis für fertige Produkte bei Zukauf	[€/Stück]	4,-
Kosten für Rohmaterial bei Eigenerstellung	[€/Stück]	2,-
Lagerkosten (anteilig pro gekauftes Fertigprodukt)	[€/Stück]	0,20
Zwischenlagerkosten (anteilig der hergestellten Produkte)	[€/Stück]	0,05

Fertigungskosten bei Eigenerstellung			
Kostenarten	Alternative		
Energiekosten (variabel)	(a)	0,30	[€/Stück]
	(b)	0,25	[€/Stück]
	(c)	0,25	[€/Stück]
Rüstkosten (fix pro Serie)	(a)	3 Ser. à 150,-	[€/Periode]
	(b)	3 Ser. à 50,-	[€/Periode]
	(c)	2 Ser. à 100,-	[€/Periode]
Lohnkosten (variabel)	(a)	3.200,-	[€/Periode]
	(b)	500,-	[€/Periode]
	(c)	1.800,-	[€/Periode]
Abschreibungen auf die alte Maschine (fix)		1.000,-	[€/Periode]
Erforderliche Investitionsausgaben	(a)	3.000,-	[€]
	(b)	12.000,-	[€]
	(c)	---	

Die Investitionen sind linear über eine Nutzungsdauer von 10 Jahren abzuschreiben. Sie haben die Aufgabe, die entstehenden Kosten pro Periode für folgende Alternativen zu bestimmen:

a)   Das bisherige Produktionsverfahren wird durch Zusatzaggregate verbessert.

b)   Die bisherigen Maschinen werden durch neue ersetzt und stehen in Zukunft als Reserveaggregate zur Verfügung.

c)   Die erforderlichen Zusatzmengen werden durch Zukauf aufgebracht.

d)   Die Produktion erfolgt vollständig durch Fremdbetriebe, und die alten Anlagen stehen in Zukunft als Reserveaggregate zur Verfügung. Welche der vier Alternativen ist kostenoptimal?

1.3.7 Kalkulation auf der Basis von Preis-Absatz-Funktionen

Aufgabe 1.3.7.1: Preis- und Mengenpolitik

In einer Unternehmung ist der gegenwärtige Absatz des Produktes "X-tra" durch untenstehende Daten gekennzeichnet. Der Planungsabteilung werden verschiedene Maßnahmen für die folgende Periode vorgeschlagen. Würdigen Sie die Maßnahmen bezüglich ihrer Wirkung.

Umsatz [Stück]	230.000
Preis [€/Stück]	5,-
Umsatz [€]	1.150.000,-

Variable Kosten des Umsatzes [€]	
Löhne	70.000,-
Material	200.000,-
Variable Gemeinkosten	55.000,-
Fracht u. Verpackung	20.000,-
Erzeugnisfixe Kosten	350.000,-

a) Die Absatzabteilung hält einen Mehrverkauf von 20.000 Stück für realistisch. Diese Absatzsteigerung kann jedoch nur durch eine Preissenkung um 10% erreicht werden. Wie wirkt sich diese Maßnahme auf den Gewinn aus?

b) Wäre es eine Verbesserung, den Verkaufspreis um 10% zu erhöhen und dafür einen Absatzrückgang von 15% in Kauf zu nehmen?

c) Es ist mit einer Steigerung der Materialkosten um 11,5% zu rechnen.

   • Welche Absatzsteigerung wäre nötig, damit der Gewinn der laufenden Periode auch im kommenden Jahr wieder erzielt wird?

   • Welche Preiserhöhung käme in Frage, wenn diese Erhöhung der Materialkosten nicht im Deckungsbeitrag aufgefangen werden kann, dieser also nach wie vor 70% vom Erlös betragen soll?

   • Beim obigen Vorschlag käme es noch zu einer kleinen Gewinnsteigerung. Soll der Gewinn aber gleich bleiben, welcher Verkaufspreis käme dann (bei geändertem Deckungsbeitragssatz) in Frage?

Aufgabe 1.3.7.2: Preis-Absatz-Funktion

In einer Unternehmung ist der gegenwärtige Absatz des Produktes "XX-tra" durch folgende Daten gekennzeichnet:

Absatzmenge [Stück]	230.000
Preis [€/Stück]	5,-
Variable Kosten des Umsatzes [€] • Löhne • Material • Variable Gemeinkosten • Fracht und Verpackung	 70.000,- 200.000,- 55.000,- 20.000,-
Erzeugnisfixe Kosten [€]	350.000,-

Ausgehend vom Umsatz wendet die Unternehmung eine zweistufige Deckungsbeitragsrechnung an. Die Marketing-Abteilung schätzt den folgenden Preis-Absatz-Zusammenhang:

Variante	Preis pro Stück [€]	Änderung des Absatzes [Stück]
2	6,50	-110.000
3	6,-	- 70.000
4	5,50	- 35.000
5	4,50	+ 50.000
6	4,-	+ 70.000
7	3,50	+ 100.000

Bei einer Stückzahl unter 190.000 könnte das Verwaltungspersonal der XX-tra-Produktwerkstatt um eine Person verringert werden, wodurch € 30.000,- eingespart würden; unter der Stückzahl von 150.000 Stück könnten zwei Personen und damit € 60.000,- eingespart werden. Über 290.000 Stück müsste das Verwaltungspersonal um eine Person erhöht werden, wodurch € 40.000,- mehr an Kosten auftreten würden; über 320.000 Stück müssten zwei Personen neu eingestellt werden, wodurch € 80.000,- an Kosten zusätzlich anfallen würden.

Errechnen Sie die gewinnmaximale Variante.

Aufgabe 1.3.7.3: Preis-Absatz-Funktion

Am Strand von Norderney verkauft ein Student Eis zum Preis von € 2,- pro Portion. Jeden Tag werden 200 Portionen verlangt. Nach Einbruch einer Hitzewelle sucht er nach einer Möglichkeit, seinen Gewinn zu steigern. Eine Möglichkeit dazu sieht er in der Vergrößerung der Portionen, eine andere in der Umgestaltung seines Verkaufsstandes.

Bisher bezahlt er für den Verkaufsstand € 120,- täglich; eine Portion Eis kostet ihn € 0,8. Für den umgestalteten Verkaufsstand müsste er täglich € 125,-, für eine größere Portion € 0,2 je Portion zusätzlich rechnen.

Die Absatzmenge steigt bei einer Vergrößerung der Portionen um 100 Portionen täglich, bei Umgestaltung des Verkaufsstandes um 40 Portionen.

Das Strandsegment, das der Student mit Eis versorgt, wird pro Tag von 600 Badenden besucht, von denen zum bisherigen Preis und ohne Präferenzpolitik des Studenten lediglich 200 eine Portion Eis kaufen. Wäre das Eis umsonst, so würde jeder Badende eine Portion essen. Der Student geht davon aus, dass seine Preis-Absatz-Funktion linear verläuft.

a) Welche mathematische Gestalt besitzt die Preis-Absatz-Funktion ohne Präferenzpolitik, bei Vergrößerung der Portionen und bei Umgestaltung des Verkaufsstandes?

b) Welcher Gewinn ergibt sich täglich ohne Präferenzpolitik, bei Vergrößerung der Portionen und bei Umgestaltung des Verkaufsstandes unter Beibehaltung des oben genannten Verkaufspreises?

c) Welche Preis-Mengen-Kombination führt ohne Präferenzpolitik zum höchsten Gewinn? Wie hoch ist dieser Gewinn?

d) Sollte der Student den bisherigen Preis beibehalten und versuchen, mittels Präferenzpolitik die Absatzmengen zu steigern oder ist es für ihn vorteilhafter, weiterhin 200 Portionen zu verkaufen zu dem Preis, den er nach Einsatz jeweils eines präferenzpolitischen Instruments maximal fordern könnte?

1.4 Periodenerfolgsrechnung

1.4.1 Kurzfristige Erfolgsrechnung

Aufgabe 1.4.1.1: Kurzfristige Erfolgsrechnung

a) Geben Sie einen systematischen Überblick über die möglichen Formen der kalkulatorischen Erfolgsrechnung.

b) Kennzeichnen Sie die Vor- und Nachteile jeder Form.

Aufgabe 1.4.1.2: Kurzfristige Erfolgsrechnung

Eine Unternehmung fertigt zwei Produktarten in einem einstufigen Produktionsprozess. Für die beiden Produkte liegen folgende Angaben vor:

Produkt	Stück-erlöse [€]	Fertigungs-material [€/Stück]	Fertigungs-löhne [€/Stück]	Fertigungs-zeiten [h/Stück]	Fertigungs-mengen [Stück]	Absatzmengen [Stück]
A	70,-	10,-	14,-	0,20	5.000	4.000
B	150,-	25,-	37,50	0,55	2.000	2.500

Die Summe der Gemeinkosten betrug im selben Zeitraum € 300.000,-.

a) Berechnen Sie die Kosten des Fertigungsmaterials, der Fertigungslöhne und die für die Fertigung benötigte Zeit je Produktart sowie insgesamt.

b) Berechnen Sie unter Verwendung der obigen Ergebnisse und der nachfolgenden Gemeinkosten aus dem BAB die Zuschlagssätze für die Endkostenstellen.

Kosten	Materialstelle	Fertigungsstelle	Vw- u. Vertriebsstelle	Betrag [€]
Summe [€]	10.000,-	210.000,-	80.000,-	300.000,-
Zuschlags-basis	Fertigungs-material	Fertigungszeit	HK der abgesetzten Produkte: 480.000,- €	---

c) Berechnen Sie unter Verwendung der Zuschlagssätze die Selbstkosten der beiden Produktarten.

d) Führen Sie unter Verwendung der obigen Ergebnisse die kurzfristige Erfolgsrechnung nach dem Gesamt- und dem Umsatzkostenverfahren durch.

Aufgabe 1.4.1.3: Kurzfristige Erfolgsrechnung

Die Firma Ignoranz GmbH hat in der letzten Teilperiode ein erheblich schlechteres Ergebnis vorzuweisen als in den vorhergehenden Teilperioden. Daher wird der Periodenerfolg daraufhin analysiert, bei welchem Produkt eine Schwachstelle vorliegt. Aus der Vollkostenrechnung liegen folgende Daten vor:

Die Periodenfixkosten betragen € 50.000,- und wurden nach den hergestellten Stückzahlen auf die Produkte geschlüsselt. Von Produkt B wurden 6.000 Stück auf Lager produziert, während von Produkt C 2.000 Stück vom Lager verkauft wurden.

Produkt	Erlöse [€/Stück]	Volle Selbstkosten [€/Stück]	Verkaufsmenge [Stück]
A	3,-	2,-	10.000
B	4,-	3,50	16.000
C	7,-	7,50	10.000

a) Nach welchem Verfahren der kurzfristigen Erfolgsrechnung sind die Berechnung und Analyse des Periodenerfolgs in der Vollkostenrechnung zweckmäßigerweise vorzunehmen? Begründen Sie Ihr Urteil.

b) Bestimmen Sie den Periodenerfolg nach diesem Verfahren und suchen Sie eine mögliche Schwachstelle.

Aufgabe 1.4.1.4: Gesamtkostenverfahren auf Voll- und Teilkostenbasis

Die Kostenrechnungsabteilung der Firma Häberle & Pfleiderer, die Schneideisen vom Typ A und vom Typ B herstellt und bisher gute Gewinne aufweisen konnte, hat für den kommenden Monat die folgenden Planzahlen ermittelt:

Produkt	Stückerlöse [€]	Fertigungszeit [min/Stück]	Fertigungsmenge [Stück]	Absatzmenge [Stück]
A	23,-	30	10.000	12.000
B	13,-	20	6.000	5.000

Kostenarten	Gesamtkosten [€]		Materialstelle [€]		Fertigungsstelle [€]		Verwaltungs- und Vertriebsstelle [€]	
	fix	prop.	fix	prop.	fix	prop.	fix	prop.
Fertigungs-material: Produkt A Produkt B		20.000,- 6.000,-		20.000.- 6.000,-				
Fertigungs-löhne FGK Lagerkosten Vw-Kosten Werbung Verkauf	42.000,- 1.300,- 10.000,- 3.090,- 20.000,-	105.000,- 126.000,- 1.300,- 8.000,- 2.345,- 18.000,-	1.300,-	1.300,-	42.000,-	105.000,- 126.000,-	10.000,- 3.090,- 20.000,-	8.000,- 2.345,- 18.000,-
Zuschlagsbasen			Fertigungs-material		Fertigungszeiten		Herstellkosten	

a)   Ermitteln Sie den Periodenerfolg nach dem Gesamtkostenverfahren

a1) bei Vollkostenrechnung

a2) bei Teilkostenrechnung.

b)   Wie lässt sich der Unterschied im Periodenerfolg zwischen a1) und a2) begründen?

c)   Welche der folgenden Möglichkeiten würden Sie der Unternehmens-leitung unter Erfolgsgesichtspunkten für den kommenden Monat em-pfehlen? Begründen Sie Ihren Vorschlag.

c1) Realisierung der Planzahlen

c2) Streichen von Produkt A, Realisierung der Planzahlen für Produkt B

c3) Streichen von Produkt B, Realisierung der Planzahlen für Produkt A

c4) Einstellen der Fertigung.

Aufgabe 1.4.1.5: Periodenerfolgsrechnung auf Voll- und Teilkostenbasis

Die Planwerte für die Folgeperiode betragen:
Herstellkosten [€]   800.000,-davon fix: 200.000,-
Vertriebsgemeinkosten [€]   200.000,-davon fix: 120.000,-
Verwaltungsgemeinkosten [€]   160.000,-davon fix: 160.000,-
Herstellungsmenge [Stück]   10.000; Stückerlös [€/Stück] 140,-

a) Berechnen Sie den Periodenerfolg nach dem Umsatz- und dem Gesamtkostenverfahren bei Vollkosten- und bei Teilkostenrechnung, wenn alle hergestellten Produkte abgesetzt werden. Unterscheidet sich der Gewinn der Vollkostenrechnung von dem bei Teilkostenrechnung? Begründen Sie Ihre Aussage.

b) Berechnen Sie den Periodenerfolg nach dem Umsatz- und dem Gesamtkostenverfahren bei Vollkosten- und bei Teilkostenrechnung, wenn nur 8.000 (der hergestellten 10.000) Produkteinheiten abgesetzt werden und die Vertriebskosten entsprechend niedriger sind. Worauf ist die Gewinndifferenz zurückzuführen? Empfehlen Sie unter kurzfristigen Gesichtspunkten die Produktion? Begründen Sie Ihre Auffassung.

Aufgabe 1.4.1.6: Preisfindung auf Vollkostenbasis

Für die Preisentscheidung auf Vollkostenbasis haben Sie die folgenden Prämissen gegeben:

- kostenorientierte Preispolitik, 20% Gewinnzuschlag auf (volle) Selbstkosten
- linear fallende Nachfragefunktion x = 32.000 - 2.000 p
- Fixkosten von € 48.000,-
- variable Stückkosten 1,- €.

Berechnen Sie den Angebotspreis, die Nachfragemenge und die Differenz zwischen Nachfrage- und Fertigungsmenge für alternative Fertigungsmengen von 6.000, 8.000, 10.000 und 12.000 Stück.

Aufgabe 1.4.1.7: Erfolgsrechnung auf Vollkostenbasis

Berechnen Sie für die nachfolgenden Daten die Stückerfolge auf Vollkostenbasis (Schlüsselung der Fixkosten nach der Fertigungszeit) sowie den
Gesamterfolg mit und ohne "Verlustprodukte".

Produktart	A	B	C
Produktionsmenge [Stück]	1.000	1.200	500
Stückerlös [€]	8,-	6,-	10,-
Variable Stückkosten [€]	5,-	4,-	9,-
Fertigungszeit [h] - je Stück - je Produktart	1 1.000	2 2.400	4 2.000
Fixkosten [€] insgesamt	2.700,-		

Aufgabe 1.4.1.8: Erfolgsrechnung

Als Vorstandsassistent der Schluck&Specht Brauerei AG sollen Sie aus den
folgenden unvollständigen Informationen der Abteilung `Rechnungswesen`
die Gewinn- und Verlustrechnung für das Jahr 2003 erstellen.

	Trau-Dich	Hau-Weg
Hergestellte Menge 2002	19.000	34.000
Hergestellte Menge 2003	25.000	30.000

An weiteren Informationen wird Ihnen lediglich mitgeteilt, dass die Preise für
Trau-Dich (24,- €/Stück) und Hau-Weg (28.- €/Stück) in beiden Jahren gleich
geblieben sind. Im Jahr 2002 wurde die gesamte Produktion abgesetzt, 2003
konnten 5.000 Stück Hau-Weg nicht verkauft werden. Die variablen Kosten
auf die hergestellten Mengen blieben in beiden Jahren gleich hoch. Fixe
Kosten sind nicht angefallen. Weiter teilt Ihnen die Abteilung
`Rechnungswesen` mit, dass sich 2003 der Gewinn nach Steuern im
Vergleich zum Jahre 2002 um 1,2% vermindert hat. Der Kostensteuersatz
auf den Gewinn vor Steuern betrug 2002 48%. Dieser wurde 2003 auf 52%
erhöht. Weitere Steuern sind nicht zu betrachten.

a)   Bestimmen Sie die variablen Stückkosten von Trau-Dich und Hau-Weg.

b)   Erstellen Sie die Gewinn- und Verlustrechnung für das Jahr 2003.

c)   Geben Sie die variablen Gesamtkosten der Periode an.

1.4.2 Break-Even-Analyse

Aufgabe 1.4.2.1: Break-Even-Analyse

Die Geschäftsleitung einer Schokoladenfabrik, die bisher ausschließlich eine große Ladenkette beliefert hat, bittet Sie, mit Hilfe der Break-Even-Analyse verschiedene Vorschläge unabhängig voneinander zu überprüfen. Für die Vorbereitung der Jahresplanung liegen Ihnen folgende Eckdaten vor:

Verkaufspreis je Tafel [€]	0,45
Variable Kosten [€] • Rohstoffe • Fertigungslöhne • Fertigungsgemeinkosten	0,12 0,10 0,05
Fixe Kosten [€]	140.000,-
Derzeitige Kapazitätsgrenze der Fabrik	1,2 Mio. Tafeln im Jahr
Erwarteter Absatz für das kommende Jahr	1,0 Mio. Tafeln im Jahr

a) Bestimmen Sie aus einem Break-Even-Schaubild und mathematisch den Break-Even-Punkt der Schokoladenfabrik und das zu erwartende Ergebnis bei Durchführung des Absatzplanes.

b) Es wird vorgeschlagen, die Kapazität der Fabrik voll auszulasten. Allerdings muss dann der Preis auf € 0,40 je Tafel gesenkt werden. Außerdem erwartet die Ladenkette, dass die Fabrik € 50.000,- an Kosten einer Verkaufsförderungsaktion übernimmt. Wie ist die Maßnahme zu beurteilen?

c) Nach Informationen des Produktleiters ist im Planungszeitraum mit bisher nicht eingeplanten Lohnerhöhungen in der Fertigung um 15% zu rechnen. In welchem Maß müssen die Preise erhöht werden, um diese Lohnerhöhung ohne Ergebnisverschlechterung auffangen zu können?

d) Durch ein technisch verbessertes Verfahren der Zubereitung der Kakaomasse können die Rohstoffkosten je Tafel um 20% gesenkt werden. Die fixen Kosten erhöhen sich jedoch gleichzeitig um € 15.000,-. Empfiehlt es sich, die Verfahrensänderung durchzuführen?

Aufgabe 1.4.2.2: Break-Even-Analyse

Eine Unternehmung fertigt die Produkte A, B und C. Sie fallen bei der Produktion zwangsläufig in der konstanten Mengenrelation A : B : C = 5 : 2 : 1 an. Der Unternehmung entstehen bei ihrer Produktion fixe Kosten in Höhe von € 77.000,-. Die proportionalen Kosten betragen für ein Produktbündel (fünf Einheiten von Produkt A, zwei Einheiten von Produkt B und eine Einheit von Produkt C) € 36,-. Für die produktweise Weiterbearbeitung der Kuppelprodukte, welche für die Erlangung der Absatzreife erforderlich wird, fallen proportionale Stückkosten in Höhe von € 9,20 für Produkt A, € 1,80 für Produkt B und € 0,70 für Produkt C an. Es wird ein Stückerlös von € 19,40 für Produkt A, € 8,95 für Produkt B und € 6,40 für Produkt C erwartet.

a) Berechnen Sie die Fertigungsmenge, bei der die Unternehmung gerade eine Deckung ihrer Kosten erreicht (Gewinnschwelle).

b) Bei welchen Absatzmengen wird ein Mindestgewinn von € 42.000,- erreicht?

c) Berechnen Sie die gesamten proportionalen Kosten an der Gewinnschwelle aus Teilaufgabe a) und bei dem Mindestgewinn aus Teilaufgabe b).

Aufgabe 1.4.2.3:   Break-Even-Analyse

Ein Hersteller von Sonnenschirmen hat in einer Planperiode Fixkosten in Höhe von € 12.000,- und proportionale Stückkosten von € 16,-. Der Nettoerlös für einen Sonnenschirm beträgt € 40,-.

a) Bestimmen Sie die Absatzmenge, für die ein Mindestgewinn in Höhe von € 6.000,- realisiert werden kann, rechnerisch und graphisch (Skizze mit Kennzeichnung der relevanten Beträge).

b) Bei gleich bleibenden Fixkosten in Höhe von € 12.000,- ist der Hersteller nun in der Lage, neben den Sonnenschirmen auch Regenschirme mit proportionalen Stückkosten von € 12,- und Nettostückerlösen von € 28,- zu produzieren. Welche besondere geometrische Eigenschaft hat die Gewinnschwelle der Break-Even-Analyse in diesem Fall? Welche hätte Sie im Fall einer n-Produkt-Fertigung? Bestimmen Sie die Absatzmengen, für welche die Gewinnschwelle (Gewinn = 0) erreicht wird, rechnerisch und graphisch (Skizze und Beträge).

c) Eine genauere Analyse der Fixkosten hat ergeben, dass den Sonnenschirmen Fixkosten in Höhe von € 1.560,-, den Regenschirmen Fixkosten in Höhe von € 840,- direkt zurechenbar sind. Führen Sie nun für jede Produktart (Sonnen- und Regenschirme) eine eigene Break-Even-Analyse durch. Verteilen Sie dabei die keiner Produktart direkt zurechenbaren Fixkosten im Verhältnis der Stückdeckungsbeiträge auf beide Produkte.

d) Erläutern Sie kurz vier Erweiterungsmöglichkeiten des Grundmodells der Break-Even-Analyse.

Aufgabe 1.4.2.4: Break-Even-Analyse

Der Sportartikelhersteller Sadida beauftragt Sie mit einer Break-Even-Analyse für das WM-Trikot Siegerhaut. Die Unternehmung kalkuliert mit einem Stückerlös von € 60. Die variablen Stück-Herstellkosten betragen € 20. Variable Vertriebs- und Verwaltungsgemeinkosten werden mit einem 20%-igen Zuschlag auf die Herstellkosten angesetzt. Die Fixkosten belaufen sich auf € 30.000.000.

a)   Errechnen Sie den Stück-Deckungsbeitrag sowie die Stück-Deckungsbeitrags-Rate.

b)   Bestimmen Sie die Break-Even-Menge. Die Jahresproduktionskapazität beträgt 2.800.000 Trikots. Nach wie viel Tagen hat Sadida die Break-Even-Menge hergestellt? Die Unternehmung strebt aus dem Trikotverkauf einen Zielgewinn von € 6.000.000 für das WM-Jahr an. Wie hoch ist der Zielumsatz? Hinweis: Unterstellen Sie, dass das Jahr 360 Tage hat und dass kontinuierlich produziert wird.

c)   Nehmen Sie nun an, dass die Umsatzerlöse in US-Dollar erzielt werden. Sadida geht davon aus, dass der US-Dollar bis zur Umsatzrealisierung von 1 €/$ auf 0,8 €/$ abgewertet wird. Berechnen Sie den Stückverkaufspreis in US-Dollar, so dass der Zielgewinn für die Zielgewinn-Menge aus Teilaufgabe b) erreicht wird.

d)   Die Hausbank von Sadida bietet an, gegen einen Fixbetrag von € 2.500.000 einen Wechselkurs von 0,95 €/$ zum Zeitpunkt der Umsatzrealisierung zu garantieren. Die Unternehmung geht bei der Prüfung des Angebots davon aus, dass 1.000.000 Trikots verkauft werden können, dass die Stückkosten auf €-Basis konstant bleiben und dass der erzielbare Stückerlös $ 60 beträgt. Sollte Sadida das Angebot annehmen?

e)   Sadida verzichtet auf das Währungssicherungsgeschäft. Unterstellen Sie jetzt, dass nicht nur die Umsatzerlöse in US-Dollar realisiert werden, sondern auch dass die variablen Kosten auf Dollar-Basis anfallen. Der Stückerlös beträgt $ 60, die proportionalen Stückselbstkosten belaufen sich auf $ 24. Welche Auswirkungen ergeben sich daraus für Ihre Zielgewinn-Menge und Ihren Zielgewinn-Umsatz auf €-Basis? Begründen Sie kurz Ihr Ergebnis.

f)   Durch eine aufwändige Werbekampagne, die Kosten in Höhe von $ 8.000.000 verursacht, ist es Sadida möglich, den Stückpreis in den USA auf $ 75 anzuheben. Die variablen Kosten auf US-Dollar-Basis bleiben unverändert. Ermitteln Sie die nun notwendige Zielgewinn-Menge.

g)   Wie lassen sich Cost-Volume-Profit-Analysen nutzen, wenn wesentliche Erfolgsgrößen unsicher sind? Veranschaulichen Sie Ihre Ausführungen an einem Beispiel.

2. Planungsorientierte Systeme der Kosten-rechnung auf Vollkostenbasis

2.1 Flexible Plankostenrechnung auf Vollkostenbasis

2.1.1 Kostenplanung und Prognosekostenrechnung

Aufgabe 2.1.1.1: Kostenplanung

Aus den Kostenaufzeichnungen vergangener Perioden ergeben sich für die Gemeinkosten einer Kostenstelle, deren Beschäftigung x in Fertigungsstunden gemessen wird, die folgenden Werte.

X	90	120	140	160
K [€]	4.250,-	5.500,-	5.000,-	6.000,-

a) Ermitteln Sie mit Hilfe eines Streupunktdiagramms die Kostenfunktion dieser Gemeinkosten, die Höhe der Fixkosten und die Höhe der Plan-kosten bei einer Planbeschäftigung von x = 180.

b) Wie beurteilen Sie die Zuverlässigkeit der ermittelten Kostenfunktion für Kostenprognosen?

c) Nennen Sie vier Größen, die neben den Fertigungsstunden zur Mes-sung der Beschäftigung herangezogen werden könnten.

d) Formulieren Sie ein praktisches Beispiel, bei dem es sinnvoll ist, die Gemeinkosten einer Kostenstelle mit Hilfe von zwei verschiedenen Be-zugsgrößen zu planen.

Aufgabe 2.1.1.2: Kostenplanung

Eine Unternehmung hat in den vergangenen 20 Monaten die monatlich anfal-lenden Kosten sowie die jeweils realisierten Beschäftigungsgrade erfasst.

a) Erstellen Sie aufgrund der folgenden Beobachtungen ein Streupunkt-diagramm.

Monat	Realisierter Beschäfti-gungsgrad X [%]	Realisierte Kostenhöhe K [€]
1	90	800,-
2	85	790,-
3	90	830,-
4	95	850,-
5	110	1.020,-
6	110	950,-
7	100	930,-
8	95	870,-
9	90	850,-
10	80	780,-
11	70	740,-
12	60	700,-
13	60	680,-
14	50	660,-
15	75	730,-
16	85	760,-
17	90	820,-
18	100	880,-
19	115	970,-
20	120	1.030,-

b) Die Unternehmung beabsichtigt, zukünftig Kostenplanungen vorzu-nehmen. Versuchen Sie, die angetragenen Wertepaare durch eine li-neare Funktion zu approximieren.

c) Planen Sie die Kosten für den kommenden Monat, wenn eine Be-schäftigung von x = 92 realisiert werden soll.

Aufgabe 2.1.1.3: Kostenplanung

Für eine Kostenstelle liegen die nachfolgend aufgeführten Daten vor.

Kostenarten	Plankosten [€]	Variator
Reparaturen	15.000,-	6
Raumkosten	23.000,-	0
Kalkulatorische Abschreibungen	33.750,-	2
Kalkulatorische Zinsen	17.000,-	0
Fertigungsmaterial	15.000,-	9
Fertigungslöhne	16.500,-	10
Bezugsgröße:	Fertigungsstunden	
Planbeschäftigung:	1.500 Fertigungsstunden	

a) Geben Sie die Plankosten, getrennt nach variablen und fixen Anteilen, bei Planbeschäftigung an.

b) Ermitteln Sie die Sollkosten für eine Istbeschäftigung von 2.000 Ferti-gungsstunden.

Aufgabe 2.1.1.4: Flexible Plankostenrechnung auf Vollkostenbasis

Entwickeln Sie aus den nachstehenden Angaben einen Kostenstellenplan für eine flexible Plankostenrechnung mit Stufenplänen (für 100%, 90% und 80% Beschäftigung) bzw. mit differenziertem Ausweis der fixen und variablen Kosten (bei 100% Beschäftigung).

Kostenstellenplan						
Planjahr: 2004		Kostenstelle: Kostenstellenleiter:		Fräsen Müller		
Kostenarten		Planver- brauchs- menge bei Planbezugs- größen	Planpreis [€/Einheit]	Plankosten [€]	Variator	
Nr. Bezeichnung	Einheit					
1 Gehälter	Monat	12	2.400,-		0	
2 Hilfslöhne	Stunden	4.500	6,20		10	
3 Sozialaufwen- dungen	geplante Lohn- u. Gehaltskosten	58.400	22% der Planmenge		5	
4 Urlaubs-u. Feiertagslöhne	dito	58.400	18% der Planmenge		0	
5 Instandhal- tungsmaterial	kg	85	5,40		7	
6 Hilfs- u. Betriebsstoffe	kg	4.300	2,78		8	
7 Strom	kWh	25.000	0,28		9	
8 Wasser	m3	2.200	1,75		9	
9 Abschreibungen	gebundenes Kapital bzw. Maschinen- stunden	390.000	20% der Planmenge		6	
10 Zinsen	dito	390.000	5% der Planmenge		0	
11 Steuern	Bemessungs- grundlage	52.000	Verm.steuer, Grund- u. Gewerbekap. steuer	2.500,-	0	
12 Versicherungen	gebundenes Kapital	390.000	1,4% der Planmenge		0	
			Summe:			

Planbezugsgröße: 1.100.000 Fertigungsminuten = 100%
Plankostenverrechnungssatz: €/Min.
Datum: Unterschrift:

Aufgabe 2.1.1.5: Prognosekostenrechnung

In einer Kostenstelle werden in der kommenden Planungsperiode zur Erzeugung eines Zwischenproduktes drei Einsatzgüter benötigt. Der Verbrauch des ersten Einsatzgutes "Werkstoff" verläuft proportional zur Beschäftigung, die durch die Fertigungszeit gemessen wird. Der Verbrauch an Werkstoffen beträgt voraussichtlich 0,075 kg/Fertigungsminute. Der Planpreis des Werkstoffes beläuft sich auf 2,- €/kg. Ab einer Verbrauchsmenge von 6.000 kg ermäßigt sich der Planpreis durch Gewährung eines Rabattes um 5%. Werden 7.500 kg und mehr bezogen (und eingesetzt), wird ein Rabatt von 10% gewährt.

Für das zweite Einsatzgut "maschinelle Arbeitsleistung" werden die Planverbrauchsmenge und der Planpreis undifferenziert in Gestalt einer geplanten Periodenabschreibung von € 16.500,- erfasst. Das dritte Einsatzgut ist die menschliche Arbeitsleistung. Der Verbrauch an menschlicher Arbeitsleistung wird durch die Fertigungszeit erfasst. Der Planpreis (Lohnsatz) beträgt 0,20 €/Fertigungsminute. Dem akkordentlohnten Mitarbeiter ist ein Mindestlohn von € 18.000,- zugesagt. Die maximale Fertigungszeit der Kostenstelle beträgt 120.000 Minuten.

a) Geben Sie den mathematischen Ausdruck der Kostenfunktion in Abhängigkeit von der Fertigungszeit für jede Kostenart an und bestimmen Sie die Funktion der Gesamtkosten.

b) Bestimmen Sie die gesamten Prognosekosten rechnerisch, wenn ein Beschäftigungsgrad von 70%, 80% bzw. 85% erwartet wird.

c) Stellen Sie die Kostenfunktion der Gesamtkosten graphisch dar.

c) Bestimmen Sie graphisch die gesamten Prognosekosten für einen erwarteten Beschäftigungsgrad von 90%.

Aufgabe 2.1.1.6: Kostenplanung

Der Leiter des Rechnungswesens P. Fiffig wird beauftragt, Kostenrechnungsinformationen für die anstehende Planung des Produktionsprogramms für das 1. Quartal 2005 bereitzustellen. Basis seiner Kostenplanung ist eine quartalsweise Aufstellung der Unternehmenskosten vergangener Jahre.

Quartal	Q1 - 02	Q2 - 02	Q3 - 02	Q4 - 02	Q1 - 03	Q2 - 03
Beschäftigung [h]	770	800	940	820	910	980
Kosten [T€]	1.520	1.550	1.775	1.600	1.730	1.800

Quartal	Q3 - 03	Q4 - 03	Q1 - 04	Q2 - 04	Q3 - 04	Q4 - 04
Beschäftigung [h]	1.020	1.080	890	950	840	1.120
Kosten [T€]	1.850	1.900	1.720	1.800	1.625	1.950

Für die Budgetierung liefert der Vertriebsbereich die erwarteten Absatzzahlen des 1. Quartals 2005 sowie die erwarteten Stückerlöse für die vier Produkte A bis D. Da es sich um hochmodische Produkte handelt, müssen die Absatzmengen im 1. Quartal gefertigt werden. Infolge eines veränderten Fertigungsprozesses kann der Produktionsbereich die Fertigungszeiten je Stück lediglich mit einer Unter- sowie Obergrenze abschätzen.

	Produkt A	Produkt B	Produkt C	Produkt D
Erwartete Absatzmenge [Stk]	100	150	140	120
Stückerlöse [T€/Stk]	4,5	3,7	5,5	1,2
Fertigungszeiten [h/Stk]				
Untergrenze	1,8	1,6	2,5	1,0
Obergrenze	2,2	2,0	3,0	1,5

a) Geben Sie den maximalen Bereich an, für welchen sich sinnvollerweise eine Funktion der Unternehmenskosten in Abhängigkeit von der Beschäftigung bestimmen lässt.

b) Ermitteln Sie die Funktion der Unternehmenskosten über die Hoch-Tief-Methode. Verwenden Sie hierzu als Tiefpunkt die im 1. Quartal 2005 erwartete Beschäftigung entsprechend den Untergrenzen der Fertigungszeiten und als Hochpunkt die erwartete Beschäftigung für die jeweiligen Obergrenzen.

c) Kalkulieren Sie die Stückkosten sowie Stückdeckungsbeiträge der vier Produkte. Legen Sie Ihren Berechnungen die durchschnittlichen produktspezifischen Stückfertigungszeiten zu Grunde. Welcher Periodenerfolg resultiert für die erwarteten Absatzmengen im 1. Quartal 2005? Welche Empfehlungen lassen sich für das optimale Produktprogramm ableiten?

d) Entfernen Sie alle Produkte mit einem negativen Stückdeckungsbeitrag aus dem Produktprogramm. Ermitteln Sie auf gleichem Wege wie in b) die Funktion der Unternehmenskosten und kalkulieren Sie entsprechend c) die Stückkosten sowie Stückdeckungsbeiträge der drei Produkte. Bestimmen Sie den nun erwarteten Periodenerfolg für das 1. Quartal 2005.

e) Diskutieren Sie die Unterschiede zwischen den Kalkulationen bei dem Vier- sowie dem Drei-Produkt-Programm.

2.1.2 Kostenabweichungen

Aufgabe 2.1.2.1:   Abweichungsarten und Variatormethode

a) Welche Aufgabe hat ein Variator in der Plankostenrechnung?

b) Welche Voraussetzung gilt für die Anwendung der Variatormethode?

c) Welche Kostenarten liegen vor, wenn der Variator den Wert null, zehn bzw. sieben besitzt?

d) Welche Abweichung kann in der Grenzplankostenrechnung nicht ermittelt werden? Begründen Sie Ihre Antwort.

e) Gehören Beschäftigungsabweichungen zu den vom Kostenstellenleiter zu vertretenden Kostenabweichungen?

f) Ist der Kostenstellenleiter für Verbrauchsabweichungen verantwortlich?

Aufgabe 2.1.2.2:   Kostenplanung und Abweichungsanalyse

In der Fertigungskostenstelle eines Maschinenbauunternehmens sollen für den Monat März eine Kostenplanung und nach Vorliegen der Ergebnisse eine Abweichungsanalyse vorgenommen werden. Als Grundlage für die Kostenplanung steht Ihnen folgender lückenhafter Stufenplan des Monats Februar zur Verfügung (100% Beschäftigung entspricht 2.000 Fertigungsstunden):

Kostenarten [€]	Plankosten x = 100%	Plankosten x = 120%	Plankosten x = 140%	Variator (x = 100%)
Fertigungslöhne	12.000,-		16.800,-	
Hilfslöhne	8.000,-	8.800,-	9.800,-	5
Hilfs- und Betriebs-stoffe	4.400,-	5.104,-		
Abschreibungen		3.240,-	3.480,-	
Zinsen	3.600,-			0

Alle Kostenkurven der Kostenarten mit Ausnahme der Hilfslöhne verlaufen linear und stetig. Die der Hilfslöhne weist einen stückweise linearen Verlauf auf: Ab einer Beschäftigung von 130% wird infolge der gestiegenen Intensität der Hilfstätigkeiten den diese Tätigkeiten ausübenden Arbeitern ein fester Lohnaufschlag je zusätzlicher Beschäftigungseinheit gewährt.

a) Ermitteln Sie die Kostenfunktion der Kostenart Hilfslöhne und geben Sie in einer Graphik den Verlauf der Kostenkurve wieder.

b) Bestimmen Sie rechnerisch die Variatoren für die restlichen Kostenarten und den Variator der Gesamtkosten (in bezug auf eine Beschäftigung von 100%).

c) Berechnen Sie mittels Variator die Plankosten für den Monat März, wenn mit einer Beschäftigung von 80% gerechnet und von den Plandaten für Februar ausgegangen wird.

d) Ende März wird eine Beschäftigung von 1.700 Stunden bei Istkosten in Höhe von € 27.230,- festgestellt. Berechnen Sie damit die Verbrauchs-, die Beschäftigungs- und die Gesamtmengenabweichung.

Aufgabe 2.1.2.3: Flexible Plankostenrechnung auf Vollkostenbasis und Abweichungsanalyse

Ein Computerhersteller wendet für seine Kostenplanung und -kontrolle eine flexible Plankostenrechnung auf Vollkostenbasis an. Für die Kostenstelle "Bildschirmmontage" liegen folgende Plandaten vor: Als Vorgabezeit für die Montage werden 2 Stunden je Stück veranschlagt. Pro Periode sollen 1.000 Bildschirme gefertigt werden. Die geplanten Gemeinkosten, bezogen auf die Größe "Arbeitsstunde", belaufen sich pro Periode auf € 15.000,-. Davon werden € 2.000,- als fixe Kosten angesehen.

a)   Zeigen Sie die Verbrauchs- und Beschäftigungsabweichungen rechnerisch und grafisch, wenn nach der ersten Planperiode folgende Istdaten ermittelt werden:
Die Fertigungsmenge an Bildschirmen betrug 800 Stück in 1.600 Arbeitsstunden. An Gemeinkosten sind € 14.500,- angefallen.

b)   Ermitteln Sie die Istkosten pro Stunde und analysieren Sie die Differenz zum Plankostenverrechnungssatz.

Aufgabe 2.1.2.4:   Abweichungsanalyse auf Vollkostenbasis

Der Kostenstellenplan einer Kostenstelle hat folgendes Aussehen:

Kostenarten	Plankosten [€]	Variator
Fertigungslöhne	12.000,-	10
Hilfslöhne	10.000,-	6
Instandhaltung	2.500,-	8
Kalkulatorische Abschreibungen	5.000,-	4
Kalkulatorische Zinsen	5.500,-	0
Summe	35.000,-	
Bezugsgröße: Planbeschäftigung:	Fertigungsstunden 1.000 Fertigungsstunden	

Bei einer Istbeschäftigung von 1.200 Fertigungsstunden sind Istkosten in Höhe von € 40.000,- angefallen.

Wie groß sind die Verbrauchs- und die Beschäftigungsabweichung?

Aufgabe 2.1.2.5:   Abweichungsanalyse auf Vollkostenbasis

In einer Kostenstelle stehen drei artgleiche Maschinen, die von jeweils einer Person bedient werden. Die tägliche Arbeitszeit beträgt acht Stunden. Es wird mit jährlich 230 Arbeitstagen gerechnet. Die erwarteten fixen Kosten betragen € 165.600,-. Des Weiteren ergibt die Kostenplanung, dass eine Fertigungsstunde einer Maschine voraussichtlich durchschnittlich € 45,- an Kosten entstehen lässt.

Am Periodenende wird festgestellt, dass für diese Kostenstelle an Periodenkosten ein Betrag von € 382.600,- angefallen ist. Im Abrechnungszeitraum ist an zwölf Tagen gestreikt worden. An Ausfallzeiten sind darüber hinaus 816 Stunden aufgelaufen.

a)   Welche Größe wird zur Messung der Beschäftigung verwendet?

b) Bestimmen Sie die Kostenfunktion dieser Kostenstelle.

c) Ermitteln Sie den Wert der oben gewählten Größe bei Planbeschäftigung.

d) Bestimmen Sie den Wert der oben gewählten Größe bei Istbeschäftigung.

e) Berechnen Sie aufgrund der ermittelten Werte die Plankosten, die Sollkosten und die verrechneten Plankosten.

f) Ermitteln Sie die aufgetretenen Abweichungen.

g) Stellen Sie die Zusammenhänge graphisch dar.

h) Welchen Wert besitzt der Variator in diesem Beispiel und wie ist er zu interpretieren?

Aufgabe 2.1.2.6: Abweichungsanalyse auf Vollkostenbasis

Für eine Fertigungshauptstelle gelte die Kostenfunktion $K = 2.000 + 50 \cdot x$. Die Beschäftigung x wird in Fertigungsstunden gemessen. Die Planfertigungszeit beträgt 100 Stunden. Bei einer Istfertigungszeit von 80 Stunden sind Kosten in Höhe von € 7.500,- entstanden.

a) Führen Sie grafisch und algebraisch die Abweichungsanalyse in der Vollkostenrechnung durch. Geben Sie dabei die Plankosten, die Sollkosten, die verrechneten Plankosten sowie die verschiedenen Abweichungsarten an.

b) Wie hoch ist der Variator?

Aufgabe 2.1.2.7: Abweichungsanalyse auf Vollkostenbasis

Für eine Kostenstelle ist eine Planung der Gemeinkosten vorgenommen worden. Als Bezugsgröße für die Kostenplanung wurde die erwartete Fertigungszeit herangezogen. Es wurde mit jährlich 230 Arbeitstagen bei einer täglichen Fertigungszeit von acht Stunden gerechnet. Aus verschiedenen Gründen trat in der Planperiode ein Ausfall von 276 Fertigungsstunden ein. Für die Plankosten wurde ein Betrag von € 92.000,- berechnet. Ferner ergab die Kostenplanung für den Variator einen Wert von 6. Die ermittelten Istkosten belaufen sich auf € 88.070,-.

a) Ermitteln Sie den Wert der Planbezugsgröße.

b) Ermitteln Sie die Istbeschäftigung absolut und in Prozent der Planbeschäftigung.

c) Berechnen Sie mit Hilfe des Variators die fixen Kosten und die gesamten proportionalen Plankosten bei Planbeschäftigung.

d) Geben Sie die Kostenfunktion für diese Kostenstelle an.

e) Ermitteln Sie die Sollkosten und die verrechneten Plankosten bei Istbeschäftigung.

f) Führen Sie die Abweichungsanalyse durch.

Aufgabe 2.1.2.8: Abweichungsanalyse auf Vollkostenbasis

Für den Monat Januar waren für die Kostenstelle des Kostenstellenleiters H. Motzer folgende Kosten geplant:

Kostenarten	Plankosten [€]	Variator
Löhne	77.000,-	10
Material	55.000,-	8
Hilfs- und Betriebsstoffe	30.000,-	7
Kalkulatorische Abschreibungen	25.000,-	2
Meistergehälter	18.000,-	0
Instandhaltung	15.000,-	6
Kalkulatorische Zinsen	30.000,-	0
Σ	250.000,-	

Die Planbeschäftigung betrug 2.000 Stunden. Im Februar wurden nachträglich für die Kostenstelle folgende tatsächlichen Kosten für Januar ermittelt: Istkosten: € 310.000,- bei einer Istbeschäftigung von 2.500 Stunden.

a) Berechnen Sie den Variator der Gesamtkosten.

b) Stellen Sie die Gesamtkostenfunktion auf.

c) Berechnen Sie die Verbrauchs-, Beschäftigungs- und Gesamtabweichung. Was bringt die Beschäftigungsabweichung hier zum Ausdruck?

Aufgabe 2.1.2.9: Abweichungsanalyse auf Vollkostenbasis

Die geplanten Gemeinkosten einer Fertigungsstelle setzen sich aus Fixkosten in Höhe von € 60.000,- und variablen Kosten von 30,- €/Fertigungsstunde zusammen. Die Planbeschäftigung wurde mit 3.000 Fertigungsstunden angesetzt. Am Periodenende zeigt sich, dass bei einer tatsächlichen Beschäftigung von 3.600 Fertigungsstunden Istkosten in Höhe von € 175.000,- entstanden sind.

a) Zeichnen Sie die Kurve der Fixkosten, der Sollkosten und der verrechneten Plankosten in eine Grafik und bezeichnen Sie diese.

b) Ermitteln Sie algebraisch die Höhe der Verbrauchs- und der Beschäftigungsabweichung.

c) Was bringt die Beschäftigungsabweichung hier zum Ausdruck?

d) Welche Änderungen würden sich für diese Abweichungsanalyse in einer Teilkostenrechnung ergeben?

Aufgabe 2.1.2.10: Abweichungsanalyse auf Vollkostenbasis

a) Die Planbeschäftigung einer Kostenstelle betrage $x = 150$ Fertigungsstunden. Geben Sie den Variator für folgende fünf Kostenarten an, deren Kostenfunktionen wie folgt lauten:
   (1) $K_1 = 2.500 + 50 \cdot x$
   (2) $K_2 = 3.500$
   (3) $K_3 = 30 \cdot x$
   (4) $K_4 = 500 + 30 \cdot x$
   (5) $K_5 = 3.500 + 10 \cdot x$ für $x \leq 150$
          $K_5 = 3.200 + 12 \cdot x$ für $150 < x <$ Kapazitätsgrenze

b) In der betrachteten Kostenstelle sind bei der Beschäftigung von 80% insgesamt (= Summe aller fünf Kostenarten) Istkosten von € 30.000,- entstanden. Berechnen Sie die Höhe der Sollkosten, der verrechneten Plankosten, der Leerkosten, der Nutzkosten sowie der Beschäftigungs- und der Verbrauchsabweichung dieser Kostenstelle.

c) Aus welchen Gründen erscheint es sinnvoll, in Plankostenrechnungen eine Abweichungsanalyse durchzuführen?

Aufgabe 2.1.2.11: Abweichungsanalyse mit Effizienzabweichung

In einer Fertigungshauptstelle liegen folgende Planwerte für eine Periode vor:

Geplante Ausbringungsmenge (=Planbeschäftigung)	Stück	200
Standardfertigungszeit je Stück	Stunden	2
Variable Gemeinkosten je Fertigungsstunde (zu Planpreisen)	€	10,-
Fixkosten	€	30.000,-

a) Die tatsächliche (Ist-) Fertigungszeit waren 460 Stunden. Nehmen Sie zunächst an, dass die Fertigungszeitabweichung allein aus Veränderungen der Ausbringungsmenge resultiert. Die Istkosten (zu Planpreisen) belaufen sich auf € 38.000,-. Führen Sie eine Abweichungsanalyse durch, indem Sie die relevanten Abweichungsarten berechnen.

b) Stellen Sie die relevanten Abweichungsarten graphisch dar, wenn an der Abszisse die Ausbringungsmenge abgetragen wird.

c) Was würde sich an der Graphik verändern, wenn an der Abszisse die Fertigungszeit abgetragen werden würde?

d) Nehmen Sie jetzt an, dass die Fertigungszeit unter a) allein auf einer Veränderung der Intensität beruht. Berechnen Sie die Variable Efficiency Variance und die Total Efficiency Variance.

Aufgabe 2.1.2.12: Spezielle Verbrauchsabweichung

In der Textilfabrik Oberammergau werden Fahnenstoffe der Sorte "Weiß-Blau" hergestellt. Zur Herstellung dieses Produktes ist gemäß Arbeitsplan ein Maschinentyp einzusetzen, bei dem von einem Arbeiter drei Maschinen gleichzeitig bedient werden. Um einen noch unerfahrenen Arbeiter nicht zu überfordern, wurden diesem bei der Produktion von 1.000 Metern des Stoffes "Weiß-Blau" lediglich zwei Maschinen zugeteilt. Die Plan-Maschinenzeit je Meter Stoff beträgt drei Minuten. In der Kostenplanung wurde ein proportionaler Plankostensatz pro Fertigungsminute von € 5,- angesetzt.

a) Berechnen Sie die proportionalen Fertigungskosten, die für die Herstellung von 1.000 m Stoff bei planmäßiger Bedienungsrelation anfallen.

b) Berechnen Sie die proportionalen Fertigungskosten, die für die Herstellung von 1.000 m Stoff tatsächlich entstanden sind.

c) Wie groß ist die Fertigungskostenabweichung aufgrund der außerplanmäßigen Bedienungsrelation?

Aufgabe 2.1.2.13: Abweichungsanalyse mit Effizienzabweichung

In einer Fertigungshauptstelle liegen folgende Planwerte vor:

Geplante Ausbringungsmenge (=Planbeschäftigung) Stück		100
Standardfertigungszeit je Stück	Stunden	15
Gesamte Plangemeinkosten bei Planbeschäftigung	€	4.500,-
Variable Gemeinkosten je Fertigungsstunde	€	2,-
(zu Planpreisen)		

a) Bei einer tatsächlichen Ausbringung von 80 Stück und einer Istfertigungszeit von 1.200 Stunden fallen Istkosten (zu Planpreisen) in Höhe von € 4.400,- an. Führen Sie eine Abweichungsanalyse durch, indem Sie die relevanten Abweichungsarten berechnen.

b) Für dieselbe Ausbringungsmenge werden in der Folgeperiode 1.280 Fertigungsstunden benötigt. Die Istkosten (zu Planpreisen) betragen dabei € 4.600,-. Ermitteln Sie jetzt die relevanten Abweichungsarten. Kennzeichnen Sie allgemein die Aussagefähigkeit der in a) und b) errechneten Abweichungen.

c) Berechnen Sie für oben angeführtes Beispiel (gesamte Plangemeinkosten € 4.500,- bei 100 Stück und variable Gemeinkosten 2,- €/Stunde bei 15 Stunden/Stück) den Variator, wie er in einem Kostenstellenplan erscheinen würde. Wie ist der Variator zu interpretieren?

Aufgabe 2.1.2.14: Abweichungsanalyse mit Effizienzabweichung

Für eine Fertigungsperiode von einem Monat sind folgende Planwerte festgelegt worden:

- Geplante Ausbringungsmenge [Stück]:   540
- Fixkosten [€]:   108,-
- Variable Kosten je Stück [€/Stück]:   2,10

Am Ende dieses Monats wird ermittelt, dass für die Herstellung von 500 Stück Kosten in Höhe von insgesamt € 1.180,- angefallen sind. Die Preise für Einsatz-Güter waren in der Abrechnungsperiode konstant.

a) Berechnen Sie die aufgetretenen Kostenabweichungen und verdeutlichen Sie Ihr Vorgehen anhand einer Grafik!

b) Zur präziseren Erfassung der Kostenabweichungen wird für den folgenden Monat folgende Kostenfunktion mit zwei unabhängigen Variablen zugrunde gelegt:

$$K = f(d, t) = d^{\alpha} \cdot t$$

$$d = \text{Fertigungsintensität} \left[\frac{\text{Stück}}{\text{Tag}} \right]$$

$t = $ Fertigungstage pro Monat

$\alpha = 1,2$

Für die betrachtete Periode liegen folgende Angaben vor:

	Intensität [Stück/Tag]	Gesamtkosten [€]
Planwerte	$d_p = 32$	$K_p = 1.024,-$
Istwerte	$d_i = 36$	$K_i = 1.400,61$

Grenzen Sie anhand einer Graphik die Fertigungszeitabweichung 1. Grades, die Intensitätsabweichung 1. Grades und die Abweichung 2. Grades voneinander ab und berechnen Sie die entsprechenden Werte mit Hilfe der differenziert kumulativen Methode! (Hilfestellung: Welcher Zusammenhang besteht zwischen Kostenhöhe und Intensität?)

Aufgabe 2.1.2.15: Äquivalenzziffernrechnung und Abweichungsanalyse

Die Icin AG fertigt drei Sorten I, II und III. Die gesamten Kosten der abgelaufenen Periode betragen € 627.000.

a) Vervollständigen Sie die folgende Tabelle und geben Sie die Kosten je Schlüsseleinheit an.

Sorte	Äquivalenz-ziffer	Produktions-menge [t]	Schlüsselzahl	Stückkosten je Tonne [€/t]	Gesamtkosten je Sorte [€]
I			5.000	7,50	
II	1	24.000			360.000
III				24,00	

b) Die Icin AG ist auch offizieller Hersteller des WM-Maskottchens Zottel. Für Januar 2006 geht die Unternehmung von einer Planbeschäftigung (x) in Höhe von 160 Stunden aus. Icin rechnet mit Plankosten in Höhe von € 12.000. Ferner ist bekannt, dass € 50 proportionale Kosten je Stunde Beschäftigung anfallen. Geben Sie bei Planbeschäftigung die Summe der proportionalen Kosten, die Fixkosten, die Nutz- und Leerkosten sowie die verrechneten Plankosten an.

c)   Die Icin AG ist in eine existenzbedrohende Lage geraten. Entgegen der ursprünglichen Planung betrug die Istbeschäftigung nur 80% der Planbeschäftigung, während sich die Istkosten auf 95% der Plankosten belaufen. Berechnen Sie die Istbeschäftigung sowie die Istkosten. Geben Sie darüber hinaus die Sollkosten sowie die Nutz- und Leerkosten an. Wie hoch sind die verrechneten Plankosten? Ermitteln Sie zudem die Beschäftigungs-, Verbrauchs- und Mengenabweichung. Nennen Sie je Abweichungsart zwei Funktionsträger, die für mögliche Abweichungen verantwortlich sein können.

d)   Führen Sie eine graphische Abweichungsanalyse auf Grundlage der Informationen aus den Teilaufgaben b) sowie c) durch und veranschaulichen Sie die zuvor ermittelten Kennzahlen.

Aufgabe 2.1.2.16: Abweichungsanalyse

Als Assistent der Geschäftsführung der Schokoladen GmbH sind Sie für die unternehmensinternen Abweichungsanalysen zuständig. Ihr Unternehmen produziert Schokoladenosterhasen und Schokoladenweihnachtsmänner, die im Herstellungsprozess absolut identisch sind und daher zu gleichen Bedingungen hergestellt werden können. Die Osterhasen werden in der Periode „Frühling“, die Weihnachtsmänner in der Periode „Winter“ produziert.

a)   Zu Beginn der Periode „Frühling“ wird insgesamt ein Planverbrauch von 1.000 Liter Milch mit einem Einstandspreis von 0,40 €/Liter für die Produktion von Osterhasen veranschlagt. Am Ende der Periode wird festgestellt, dass für die Produktion der geplanten Osterhasenmenge tatsächlich 1.200 Liter Milch verbraucht wurden. Der Einstandspreis betrug tatsächlich 0,45 €/Liter. Ermitteln Sie die relevanten Abweichungsarten durch einen Ist-Soll-Vergleich auf Plan-Bezugsbasis nach der alternativen, der kumulativen und der differenziert kumulativen Methode der Abweichungsanalyse.

In der Fertigungshauptstelle wird für die Periode „Frühling“ eine geplante Ausbringungsmenge (Planbeschäftigung) von 10.000 Stück Osterhasen bei einer Standardfertigungszeit von 2 Minuten je Stück veranschlagt. Des Weiteren geht man von Gesamt-Plangemeinkosten bei dieser Planbeschäftigung in Höhe von 15.000,- € aus, wobei die variablen Gemeinkosten je Fertigungsminute 0,50 € betragen.

b)   Berechnen Sie die Höhe der relevanten Abweichungsarten, wenn in der Periode „Frühling“ tatsächlich 12.000 Stück Osterhasen in 24.000 Minuten gefertigt wurden und dabei Istkosten in Höhe von 17.500,- € anfielen.

c) Der Leiter der Fertigungshauptstelle behauptet, er könne wegen der geänderten Produktionsmenge an Osterhasen die in Teilaufgabe 2.3.2 ermittelten Abweichungen nicht verantworten. Wie beurteilen Sie die Verantwortlichkeit des Leiters der Fertigungshauptstelle für die verschiedenen Abweichungsarten?

Für die Produktion der Weihnachtsmänner in der Periode „Winter" werden dieselben Planwerte bezüglich Planbeschäftigung, Standardfertigungszeit je Stück, Gesamt-Plangemeinkosten und variable Gemeinkosten je Fertigungsminute wie bei der Osterhasenproduktion angesetzt. Tatsächlich wurden 12.000 Stück Weihnachtsmänner in 22.000 Minuten gefertigt, wobei Kosten in Höhe von 20.000,- € verursacht wurden.

d) Berechnen Sie die Abweichungsarten, welche in der Periode „Winter" auftreten.

Aufgabe 2.1.2.17: Preis- und Mengenabweichung

Für die Herstellung von 10.000 Stück ihrer bayernweit bekannten Bazi-Burger wird bei der Mc Maximilian Corp. ein Planverbrauch von 5.000 kg Weizenmehl mit einem Planpreis von 2,- €/kg veranschlagt. Am Ende der Periode wird festgestellt, dass tatsächlich 10.000 Stück Bazi-Burger produziert wurden, dafür aber 6.000 kg Weizenmehl verbraucht wurden. Aufgrund von Lieferengpässen wegen der LKW Blockaden an der bayrisch-preußischen Grenze kam es zu Preissteigerungen beim Weizenmehl. Der tatsächliche Einstandspreis betrug daher im Schnitt 2,20 €/kg.

a) Ermitteln Sie die relevanten Abweichungsarten durch einen Soll-Ist Vergleich auf Ist-Bezugsbasis nach der alternativen, der kumulativen und der differenziert kumulativen Methode der Abweichungsanalyse.

b) Ermitteln Sie die relevanten Abweichungsarten durch einen Ist-Soll-Vergleich auf Plan-Bezugsbasis nach der alternativen, der kumulativen und der differenziert kumulativen Methode der Abweichungsanalyse.

c) Wie beurteilen Sie die oben angewandten Methoden der Abweichungsanalyse?

Aufgabe 2.1.2.18: Preis- und Mengenabweichung

Für die Herstellung von Produkt A wird ein Planverbrauch von 1.000 kg Weizenmehl mit einem Planpreis von 3,- €/kg veranschlagt. Am Ende der Periode wird festgestellt, dass tatsächlich 2.000 kg Weizenmehl verbraucht wurden. Der tatsächliche Einstandspreis betrug 2,- €/kg.

a) Ermitteln Sie die Gesamtabweichung. Stellen Sie die Plan- und Istkosten als Flächen in einer Grafik dar.

b) Ermitteln Sie die relevanten Abweichungsarten durch einen Ist-Plan-Vergleich auf Plan-Bezugsbasis nach der alternativen, der kumulativen und der differenziert kumulativen Methode der Abweichungsanalyse.

c) Skizzieren Sie die drei Abweichungen von b) in je einer Grafik. Interpretieren Sie die Ergebnisse der Verfahren, vor allem im Hinblick auf die Aussagefähigkeit der verschiedenen Methoden.

d) Welche Veränderungen ergeben sich bei einem Plan-Ist-Vergleich auf Plan-Bezugsbasis gegenüber b) in bezug auf die alternative und die differenziert kumulative Methode der Abweichungsanalyse? Wie ist bei letzterer mit der Abweichung 2. Grades umzugehen?

2.1.3 Erlösabweichungen

Aufgabe 2.1.3.1: Erlös- und Deckungsbeitragsabweichung mit Markteinfluss

Die Münchner Schädelbräu AG stellt drei Sorten Bier her: Weizen, Märzen, Pils. Die geplanten Absatzmengen für das laufende Jahr wurden auf Basis des erwarteten Marktvolumens und des Marktanteils der Schädelbräu AG im Vorjahr unter Berücksichtigung einer geplanten Marktanteilsausweitung aufgrund gesteigerter Marketingaktivitäten festgelegt. Für die Planung des Absatzprogrammes wurde die Struktur des Vorjahres zugrunde gelegt.

Die nachfolgenden Tabellen zeigen die Planung und die tatsächlichen Ergebnisse der Schädelbräu AG für das laufende Jahr. Das gesamte Marktvolumen für alle drei Biersorten zusammen wurde in der Planung auf 40.000 hl veranschlagt, tatsächlich betrug es im laufenden Jahr aber nur 35.000 hl.

Planergebnisrechnung	Weizen	Märzen	Pils	Gesamt
Absatzmenge [hl]	1.000	1.000	2.000	4.000
Erlöse [€]	400.000,-	350.000,-	400.000,-	1.150.000,-
variable Kosten [€]	250.000,-	300.000,-	200.000,-	750.000,-
Deckungsbeitrag I [€]	150.000,-	50.000,-	200.000,-	400.000,-
Produktarten-Fixkosten [€]	50.000,-	50.000,-	100.000,-	200.000,-
Deckungsbeitrag II [€]	100.000,-	0,-	100.000,-	200.000,-
Unternehmensfixkosten [€]				150.000,-
Nettoerfolg [€]				50.000,-

Istergebnisrechnung	Weizen	Märzen	Pils	Gesamt
Absatzmenge [hl]	1.200	800	3.000	5.000
Erlöse [€]	360.000,-	280.000,-	450.000,-	1.090.000,-
variable Kosten [€]	300.000,-	300.000,-	300.000,-	900.000,-
Deckungsbeitrag I [€]	60.000,-	-20.000,-	150.000,-	190.000,-
Produktarten-Fixkosten [€]	100.000,-	50.000,-	70.000,-	220.000,-
Deckungsbeitrag II [€]	-40.000,-	-70.000,-	80.000,-	-30.000,-
Unternehmensfixkosten [€]				150.000,-
Nettoerfolg [€]				-180.000,-

a)   Erklären Sie die Gesamt-Erlös-Abweichung mit Hilfe einer differenziert kumulativen Abweichungsanalyse als Ist-Soll-Vergleich auf Planbezugsbasis.

b)   Ermitteln Sie die Abweichungen der variablen Kosten. Wie lässt sich die Abweichung des Gesamtdeckungsbeitrages I auf Veränderungen der Stückdeckungsbeiträge und der Absatzmengen zurückführen? Verwenden Sie dafür das gleiche Verfahren wie unter a).

c)   Welcher Einfluss geht von der gegenüber dem Plan abweichenden Struktur der Absatzmengen auf die Deckungsbeitragsabweichung aus?

d) Welcher Einfluss auf die Deckungsbeitragsabweichung lässt sich auf die gegenüber dem Plan abweichende Situation am Biermarkt zurückführen? Wie kann dieser Einfluss der Marktsituation durch Veränderungen des Marktvolumens insgesamt und Veränderungen des Marktanteils erklärt werden? Interpretieren Sie Ihre Ergebnisse und weisen Sie auf den möglichen zusätzlichen Informationsbedarf hin, der sich für das Erfolgscontrolling ergeben könnte.

e) Aufgrund des erheblichen Erfolgsrückgangs trotz der Absatzausweitung in der Sparte Weizenbier unterzieht das Erfolgscontrolling der Schädelbräu AG diese Sparte einer genaueren Untersuchung. Im Rahmen dieser Untersuchung sollen die exogenen und endogenen Ursachen der Erlösabweichungen beim Weizenbier ermittelt werden. Aus den Untersuchungen des Erfolgscontrolling geht hervor, dass das Marktvolumen auf dem Weizenbiermarkt im laufenden Jahr aufgrund des schlechten Sommers um 5.000 hl hinter dem geplanten Marktvolumen von 20.000 hl zurückblieb. Die Branche versuchte diesem Sachverhalt mit teilweise erheblichen Preisnachlässen entgegenzuwirken, was dazu führte, dass der Branchenpreis gegenüber dem Planpreis von 400,- €/hl auf 350,- €/hl zurückging.

- Welche exogenen und endogenen Faktoren, die die oben angegebenen Erlösabweichungen hervorgerufen haben können, lassen sich unterscheiden?

- Berechnen Sie die auf die exogenen und endogenen Faktoren zurückzuführenden Abweichungen. Weisen Sie dabei die auf die Veränderungen des Branchenpreises und des Marktvolumens zurückzuführenden Erlösabweichungen gesondert aus.

Aufgabe 2.1.3.2: Erlösabweichung mit Markteinfluss

Die McBavaria GmbH vertreibt im Marktsegment Fast-Food drei Produkte: den Munichburger, den Hendlburger und den Radiburger. Die geplanten Absatzmengen und -preise sowie die tatsächlichen Absatzmengen und Erlöse sind den nachfolgenden Angaben zu entnehmen.

	Munichburger	Hendlburger	Radiburger
Ist-Absatzmenge	4.000	6.000	2.000
Ist-Erlös pro Stück [€]	3,-	4,-	2,-
Plan-Absatzmenge	5.000	5.000	3.000
Plan-Erlös pro Stück [€]	3,50	3,80	1,50

Die Planungen der McBavaria GmbH gehen von einem gesamten Marktvolumen für das Marktsegment Fast-Food von 130.000 Stück aus. Aufgrund des allgemeinen Konjunkturhochs ergibt sich jedoch ein tatsächliches Markt-volumen von 150.000 Stück. Legen Sie bei der Bearbeitung der Teilaufgaben a) bis c) jeweils einen Ist-Soll-Vergleich auf Planbezugsbasis zugrunde.

a)   Erläutern Sie die Gesamt-Erlösabweichung mit Hilfe der differenziert kumulativen Abweichungsanalyse.

b)   Wie lässt sich der Einfluss, der von der veränderten Situation auf dem Fast-Food-Markt auf die Erlösabweichung ausgeht, auf Veränderungen des Marktanteils der McBavaria GmbH und auf Veränderungen des ge-samten Marktvolumens zurückführen?

c)   Das Produkt Munichburger wird auf unterschiedlichen regionalen Märk-ten verkauft. Die McBavaria GmbH betreibt eine Politik der regionalen Preisdifferenzierung, wobei zwischen den Regionen Bayern, Rest-Deutschland und Österreich unterschieden wird. Aus der Umsatz-statistik lassen sich folgende Angaben entnehmen.

	Bayern	Rest-D	Österreich
Region-Plan-Preis pro Stück [€]	3,-	5,-	2,50
Region-Plan-Absatzmenge	2.500	1.500	1.000
Region-Ist-Absatzmenge	1.000	2.000	1.000

Welcher Einfluss geht von den gegenüber Plan abweichenden regio-nenspezifischen Absatzmengen auf die Erlösabweichung aus? Interpre-tieren Sie Ihre Ergebnisse.

Aufgabe 2.1.3.3: Erlösabweichung mit Markteinfluss

Die Unternehmung Runner's Delight Inc. bietet im Marktsegment der hoch-wertigen Laufschuhe zwei Modelle, Said und Dieter, an. Die folgende Tabelle weist Ist- und Plandaten für den Monat Mai aus:

Modell	Said	Dieter
Ist-Erlöse [€]	280.000,-	345.000,-
Ist-Absatzmenge [Paare]	2.800	1.500
Plan-Erlöse [€]	315.000,-	336.000,-
Plan-Absatzmenge [Paare]	2.250	1.600

Aufgrund einer konjunkturellen Schwäche lag das gesamte Marktvolumen im Mai mit 40.000 verkauften Paaren um 5.000 Paare unter der geplanten Größe. Auf die Nachfrageschwäche haben die Anbieter mit Preissenkungen reagiert, um die als groß eingeschätzte Preiselastizität der Nachfrager in diesem Marktsegment auszunutzen. Dadurch fiel der durchschnittliche Preis je Paar auf € 125,-, während der geplante Branchenpreis € 200,- betrug.

a) Erläutern Sie die Gesamtabweichung mit Hilfe der differenziert kumulativen Abweichungsanalyse als Ist-Soll-Vergleich auf Plan-bezugsbasis.

b) Ermitteln Sie die exogen bzw. endogen verursachten Anteile der Erlösabweichung für das Modell Said. Weisen Sie ferner die auf Veränderungen des Branchenpreises und des Marktvolumens zurück-zuführenden Erlösabweichungen gesondert aus.

2.2 Prozesskostenrechnung

Aufgabe 2.2.1: Prozesskostenrechnung

Eine Funktionsanalyse in der Kostenstelle Materialwirtschaft ergab, dass sich in dieser Stelle im wesentlichen drei Arten von leistungsmengeninduzierten (lmi) Prozessen unterscheiden lassen, die entweder von der Ausbringungsmenge oder der Anzahl von Produktvarianten abhängen. Dabei handelt es sich um die Prozesse: inhaltliches Prüfen von Rechnungen, Durchführen von Wareneingangskontrollen und Einlagern von Spezialmaterial.

Die jeweiligen Planprozessmengen und die geschätzten ausbringungs- und variantenabhängigen Anteile der Prozessmengen können Sie der nachfolgenden Tabelle entnehmen. In der Planung werden insgesamt 4.000 Einheiten der beiden Varianten A und B zugrunde gelegt, wovon 2.500 Einheiten auf die Variante A und 1.500 Einheiten auf die Variante B entfallen.

Ferner ist für die Kostenstellenleitung von Plankosten in Höhe von € 33.000,- für die Planperiode auszugehen, die weder von der Ausbringungsmenge noch von der Variantenanzahl abhängen und damit leistungsmengenneutral (lmn) sind.

	Plan-prozess-menge	geplante Gesamt-kosten der Planprozess mengen [€]	ausbringungs-mengen abhängige Prozess menge	varianten-zahl-abhängige Prozess-menge
Rechnungsprüfungen (lmi)	1.000	20.000,-	90%	10%
Wareneingangskontrollen (lmi)	3.000	6.000,-	100%	0%
Einlagerungen (lmi)	200	40.000,-	20%	80%
Kostenstellenleitung (lmn)		33.000,-		

a)   Berechnen Sie den leistungsmengeninduzierten Plan-Prozesskostensatz für jeden der drei Prozesse.

b)   Wie hoch sind die Gesamtprozesskostensätze der drei Prozesse?

c)   Berechnen Sie auf Basis der leistungsmengeninduzierten Prozesskostensätze die Kosten für eine Einheit jeder Variante, die in der Kostenstelle Materialwirtschaft entstehen.

Aufgabe 2.2.2:   Prozesskostenrechnung

Ein Unternehmen plant die Herstellung eines Produktes in den beiden Varianten A und B. Über die gesamten Lebenszyklen der Varianten hinweg wird für die Variante A mit einer Fertigungsmenge von insgesamt 2.000 Stück und für die Variante B mit einer Fertigungsmenge von 8.000 Stück gerechnet. Die geplanten Materialeinzelkosten pro Stück betragen für die Variante A € 100,- und für die Variante B € 350,-. Für das Produkt rechnet man über den gesamten Lebenszyklus hinweg mit Materialgemeinkosten von € 1.500.000,- und Fertigungsgemeinkosten von € 8.000.000,- sowie mit Verwaltungsgemeinkosten in Höhe von € 2.375.000,- und Vertriebsgemeinkosten in Höhe von € 1.187.500,-. Die Herstellung der beiden Varianten beansprucht die nachfolgend genannten Kostenstellen.

Kosten-stelle	Prozesse	in Anspruch genommene Prozesse je 100 Stück		Planpro-zess-menge	Plan-Gemeinkosten	
		Variante A	Variante B		lmi	lmn
Einkauf	Beschaf-fungspro-zesse	120	60	7.200	468.000,-	360.000,-
Warenein-gang	Warenein-gangsprü-fungen	160	80	9.600	312.000,-	360.000,-
Fertigung	Maschinen-stunden	200	200	20.000	7.200.000,-	800.000,-

Der Vertrieb geht davon aus, dass die geplanten Gesamt-Fertigungsmengen von Variante A und Variante B über die folgende Anzahl an Kundenaufträgen abgesetzt werden können.

Kostenstelle	Prozesse	Kundenaufträge		Plan-Gemeinkosten	
		Variante A	Variante B	lmi	lmn
Vertrieb	Auftrags-bearbeitung	120	80	797.500,-	390.000,-

a)   Berechnen Sie mittels Zuschlagskalkulation die Plan-Selbstkosten je Variante für den gesamten Betrachtungszeitraum und pro Stück. Dabei sollen die Materialgemeinkosten als prozentualer Zuschlag auf die Materialeinzelkosten, die Fertigungsgemeinkosten entsprechend der von den Varianten beanspruchten Maschinenstunden und die Verwaltungsgemeinkosten auf Basis der Herstellkosten verrechnet werden.

Die Unternehmensleitung erwartet sich von der Anwendung einer Prozess-kostenrechnung aussagefähige Informationen für die Programmpolitik. Dazu sollen die Plan-Material- und -Fertigungsgemeinkosten sowie die Plan-Ver-triebsgemeinkosten auf die Varianten A und B auf der Basis eines prozessorientierten Ansatzes verrechnet werden. Die Zurechnung der Plan-Verwaltungsgemeinkosten erfolge mit einem prozentualen Zuschlag auf die Plan-Herstellkosten.

b)   Berechnen Sie die leistungsmengeninduzierten, die leistungsmengen-neutralen und die Gesamt-Planprozesskostensätze für die einzelnen Kostenstellen. Deren Plan-Prozessmengen sowie deren leistungsmen-geninduzierte (lmi) und leistungsmengenneutrale (lmn) Plan-Gemein-kosten sind den obenstehenden Tabellen zu entnehmen.

c)   Berechnen Sie die Plan-Selbstkosten für die beiden Varianten über den gesamten Betrachtungszeitraum und bestimmen Sie die Plan-Selbst-kosten der Varianten pro Stück auf Basis der Gesamtprozess-kostensätze. Die Verwaltungsgemeinkosten werden dabei weiterhin als prozentualer Zuschlag auf die Herstellkosten verrechnet.

.d)   Im Unterschied zu den Teilaufgaben b) und c) sei nunmehr unterstellt, dass die gesamten leistungsmengeninduzierten (lmi) Plan-Gemeinkosten der Fertigung zu 80% von der Ausbringung und zu 20% von der Variantenzahl abhängen. Berechnen Sie auf dieser Basis die ausbringungs- und variantenzahlabhängigen Plan-Stückkosten sowie die Gesamt-Plan-Stückkosten für die beiden Varianten in der Kostenstelle Fertigung.

Aufgabe 2.2.3:   Zuschlags- versus prozesskostenorientierte Kalkulation

Das Unternehmen Bikey produziert u.a. die beiden Fahrradmodelle City und Mountain. In jedem Monat werden durchschnittlich 100 Stück von jedem Typ hergestellt und verkauft. Zur Herstellung beider Fahrräder werden Leistungen der folgenden Kostenstellen beansprucht:

Kostenstelle	Vorgänge je Monat	Stunden je Monat	Kosten pro Monat [€]
Einkauf	40		880,-
Wareneingang	100		2.000,-
Fertigung 1		1.500	90.000,-
Fertigung 2		2.500	350.000,-

Bei der Herstellung von jeweils 100 Fahrrädern entsteht folgender bewerteter Materialverbrauch:

Materialart	City	Mountain
1	1.300	
2	1.300	
3	2.400	
4	2.000	
5	5.000	
6		4.000
7		8.000

Zur Produktion von 100 Fahrrädern fallen sowohl beim Typ City als auch beim Typ Mountain jeweils 50 Fertigungsstunden in der Fertigungsstelle 1 und 20 Fertigungsstunden in der Fertigungsstelle 2 an. Für 100 City-Fahrräder sind 30 Einkaufs- und 80 Wareneingangsvorgänge erforderlich, für 100 Mountain-Fahrräder sind jeweils nur 10 Einkaufs- und 20 Wareneingangsvorgänge notwendig.

a) Berechnen Sie die Herstellkosten je Stück für ein City-Fahrrad bzw. ein Mountain-Fahrrad nach der traditionellen Zuschlagskalkulation.

b) Berechnen Sie die Herstellkosten je Stück für ein City-Fahrrad bzw. ein Mountain-Fahrrad nach dem Schema der Prozesskostenkalkulation (Prozesskostenrechnung).

Aufgabe 2.2.4:   Prozesskosten- und Grenzplankostenrechnung

Am Tag Ihres Einstiegs als Jung-Controller/in in der Fiasko GmbH werden Sie Zeuge einer Diskussion zwischen dem Geschäftsführer Gerhard Grünspan und Ihrem Abteilungsleiter Kurt Knauser über die kurzfristige Annahme eines Zusatzauftrages von 20 Stück des Produktes Blechschere. Knauser vertritt die Meinung, der Auftrag soll abgelehnt werden, da dieses Produkt "sowieso nichts bringt". Dies ließe sich leicht anhand einer Deckungsbeitragsrechnung für die abgelaufene Periode nachweisen. Herr Knauser kann folgende Angaben über die abgelaufene Periode zur Verfügung stellen:

	Kettensäge	Blechschere
Produktionsmenge [ME]	100	100
Verkaufspreis [€/ME]	1.200,-	1.000,-
Materialeinzelkosten [€]	20.000,-	40.000,-
Fertigungseinzelkosten [€]	70.000,-	50.000,-

Zuschlagsbasis für die darüber hinaus anfallenden variablen Materialgemeinkosten in Höhe von € 6.000,- und variablen Fertigungsgemeinkosten in Höhe von € 24.000,- sind die jeweiligen Einzelkostenbeträge. Die fixen Vertriebs- und Verwaltungsgemeinkosten der betrachteten Periode betragen € 8.000,-. Lagerbestandsveränderungen sind nicht aufgetreten.

a) Führen Sie für die abgelaufene Periode eine Deckungsbeitragsrechnung je Produkt durch und ermitteln Sie den Nettogewinn.

Als Jung-Controller/in halten Sie dieses Vorgehen für recht altmodisch und beschließen stattdessen, prozessorientiert zu kalkulieren. Sie ermitteln folgende Haupt- und Teilprozesse:

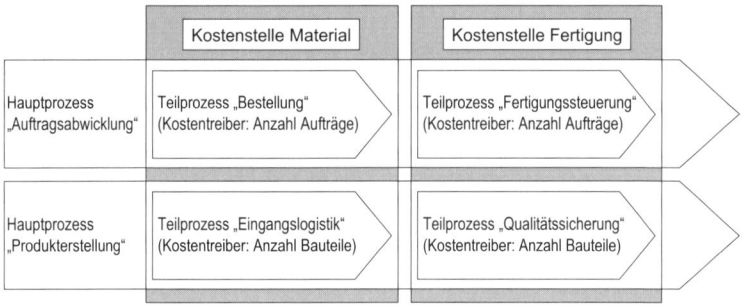

Die Zurechnung der Kosten auf die einzelnen Teilprozesse erfolgt entsprechend der jeweiligen Inanspruchnahme der Mitarbeiter in den Kostenstellen. In der Materialstelle entfallen 25% der Mitarbeiterzeit auf die Bestellung, 50% auf die Eingangslogistik und 25% auf leistungsmengenneutrale Tätigkeiten. In der Fertigung betragen die Anteile 20% der Mitarbeiterzeit für die Fertigungssteuerung, 60% für die Qualitätssicherung und 20% für leistungsmengenneutrale Tätigkeiten. Über die Produkte erhalten Sie ferner folgende Angaben:

	Kettensäge	Blechschere
Auftragsgröße (Durchschnitt) [ME]	5	20
Bauteile je Produkt [ME]	21	4

b) Ermitteln Sie die (Gesamt-) Prozesskostensätze der Teil- und Haupt-
   prozesse. Unterstellen Sie dabei für die Berechnung der Gesamtprozesskostensätze, dass die leistungsmengenneutralen Kosten im
   gleichen Verhältnis wie die leistungsmengeninduzierten Kosten den
   Subprozessen zugerechnet werden können. Berechnen Sie unter Berücksichtigung der erhaltenen Ergebnisse den Deckungsbeitrag des
   Zusatzauftrages. Wie beurteilen Sie die Aussagefähigkeit der unter a)
   bzw. b) erhaltenen Ergebnisse?

Aufgabe 2.2.5: Zuschlags- versus prozesskostenorientierte Kalkulation

Eine Unternehmung plant die Herstellung eines Produktes in drei Varianten.
Insgesamt sollen in der Planperiode 700 Stück der Variante V1, 300 Stück
der Variante V2 und 1.000 Stück der Variante V3 hergestellt werden. Die
geplanten Material- und Fertigungseinzelkosten sind in nachfolgender
Tabelle angegeben.

Materialart	Einheit	V1	V2	V3	Plankostensatz
M1	g/Stück	120	500	340	20,- [€/kg]
M2	kg/Stück	1	0,5	2	40,- [€/kg]

Kostenstellen	Einheit	V1	V2	V3	Plankostensatz
FI	Ftg.min/Stück	120	60	240	12,- [€/Ftg.Std]
FII	Masch.min/Stück	80	120	160	240,- [€/Tag]

Die Planbeschäftigung der Maschine in der Fertigungsstelle II beträgt 10
Stunden am Tag. Die Unternehmensleitung schätzt, dass in der Planperiode
Materialgemeinkosten in Höhe von € 56.000,- und Fertigungsgemeinkosten
in der Fertigungsstelle I in Höhe von € 20.000,- bzw. in der Fertigungsstelle II
in Höhe von € 13.000,- anfallen. Ferner fallen für die Variante V3 € 32,-
Sondereinzelkosten der Fertigung je Stück an. Man geht davon aus, dass die
Verwaltungskosten der letzten Periode von € 30.000,- in der Planperiode um

2% steigen. Die Vertriebsgemeinkosten sind entsprechend der nachfolgenden Tabelle veranschlagt.

Prozess	Prozessbezugsgröße	Prozessmenge gesamt [Stk]	Prozesskosten-Satz [€]	produktionsmengenabhängige Prozessmenge [%]	variantenzahlabhängige Prozessmenge [%]
Rahmenverträge beliefern	Anzahl Rahmenverträge	50	30,-	80	20
Einzelbestellungen beliefern	Anzahl Einzelbestellungen	400	20,-	60	40
Warenausgangsprüfung	Anzahl Auslieferungen	250	10,-	30	70

a) Berechnen Sie auf Basis der Zuschlagskalkulation die Plan-Herstellkosten je Stück aller drei Varianten (Hinweis: Zuschlagsbasis der Gemeinkosten bilden die jeweiligen Einzelkosten).

b) Bestimmen Sie nun die Plan-Selbstkosten je Stück der einzelnen Varianten. Schlagen Sie die Verwaltungskosten nach der traditionellen Zuschlagskalkulation zu. Die Vertriebskosten sollen unter Verwendung der Prozesskostenkalkulation bestimmt und zugerechnet werden.

Aufgabe 2.2.6:   Prozess- versus Grenzplankostenrechnung

Eine Tätigkeitsanalyse im Zentralbereich Materialwirtschaft hat ergeben, dass sich in der Abteilung Rohstoffeinkauf vier verschiedene leistungsmengeninduzierte Prozesse sowie ein leistungsmengenneutraler Prozess identifizieren lassen. Bei den leistungsmengeninduzierten Prozessen handelt es sich um die Prozesse 'Angebote einholen', 'Bestellungen einholen', 'Reklamationen bearbeiten' sowie 'Rechnungen prüfen'. Der leistungsmengenneutrale Prozess ist auf die Tätigkeit des Abteilungsleiters zurückzuführen. Zu den Prozessen liegen folgende Informationen vor:

Prozesse		Maßgrößen der Kostenverursachung	Planpro-zess-menge	Plankosten
Angebote einholen	lmi	Anzahl der Angebote	1.500	630.000,-
Bestellungen einholen	lmi	Anzahl der Bestellungen	6.400	480.000,-
Reklamationen bearbeiten	lmi	Anzahl der Reklamationen	100	50.000,-
Rechnungen prüfen	lmi	Anzahl der geprüften Rechn.	6.000	1.110.000,-
Abteilungsleitung	lmn	----	----	350.000,-

a) Führen Sie eine Prozesskostenstellenrechnung durch, indem Sie den leistungsmengeninduzierten Prozesskostensatz (lmi), den leistungs-mengenneutralen Prozesskostensatz (lmn) sowie den Gesamt-prozesskostensatz für die vier leistungsmengeninduzierten Prozesse bestimmen. Unterstellen Sie dabei, dass die Kosten des leistungsmengenneutralen Prozesses im Verhältnis der Kosten der leistungsmengeninduzierten Prozesse auf letztere verteilt werden können.

b) Kennzeichnen Sie zwei Unterschiede zwischen der Prozesskosten-stellenrechnung und der Kostenstellenrechnung im Rahmen der Grenzplankostenrechnung.

Man kann grundsätzlich 3 Rohstoffvarianten A, B und C unterschieden. Von diesen 3 Varianten wird die Beschaffung von insgesamt 50.000 Einheiten geplant, wobei sich diese Einheiten im Verhältnis 3 : 1,5 : 0,5 auf die einzelnen Varianten aufteilen. Die Schätzung der ausbringungsmengen- und variantenzahlabhängigen Anteile der jeweiligen Planprozessmengen hat folgendes ergeben:

Prozesse	ausbringungsmengenabh. Prozessmenge	variantenzahlabh. Prozessmenge
Angebote einholen	20%	80%
Bestellungen einholen	0%	100%
Reklamationen bearbeiten	100%	0%
Rechnungen prüfen	70%	30%

c) Bestimmen Sie die ausbringungsmengenabhängigen, die varianten-zahlabhängigen sowie die gesamten Stückkosten der 3 Varianten in der Abteilung Rohstoffeinkauf auf Basis des leistungsmengeninduzierten Prozesskostensatzes (lmi).

d) Die Unternehmensleitung entscheidet sich, künftig nicht mehr Variante C zu beschaffen, sondern diese Menge zusätzlich von Variante A zu beschaffen. Bestimmen Sie nun die ausbringungsmengenabhängigen, die variantenzahlabhängigen sowie die gesamten Stückkosten der 2 Varianten in der Abteilung Rohstoffeinkauf auf Basis des leistungsmengeninduzierten Prozesskostensatzes (lmi). Wie ist der Unterschied zu c) zu erklären?

e) Nennen Sie zwei Unterschiede zwischen der Kalkulation der Prozesskostenrechnung und der Kalkulation im Rahmen der Grenzplankostenrechnung.

Aufgabe 2.2.7:　Prozesskostenrechnung

Eine Tätigkeitsanalyse im Zentralbereich Materialwirtschaft hat ergeben, dass sich in der Abteilung Rohstoffeinkauf vier verschiedene leistungsmengennnduzierte (lmi) Prozesse sowie ein leistungsmengenneutraler (lmn) Prozess identifizieren lassen. Bei den leistungsmengeninduzierten Prozessen handelt es sich um die Prozesse 'Angebote einholen', 'Bestellungen aufgeben', 'Reklamationen bearbeiten' sowie 'Rechnungen prüfen'. Der leistungsmengenneutrale Prozess ist auf die Tätigkeit des Abteilungsleiters zurückzuführen.

Die entsprechenden Maßgrößen der Kostenverursachung, die Planprozessmengen sowie die Plankosten für die nächste Periode sind der folgenden Tabelle zu entnehmen:

Prozesse		Maßgrößen	Planprozessmenge	Plankosten
Angebote einholen	lmi	Anzahl der Angebote	3.000	315.000,-
Bestellungen aufgeben	lmi	Anzahl der Bestellungen	12.800	240.000,-
Reklamationen bearbeiten	lmi	Anzahl der Reklamationen	50	40.000,-
Rechnungen prüfen	lmi	Anzahl der geprüften Rechnungen	6.000	1.110.000,-
Abteilungsleitung	lmn	---	---	350.000,-

a) Führen Sie eine Prozesskostenstellenrechnung durch, indem Sie jeweils den leistungsmengeninduzierten Prozesskostensatz, den leistungsmengenneutralen Prozesskostensatz sowie den Gesamtprozesskostensatz für die vier leistungsmengeninduzierten Prozesse bestimmen.

b)   Es werden die beiden Rohstoffvarianten A und B beschafft. Von diesen
     beiden Varianten wird insgesamt die Beschaffung von 50.000 Einheiten
     geplant, wobei sich diese Einheiten im Verhältnis 3:2 auf die Varianten
     A und B aufteilen. Die Schätzung der prozentualen Anteile der
     beschaffungsmengen- und variantenzahlabhängigen Prozessmengen
     an der gesamten Prozessmenge des jeweiligen Prozesses hat folgende
     Tabelle ergeben:

Prozesse	Beschaffungsmengen-abhängige Prozessmenge	Variantenzahlabhängige Prozessmenge
Angebote einholen	20%	80%
Bestellungen aufgeben	0%	100%
Reklamationen bearbeiten	100%	0%
Rechnungen prüfen	70%	30%

Bestimmen   Sie   die   beschaffungsmengenabhängigen,   die
variantenzahlabhängigen sowie die gesamten Stückkosten der zwei
Varianten A und B in der Abteilung Rohstoffeinkauf auf Basis der
leistungsmengeninduzierten Prozesskostensätze.

c)   Die Unternehmensleitung erwägt, in Zukunft zusätzlich 10.000
     Einheiten der Rohstoffvariante C und dafür 10.000 Einheiten der
     Rohstoffvariante A weniger als bisher zu beschaffen. Bestimmen Sie für
     diesen alternativen Beschaffungsplan jeweils die beschaffungs-
     mengenabhängigen, die variantenzahlabhängigen sowie die gesamten
     Stückkosten der drei Varianten A, B und C in der Abteilung Rohstoff-
     einkauf auf Basis der leistungsmengeninduzierten Prozesskostensätze.

Aufgabe 2.2.8:   Deckungsbeitrags- und Prozesskosten-rechnung

Ein Unternehmen plant die Herstellung von Flachbildschirmen in den drei
Varianten A, B und C. Für die Planperiode wird für die Variante A mit einer
Fertigungsmenge von 200 Stück, für die Variante B mit einer Fertigungs-
menge von 400 Stück und für die Variante C mit einer Fertigungsmenge von
730 Stück gerechnet. Die weiteren Plandaten entnehmen Sie nachfolgender
Tabelle.

	Variante A	Variante B	Variante C
Verkaufspreis [€/Stück]	1.500	1.900	1.790
Materialeinzelkosten [€/Stück]	530	700	800
Sondereinzelkosten der Fertigung [€]	50.000	50.000	
Variable Materialgemeinkosten [€]		735.420	
Variable Fertigungsgemeinkosten [€]		141.050	
Fixe Verwaltungs- und Vertriebsgemeinkosten [€]		213.500	
Unternehmensfixkosten [€]		10.000	

Zuschlagsbasis für die variablen Materialgemeinkosten und variablen Fertigungsgemeinkosten sind die jeweiligen Einzelkostenbeträge (ohne Berücksichtigung der Sondereinzelkosten). Es ist nicht mit Lagerbestandsveränderungen zu rechnen.

Hinsichtlich der variablen Gemeinkosten stehen Ihnen zusätzliche, detailliertere Informationen zur Verfügung. So ersehen Sie aus der nachfolgenden Tabelle, welche Kostenstellen durch die Herstellung der drei Varianten beansprucht werden.

Kosten-stelle	Prozesse	In Anspruch genommene Prozesse je Stück			Plan-prozess-menge	Gesamte Plan-Gemeinkosten der Plan-prozessmenge [€]
		Variante A	Variante B	Variante C		
Einkauf	Bestellungen	2	1	4	3.720	126.480
Waren-eingang	Eingangs-buchungen	3	5	5	6.250	287.500
	Vollständig-keitsprüfungen	1	2	4	3.920	321.440
Ferti-gung	Maschinen-stunden	11	6	7,5	10.075	141.050

Die Fertigungseinzelkosten lassen sich unter Berücksichtigung der angegebenen Fertigungsdauer je Stück in Maschinenstunden ermitteln. Der Plankostensatz in der Fertigung beträgt 20,- € je Maschinenstunde.

Im Rahmen einer prozessorientierten Betrachtung geht die zentrale Vertriebs- und Verwaltungskostenstelle davon aus, dass die geplanten

Gesamt-Fertigungsmengen der drei Varianten über die folgende Anzahl an Kundenaufträgen abgesetzt werden können.

Kosten-stelle	Prozesse	Kundenaufträge			Gesamte Plan-Gemeinkosten der Plan-prozessmenge [€]
		Variante A	Variante B	Variante C	
Vertrieb/ Verwaltung	Auftragsbe -arbeitung	100	120	85	213.500

a) Führen Sie eine Deckungsbeitragsrechnung für die gesamte Plan-periode durch und ermitteln Sie den Nettogewinn.

Die Unternehmensleitung erwartet sich von der Anwendung einer Prozess-kostenrechnung aussagefähigere Informationen für die Programmpolitik. Dazu sollen die geplanten variablen Material- und Fertigungsgemeinkosten sowie die geplanten fixen Vertriebs- und Verwaltungsgemeinkosten auf die Varianten A, B und C auf der Basis eines prozessorientierten Ansatzes verrechnet werden.

b) Berechnen Sie die Gesamt-Plan-Prozesskostensätze für die einzelnen Prozesse. Führen Sie anschließend eine Deckungsbeitragsrechnung unter Verwendung der Prozesskostensätze durch.

c) Erklären Sie die Unterschiede in den Informationen, welche die beiden Deckungsbeitragsrechnungen aus Teilaufgabe a) und b) liefern. Wie beurteilen Sie die Unterschiede? Welche Empfehlung geben Sie der Unternehmensleitung?

d) Erläutern Sie an diesem Beispiel wichtige Vorteile und Probleme der Prozesskostenrechnung.

Aufgabe 2.2.9:   Prozesskostenrechnung

Eine Tätigkeitsanalyse in der Abteilung Rohstoffeinkauf hat für die nächste Periode folgende Erkenntnisse bezüglich der leistungsmengeninduzierten (lmi) Prozesse ergeben:

Prozesse	Art	Maßgrößen	Planprozess-menge	Plankosten
Angebote einholen	lmi	Anzahl Angebote	3.000	360.000,-
Bestellungen aufgeben	lmi	Anzahl Bestellungen	14.000	252.000,-
Rechnungen prüfen	lmi	Anzahl geprüfte Rechnungen	6.000	1.080.000,-

a)   Bestimmen Sie die leistungsmengeninduzierten Prozesskostensätze für die drei Prozesse.

b)   Durch die leistungsmengeninduzierten Prozesse werden ausschließlich die beiden Rohstoffvarianten A und B beschafft. Geplant wird die Beschaffung von 40.000 Einheiten von Variante A sowie von 20.000 Einheiten von Variante B. Es gelten folgende prozentualen Anteile der beschaffungsmengen- und variantenzahlabhängigen Prozessmengen an der gesamten Prozessmenge des jeweiligen Prozesses:

Prozesse	Beschaffungsmengen-abhängige Prozessmenge	Variantenzahlabhängige Prozessmenge
Angebote einholen	30%	70%
Bestellungen aufgeben	0%	100%
Rechnungen prüfen	60%	40%

Bestimmen Sie die beschaffungsmengenabhängigen, die variantenzahlabhängigen sowie die gesamten Stückkosten der zwei Varianten A und B in der Abteilung Rohstoffeinkauf auf Basis der leistungsmengeninduzierten Prozesskostensätze.

c)   Die Unternehmensleitung erwägt, in Zukunft zusätzlich 10.000 Einheiten der Rohstoffvariante C und dafür 10.000 Einheiten der Rohstoffvariante A weniger als bisher zu beschaffen. Bestimmen Sie für diesen alternativen Beschaffungsplan jeweils die beschaffungs-mengenabhängigen, die variantenzahlabhängigen sowie die gesamten Stückkosten der drei Varianten A, B und C in der Abteilung Rohstoff-einkauf auf Basis der in a) ermittelten leistungsmengeninduzierten Prozesskostensätze.

3. Planungsorientierte Systeme der Kostenrechnung auf Teilkostenbasis

3.1 Teilkostenrechnung auf der Basis variabler Kosten

3.1.1 Programmplanung

Aufgabe 3.1.1.1: Kurzfristige Erfolgsrechnung und Programmplanung

Auf einer Maschine werden 5 verschiedene Produkte hergestellt. Für die abgelaufene Periode liegen folgende Daten vor:

Produkt	A	B	C	D	E
Absatzmenge [Stück]	5.000	6.000	3.000	8.000	2.000
Selbstkosten [€/Stück]	8,-	12,-	12,-	6,-	20,-
Variable Stückkosten [€/Stück]	6,-	10,-	9,-	5,-	13,-
Verkaufspreis [€/Stück]	10,-	9,-	15,-	7,-	18,-
Maschinenbelegungszeit [h/Stück]	0,02	0,018	0,06	0,004	0,0125

a) Ermitteln Sie den Betriebserfolg der Periode nach dem Umsatzkostenverfahren auf Vollkostenbasis.

b) Welche zusätzlichen Informationen müssten für eine kurzfristige Erfolgsrechnung nach dem Gesamtkostenverfahren bereitgestellt werden?

c) Ermitteln Sie das gewinnmaximale Produktionsprogramm und den zugehörigen Gewinn, wenn obige Daten als Prognosewerte für die nächste Periode gelten, die Absatzmengen Absatzhöchstmengen darstellen und kein Fertigungsengpass auftritt.

d) Ermitteln Sie das gewinnmaximale Produktionsprogramm und den zugehörigen Erfolg, wenn die Maschine eine Gesamtkapazität von 155 Stunden/Periode aufweist und die oben angegebenen Maschinenbelegungszeiten [h/Stück] für die einzelnen Produkte gelten.

e) Welche Maßnahmen schlagen Sie aufgrund der unter d) ermittelten Ergebnisse vor?

Aufgabe 3.1.1.2:   Programmplanung und Preisuntergrenze

Der Spartenleiter der Sparte "Mechanische Kleinteile", zu der die Produkte A, B, C und D gehören, ersucht Sie, für die kommende Planungsperiode das gewinnmaximale Produktionsprogramm zu erstellen.

Die Vertriebsabteilung geht von einem maximalen Absatz von 1.000 Stück je Produkt in der nächsten Periode aus. Hierbei erwarten Sie die folgenden Nettoerlöse [€/Stück]: für Produkt A € 90,-, Produkt C € 56,-, Produkt B € 42,- und Produkt D € 22,-. Die Kalkulationsabteilung ermittelt die Einzelkosten pro Stück: für Produkt A € 70,-, für Produkt B € 32,-, für Produkt C € 40,- und für D € 12,-. Innerhalb der Planungsperiode fallen für den Betrieb insgesamt fixe Kosten von € 40.000,- an.

Sämtliche Produkte durchlaufen drei Fertigungsstufen. Die Fertigungsstufe I (Dreherei) weist eine Periodenkapazität von 20.000 Stunden auf, die Fertigungsstufe II (Fräserei) eine Periodenkapazität von 21.000 Stunden und die Fertigungsstufe III (Montage) eine Periodenkapazität von 15.000 Stunden. Die Herstellung eines Stückes von Produktart A beansprucht Fertigungsstelle I mit 7 Stunden, Fertigungsstelle II mit 6 Stunden und Fertigungsstelle III mit 8 Stunden. Die Erzeugung eines Stückes der Produktart B belastet Stelle I mit 3 Stunden, Stelle II mit 3 Stunden, Stelle III mit 2 Stunden und die Produktion eines Stückes der Erzeugnisart C benötigt in Stelle I 5 Stunden, in Stelle II 6 Stunden sowie in Stelle III 4 Stunden. Bei der Herstellung eines Stückes von Produktart D werden Stelle I mit 4 Stunden, Stelle II mit 2 Stunden und Stelle III mit 5 Stunden in Anspruch genommen.

a)   Veranschaulichen Sie die im Text angegebenen Daten in einer Tabelle.

b)   Bestimmen Sie die absoluten Preisuntergrenzen.

c)   Bestimmen Sie das gewinnmaximale Produktionsprogramm.

d)   Errechnen Sie den Periodenerfolg, der bei Realisierung dieses optimalen Produktionsprogramms erzielt wird.

In der Dreherei und Fräserei fallen durch Umbauarbeiten mehrere Drehbänke und Fräsmaschinen aus. Dadurch sinken die Kapazitäten der Fertigungsstufe I um 5.000 Stunden und die Kapazität der Fertigungsstufe II um 6.000 Stunden.

e)   Erstellen Sie ein lineares Planungsmodell, mit dem das optimale Produktionsprogramm ermittelt werden kann.

Aufgabe 3.1.1.3:   Programmplanung

Ihr Chef beauftragt Sie als Controller des Unternehmens, das gewinnmaxi-male Produktionsprogramm für die kommende Periode zu bestimmen, da in der vergangenen Periode ein Verlust erwirtschaftet wurde. Bisher werden vier Produkte am Markt angeboten, für die folgende Daten vorliegen:

Produkt	maximale Nachfrage [Stück]	Gesamtkosten bei max. Absatz [€]	Fixkosten je Produktart [€]	Verkaufspreis [€/Stück]
A	200	18.000,-	1.800,-	80,-
B	400	25.000,-	5.000,-	70,-
C	500	30.000,-	7.500,-	50,-
D	100	10.000,-	2.000,-	120,-

Hinweis: Die Fixkosten der Produkte sind abbaufähig, d.h., sie fallen bei Nichtproduktion des jeweiligen Produktes weg, weil Maschinen verkauft werden können.

Alle Erzeugnisse müssen bis zu ihrer Absatzreife in zwei Fertigungsabteilun-gen bearbeitet werden, in denen sie jeweils unterschiedliche Bearbeitungs-zeiten benötigen:

Produkt	Bearbeitungszeiten [h/Stück]	
	Fertigungsabteilung I	Fertigungsabteilung II
A	0,50	0,25
B	10,00	5,00
C	4,00	2,00
D	5,00	2,50
Maximale Kapazität [h]	4.750	2.400

a) Welches System der Kostenrechnung wenden Sie an? Begründen Sie Ihre Entscheidung.

b) Bestimmen Sie das gewinnmaximale Produktionsprogramm unter Beachtung der Kapazitätsbegrenzungen. Wie groß ist der geplante Gewinn?

Aufgabe 3.1.1.4: Programmplanung

Sie wollen das gewinnmaximale Produktionsprogramm bestimmen. Ihre Unternehmung produziert zur Zeit fünf verschiedene Produkte im "Baukastensystem". Aus der Kostenrechnung, der Produktion und der Verkaufsabteilung liegen folgende Informationen vor:

Pro-dukt	Variable HK [€/Stück]	variable Vw- u. VtK [€/Stück]	Fixkosten pro Produkt-gruppe [€]	Produktionszeiten auf Maschine [min/Stück]			Absatzprognosen der Verkaufsabteilung	
				X	Y	Z	Preis [€/Stück]	Menge [Stück]
A	150,-	30,-	80.000,-	-	30	-	200,-	3.000
B	200,-	40,-	60.000,-	30	10	-	200,-	1.000
C	140,-	40,-	130.000,-	-	-	30	300,-	4.000
D	300,-	50,-	70.000,-	12	10	10	500,-	3.000
E	80,-	50,-	63.280,-	-	-	15	200,-	2.000
		max. Kapazität [h]		700	1.000	1.500		

Gehen Sie davon aus, dass jedes Produkt mindestens zu 1.000 Stück verfügbar sein muss, da anderenfalls beträchtliche Umsatzeinbußen bei den anderen Produkten zu erwarten sind.

a)   Welches ist das gewinnmaximale Produktionsprogramm unter den Restriktionen der Produktion und des Verkaufs?

b)   Bestimmen Sie den erzielten Gewinn.

Aufgabe 3.1.1.5: Programmplanung

Eine Industrieunternehmung setzt in ihrer Produktion zwei Maschinen ein, für die folgende Kapazitäts- und Kostendaten gelten:

	Periodenfixkosten [€]	Periodenkapazität [h]
Maschine I	50.000,-	1.000
Maschine II	80.000,-	800

Auf diesen Maschinen können vier Produkte A, B, C und D in beliebig teilbaren Mengeneinheiten (ME) hergestellt werden. Die Fertigung erfolgt zweistufig, d.h., alle Produkte beanspruchen jeweils beide Maschinen.

Folgende produktbezogene Daten stehen zur Verfügung:

Produkt	maximale Absatz- menge [ME]	Preis [€/ME]	variable Kosten [€/ME]	Kapazitätsbeanspruchung [h/ME] auf	
				Maschine 1	Maschine 2
A	200	200,-	100,-	2,0	1,0
B	200	400,-	160,-	3,0	0,5
C	500	330,-	240,-	0,7	0,2
D	300	500,-	470,-	0,3	0,8

a) Prüfen Sie, ob eine oder beide Maschinen einen Produktionsengpass bilden.

b) Ermitteln Sie das gewinnmaximale Produktionsprogramm. Wie hoch ist der Gewinn, der sich aus diesem Programm ergibt?

Aufgabe 3.1.1.6: Programmplanung

Die Firma Harmès fertigt drei Arten exklusiver Ledertaschen: Handtaschen für Damen (x_D), Aktentaschen (x_A) sowie Sporttaschen (x_S). Folgende Daten sind Ihnen bekannt:

	Stückerlös [€/Stk.]	Variable Stückkosten [€/Stk.]	Absatzhöchst- menge [Stk./Monat]
x_D	450	250	60
x_A	290	130	140
x_S	230	90	300

Alle Taschen werden auf speziellen Nähmaschinen produziert. Die monatliche Maschinenkapazität beträgt 750 Stunden. Außerdem kann die Firma maximal 1.200 m² Leder pro Monat beziehen. Die relevanten produktionstechnischen Daten können Sie der folgendenTabelle entnehmen:

	Fertigungszeit auf Nähmaschine [Std./Stk.]	Verbrauch an Leder [m²/Stk.]
x_D	4	1
x_A	2	1,5
x_S	2	1,5

Die monatlichen Fixkosten betragen 25.000 €. Als Zielsetzung verfolgt Harmès Gewinnmaximierung.

a)   Ermitteln Sie das optimale Produktionsprogramm. Wie hoch ist dabei der monatliche Gewinn?

b)   Die Firma Harmès hat die Möglichkeit, die monatliche Kapazität der Nähmaschinen auf 1.500 Stunden zu verdoppeln. Aufgrund von Abschreibungen und gestiegenen Betriebskosten erhöhen sich jedoch die monatlichen Fixkosten auf 47.000 €. Bestimmen Sie, ob Harmès diese Investition tätigen sollte.

Aufgabe 3.1.1.7:   Programmplanung und langfristige Preis-untergrenze

Die Cool & In GmbH besteht aus zwei Sparten, die als Profit Center geführt sind. Sparte 1 produziert Turnschuhe in den Ausführungen A(llround), B(iegsam), C(lever) und D(ufte). Sparte 2 stellt unter anderem größenverstellbare Rollschuhe, die über die Turnschuhe angezogen werden können, her. Für Sparte 1 liegen folgende Daten vor:

Produkt	maximale Absatzmenge [Stück]	Gesamtkosten bei max. Absatzmenge [€]	Variable Kosten [€/Stück]	Verkaufspreis [€/Stück]
A	200	20.000,-	90,-	80,-
B	400	30.000,-	75,-	95,-
C	500	40.000,-	75,-	90,-
D	100	10.000,-	95,-	105,-

Alle Erzeugnisse müssen in zwei Fertigungsabteilungen bearbeitet werden, in denen sie jeweils die nachfolgend abgebildeten Bearbeitungszeiten in Stunden (h) je Paar benötigen:

Produkt	Fertigungsstelle 1	Fertigungsstelle 2
A	0,50	25,00
B	5,00	20,00
C	1,00	0,50
D	10,00	5,00
max. Kapazität [h]	3.600,00	8.250,00

a)   Planen Sie nach obenstehenden Angaben das gewinnmaximale Produktionsprogramm der nächsten Periode für Sparte 1 auf Grundlage der im Betrieb verwendeten Teilkostenrechnung und bestimmen Sie den Nettogewinn des optimalen Produktionsprogramms für Sparte 1.

b)   Es wird bekannt, dass von Produkt B nunmehr maximal 350 Stück. abgesetzt werden können. Gleichzeitig bietet ein Großabnehmer der Unternehmung kurzfristig einen Auftrag über (weitere) 500 Einheiten von Produkt C an. Er ist jedoch nur bereit, für die zusätzlichen 500 Stück € 78,- je Stück zu bezahlen. Die Spartenleitung steht vor der Entscheidung, ob der Zusatzauftrag in der jetzigen Situation angenommen werden soll. Wie ändern sich das gewinnmaximale Produktionsprogramm sowie das Periodenergebnis der Sparte 1 bei Annahme des Zusatzauftrages?

c)   Die Sparte 2 stellt seit kurzem einen starken Preisverfall im Absatzsegment der Rollschuhe fest. Die Spartenleitung steht nun vor der Entscheidung, die Produktion der Rollschuhe für 4 Monate stillzulegen und die Preisentwicklung abzuwarten. Bislang konnte sie 3.600 Paar (x_a) der Rollschuhe pro Jahr zu einem Preis von 120,- € (e) je Paar verkaufen. Die variablen Kosten (k_{var}) betragen 100,- € je Paar. Bei laufender Fertigung fallen für Wartungs- und Justierungsarbeiten monatlich fixe Kosten in Höhe von 30.000,- € (K_{fix}) an. Bei einer Stilllegung rechnet die Spartenführung mit einmaligen Wiederanlaufkosten in Höhe von 90.000,- € (WAK) und mit stillstandsdauerabhängigen Wiederanlaufkosten (wak) in Höhe von 15.000,- € je Stillstandsmonat (Anzahl der Stillstandsmonate = m). Bei welcher langfristigen Preisuntergrenze sollte eine Stilllegung des Produktionsbetriebes für 4 Monate durchgeführt werden? (Lösungshinweis: Es bietet sich an, mit den angegebenen Symbolen zuerst eine Entscheidungsregel für die kritische Preisuntergrenze zu formulieren.)

d)   Kundenbefragungen zufolge ist derzeit ein Preis (p) von € 70,- je Paar erzielbar. Wie lange dürfte dieser Preistiefstand maximal andauern (in Monaten), bevor eine Stilllegung für diesen Zeitraum sinnvoll wird?

Aufgabe 3.1.1.8: Eigenfertigung/Fremdbezug

In einer Unternehmung wird neben anderen Produkten eine Salathäckselmaschine (Produkt S) produziert. Die Maschine soll in verbesserter Form angeboten werden. Dazu ist ein zusätzliches Teil nötig, das in der Dreherei hergestellt oder zugekauft werden könnte. Die Dreherei war bisher mit der Bearbeitung folgender anderer Produkte ausgelastet:

Produkt	A	B	C	D
Maximale Menge [Stück]	500	400	600	350
Verkaufspreis [€/Stück]	18,-	25,-	15,-	20,-
Gesamte Kosten [€]	30.000,-			
Gesamte variable Kosten [€]	2.800,-	5.200,-	2.100,-	2.450,-
Fertigungszeit [min/Stück]	8	15	5	10
Kapazität der Dreherei [min]	16.500			

Daten des zusätzlichen Teils S	
Bedarf [Stück]	700
Kaufpreis [€/Stück]	23,-
Gesamte variable Kosten [€]	6.300,-
Fertigungszeit [min/Stück]	10

a) Soll das zusätzliche Teil eigengefertigt oder zugekauft werden? Wie würde bei Eigenfertigung das optimale Produktionsprogramm aussehen? Wie viel wird bei diesem Programm gegenüber dem ursprünglichen Programm mit Zukauf des Zusatzteiles eingespart?

b) Berechnen Sie, wie viel das Zusatzteil im Zukauf maximal kosten dürfte, damit sich eine Fertigung nicht lohnt.

Aufgabe 3.1.1.9: Programmplanung und Abweichungsanalyse

Eine Unternehmung der produzierenden Möbelindustrie möchte für ihre Sparte „Stühle" das gewinnmaximale Produktionsprogramm für die kommende Planperiode bestimmen. Bisher sind die drei Stuhlvarianten „Antik", „Robust" und „Komfort" angeboten worden, für welche die folgenden Daten vorliegen:

Stuhl-variante	maximale Absatzmenge [Stück/Periode]	Gesamtkosten je Produktart bei maximaler Absatzmenge [€/Periode]	variable Kosten [€/Stück]	Verkaufspreis [€/Stück]
Antik	200	12.500,-	54,-	60,-
Robust	200	7.000,-	32,-	36,-
Komfort	300	22.200,-	65,-	85,-

Alle Stuhlvarianten müssen bis zu ihrer Absatzreife in zwei Fertigungs-abteilungen bearbeitet werden, in denen sie folgende Bearbeitungszeiten benötigen:

Stuhlvariante	Bearbeitungszeiten [Stunden/Stück]	
	Fertigungsabteilung I	Fertigungsabteilung II
Antik	2	3
Robust	1	0,5
Komfort	4	4
maximale Kapazität [Stunden/Periode]	2.000	2.000

Aufgrund von vertraglichen Lieferverpflichtungen müssen von der Variante „Antik" mindestens 90 Stück in der Planperiode hergestellt werden.

a) Wie setzt sich das gewinnmaximale Produktionsprogramm für die kommende Planperiode zusammen? Welcher Nettogewinn ergibt sich maximal? Kennzeichnen Sie das von Ihnen angewandte Lösungs-verfahren.

b) Welches Problem ergibt sich, wenn sich die Periodenkapazität von Fertigungsabteilung II durch den Ausfall einer Maschine auf 1.450 Stunden reduziert? Mit welchem Verfahren könnte man dann das gewinnmaximale Produktionsprogramm bestimmen?

c) Die Unternehmung fertigt neben Stühlen auch Esstische, welche in Fertigungsabteilung III hergestellt werden. Für Fertigungsabteilung III liegen folgende Planwerte vor:

–   Geplante Ausbringungsmenge (=Planbeschäftigung): 160 [Stück/ Periode]

–   Standardfertigungszeit je Stück: 7 [Stunden/Stück]

–   Gesamte Plangemeinkosten bei Planbeschäftigung: 128.000,- [€/Periode]

–   Variable Gemeinkosten je Fertigungsstunde (zu Planpreisen): 98,- [€/Stunde]

Bei einer tatsächlichen Ausbringung von lediglich 140 Stück der Esstische in der Periode und einer Istfertigungszeit von insgesamt 980 Stunden fallen Istkosten (zu Planpreisen) in Höhe von € 131.500,- an. Führen Sie eine Abweichungsanalyse durch, indem Sie die relevanten Abweichungsarten berechnen. Veranschaulichen Sie Ihre Ergebnisse in einer geeigneten Graphik.

d) Interpretieren Sie die in Teilaufgabe a) berechneten Abweichungsarten. Diskutieren Sie, welche der ermittelten Abweichungen der Leiter von Fertigungsabteilung III zu verantworten hat.

Aufgabe 3.1.1.10: Programmplanung und Preispolitik

Die Laxoma AG stellt 4 standardisierte Industrieroboter her (Produkte A-D). Aufgrund einer Sanierung der eigenen Produktionsanlagen befindet sich Laxoma in einem Produktionsengpass. Es stehen nur noch 3.000 Fertigungsstunden für die Produktion im I. Quartal 2006 zur Verfügung. Alle bestehenden Lagerbestände wurden bereits veräußert. Laxoma plant derzeit das Produktionsprogramm für I/2006. Da es sich um einen kurzfristigen Lieferengpass handelt, möchte Laxoma seine etablierten Marktpreise nicht anpassen. Die entsprechenden Daten fasst die nachfolgende Tabelle zusammen:

	A	B	C	D
Deckungsbeitrag [€/Stk]	3.000	8.000	5.000	4.000
Auftragslage [Stk]	20	10	5	10
Fertigungszeit je Stück [h/Stk]	50	200	100	50

a) Bestimmen Sie das optimale Produktionsprogramm für I/2006.

b) Für die Ausstattung einer neuen Produktionslinie benötigt überraschend ein Automobilkonzern eine noch unbekannte Anzahl an Robotern (Produkt E). Auf Basis der übermittelten Anforderungen schätzen die Ingenieure, dass je Roboter Einzelkosten in Höhe von € 20.000 anfallen und die Herstellung 100 Fertigungsstunden je Stück in Anspruch nimmt. Bestimmen Sie die auftragsmengenabhängigen Preisuntergrenzen je Stück für den zusätzlichen Auftrag.

c) In den Verhandlungen erklärt der Automobilkonzern, dass er 20 Roboter des in b) genannten Typs benötigt. Als Preis werden € 24.900 je Stück geboten. Sollte Laxoma annehmen? Um welchen Betrag ändert sich der geplante Periodenerfolg in I/2006, wenn Laxoma den Auftrag annimmt?

d) Laxoma lehnt den Auftrag wegen persönlicher Differenzen ab. Der Vorstand der Laxoma AG erwägt nun allerdings eine Preisänderung für Produkt D. Die Marketing-Abteilung schätzt die Wirkungen von Preisänderungen bei Produkt D und berichtet über zwei Alternativen:

A1: Preiserhöhung um € 2.000; neue Nachfrage insgesamt 6 Stück
A2: Preissenkung um € 1.250; neue Nachfrage insgesamt 30 Stück

Wie wirken sich die Alternativen auf den Periodengewinn aus? Was raten Sie Laxoma: A1, A2 oder keine Preisänderung? Begründen Sie Ihre Antworten sorgfältig auf Basis von Rechnungen.

Aufgabe 3.1.1.11: Variatorrechnung und kurzfristige Erfolgsrechnung

Der Hersteller von Fußball-Schuhen O-Bein plant zu Beginn des Jahres 2006 die Herstellung des WM-Sondermodells Torgarantie. Für die Herstellung werden die drei Inputfaktoren Arbeit, Maschinenleistung und Rohstoffe benötigt. Für den Inputfaktor Arbeit fallen € 2.500 für Gehälter und € 0,20 Lohn je Fertigungsminute an.

Für den Inputfaktor Maschinenleistung wird eine Periodenabschreibung in Höhe von € 5.000 veranschlagt. Zudem fallen regelmäßige Instandhaltungsaufwendungen von 3.000 € pro Periode an. Die Kosten je Fertigungsminute belaufen sich auf € 0,10.

Der Bedarf für den Inputfaktor Rohstoffe wird von O-Bein mit 0,05 kg je Fertigungsminute geplant. Der Beschaffungspreis je Kilogramm Rohstoff beträgt $ 2. Der Wechselkurs liegt konstant bei 1,2 €/$.

a) Ermitteln Sie für jeden Inputfaktor eine beschäftigungsabhängige Kostenfunktion. Bestimmen Sie zudem für diese Kostenfunktionen jeweils den Variator. Gehen Sie hierzu von einer Planbeschäftigung von 72.000 Fertigungsminuten aus.

b) Geben Sie eine beschäftigungsabhängige Gesamtkostenfunktion an. Ermitteln Sie den Variator für eine Planbeschäftigung von 72.000 Fertigungsminuten. Erstellen Sie auf Basis der Gesamtkostenfunktion einen Stufenplan für 80%, 90%, 110% und 125% der Planbeschäftigung.

c) Der ambitionierte Kollege Schlaumeier nutzt die gleiche beschäftigungsabhängige Gesamtkostenfunktion. Jedoch ist er der Meinung, dass bei einer 90%-igen Istbeschäftigung die Kosten im Vergleich zur Planbeschäftigung um 8% sinken. Ist es möglich, dass die Aussage von Schlaumeier richtig ist? Begründen Sie Ihre Antwort.

d) Weiterhin hat O-Bein das Modell Chancentod im Sortiment. Für diesen Schuh liegen Ihnen folgende Informationen für das Geschäftsjahr 2005 vor:

Stückerlöse [€/Stk]	Fertigungs- material [€/Stk]	Fertigungs- löhne [€/Stk]	Maschinen- kosten [€/Stk]	Vertriebsge- meinkosten [€]	Fertigungs- menge [Stk]
80,-	25,-	6,-	12,-	324.000	50.000

Bezüglich der zu verrechnenden Gemeinkosten teilt Ihnen O-Bein mit, dass folgende Zuschlagssätze auf Basis der jeweiligen variablen Stelleneinzelkosten heranzuziehen sind:

Gemeinkosten	Fertigungsmaterial	Fertigungslöhne	Maschinenkosten
Zuschlagssatz	20%	25%	30%

Wider Erwarten kann O-Bein nur ein Viertel der Fertigungsmenge des Modells Chancentod absetzen. Berechnen Sie die Stück-Selbstkosten. Verwenden Sie für die Schlüsselung der Vertriebsgemeinkosten die Herstellkosten der abgesetzten Menge als Zuschlagsbasis.

e) Führen Sie für das Modell Chancentod die kurzfristige Erfolgsrechnung nach dem Umsatzkostenverfahren und nach dem Gesamtkostenver- fahren durch.

Aufgabe 3.1.1.12: Produktionsprogrammplanung

Sie arbeiten als Mitarbeiter/in der Controllingabteilung des Koffer- und Reisetaschenherstellers „Weltreise". Sie erhalten folgende produktspezi- fischen Informationen für den Monat Mai 2006:

Produkt	Max. Absatzmenge	Preis pro Stück (€)	Variable Kosten pro Stück (€)
Koffer "Travel"	1.000	160	100
Koffer „Fly"	2.000	90	60
Tasche „Groß"	800	250	160
Tasche „Klein"	3.100	50	30
Tasche „Spezial"	2.000	100	120

Außerdem fallen für den Bereich „Koffer", zu dem die Produkte "Travel" und „Fly" gehören, insgesamt 50.000 € Fixkosten an. Im Bereich „Reisetasche", zu dem die Produkte „Groß", „Klein" und „Spezial" gehören, entstehen insgesamt 100.000 € Fixkosten.

a) Ihr Chef fordert Sie auf, das Programm aus Kostensicht zu beurteilen und ggf. Programmänderungen vorzuschlagen. Berechnen Sie den höchstmöglichen Gewinn.

b) Der Leiter der Fertigung informiert Sie, dass die Reisetasche „Spezial" im Mai 2006 auf Grund technischer Probleme nicht produziert werden kann. Zusätzlich erhalten Sie folgende Informationen der Produktionsabteilung bezüglich der Maschinenkapazitäten und der benötigten Fertigungszeiten:

Maschine	Tage pro Monat	Std. pro Tag
Maschine A	31	24
Maschine B	20	10
Maschine C	20	8

	Maschine A (Fertigungsminuten)	Maschine B (Fertigungsminuten)	Maschine C (Fertigungsminuten)
Koffer "Travel"	5	2	1
Koffer „Fly"	11	4	3
Tasche „Groß"	2	2	1,5
Tasche „Klein"	2	1	0,4

Ihr Kollege ist der Ansicht, dass der in Teilaufgabe a) berechnete Gewinn nicht erreicht werden kann. Begründen Sie an Hand der Daten zur Produktion und zum Absatzprogramm, ob Sie seine Meinung teilen.

c) Der Leiter der Fertigung möchte wissen, welche Produkte er in welchen Mengen produzieren soll. Ermitteln Sie unter Berücksichtigung der gegebenen Kapazitäten das gewinnmaximale Produktionsprogramm.

d) Der Fertigungsleiter möchte die Laufzeit der Maschine B pro Tag um 3 Stunden verlängern. Dadurch entstehen zusätzliche Fixkosten für den Bereich „Reisetasche". Er möchte von Ihnen als Mitarbeiter der Controllingabteilung wissen, wie hoch die zusätzlichen Fixkosten im Bereich „Reisetasche" maximal ausfallen dürfen, damit sich die Verlängerung aus kostenorientierter Sicht noch lohnt.

3.1.2 Verfahren der Deckungsbeitragsrechnung

Aufgabe 3.1.2.1: Deckungsbeitragsrechnung

Die Geschäftsleitung der Jedermann KG, in der Sie mit frisch bestandenem Examen als Direktionsassistent tätig sind, bittet Sie um die Durchführung einiger Analysen und die Beurteilung der rechnerischen Ergebnisse. Die Jedermann KG fertigt die Produkte A, B und C.

Produkte	A	B	C
Verkaufspreise [€/Stück]	33,-	32,-	26,-
Produktions- und Absatz-mengen [Stück]	6.000	16.000	12.500
Selbstkosten [€]	156.000,-	508.800,-	285.000,-

a) Wie hoch ist für das abgelaufene Geschäftsjahr das Ergebnis pro Stück, pro Sorte und das Gesamtergebnis, wenn alle produzierten Erzeugnisse auch abgesetzt werden konnten?

b) Für das kommende Jahr rechnet man bei unveränderten Absatzpreisen und gleicher Kostenstruktur mit einem mengenmäßigen Absatzrückgang um 10% bei jeder Sorte. Wie ändert sich das Ergebnis pro Stück, pro Sorte und insgesamt, wenn sich die Selbstkosten auf € 143.640,-, € 478.080,- und € 261.000,- belaufen?

c) Worauf führen Sie die Veränderung des Gewinns zurück?

d) Die Geschäftsleitung schlägt vor, das Produkt B aus dem Produktionsprogramm zu streichen. Was halten Sie davon? (Zur Beurteilung berechnen Sie die Deckungsbeiträge pro Stück, je Sorte und den Gewinn der Periode für diesen Fall.)

e) Nach welchen Gesichtspunkten würden Sie eine solche Entscheidung treffen? Wie würde Sie in dem vorliegenden Fall lauten?

Aufgabe 3.1.2.2: Einfach und mehrfach gestufte Deckungs- beitragsrechnung

Eine Brauerei produziert vier Sorten Bier, "Export", "Pils", "Alt" und "Weizen". Die hergestellten Mengen, Kosten und Verkaufspreise sind in der untenstehenden Tabelle angegeben.

Erzeugnis	Einheit	untergärig		obergärig	
		Export	Pils	Alt	Weizen
Hergestellte Menge	[hl]	24.000	16.000	12.000	8.000
Verkaufte Menge	[hl]	20.000	18.000	10.000	9.000
Fertigungslöhne	[€]	180.000,-	160.000,-	102.000,-	60.000,-
Rohstoffe	[€]	120.000,-	80.000,-	72.000,-	48.000,-
Fixe FGK u. MGK	[€]	200.000,-	150.000,-	100.000,-	80.000,-
Variable FGK u. MGK	[€]	300.000,-	240.000,-	162.000,-	124.000,-
Variable Vw- u. VtGK	[€]	120.000,-	126.000,-	50.000,-	54.000,-
SEKVt	[€]	80.000,-	54.000,-	40.000,-	45.000,-
Verkaufspreis	[€/hl]	60,-	90,-	80,-	70,-

Fixe Verwaltungs- und Vertriebskosten insgesamt [€]		360.000,-
Erzeugnisgruppenfixkosten [€]	untergärig	160.000,-
	obergärig	80.000,-

a) Bestimmen Sie die variablen Kosten je hl (100 Liter) und die Deckungs-beiträge je hl für die vier Biersorten.

b) Führen Sie eine einfach und eine mehrfach gestufte Deckungsbeitrags-rechnung durch.

Aufgabe 3.1.2.3: Mehrfach gestufte Deckungsbeitrags-rechnung

In einer Unternehmung besteht der Fertigungsbereich aus den beiden Kostenstellen I und II. In der Kostenstelle I arbeiten die Maschinen 1 und 2. Auf der Maschine 1 wird das Produkt A gefertigt, auf der Maschine 2 die Pro-dukte B und C, in der Kostenstelle II das Produkt D. In der letzten Abrech-nungsperiode sind folgende Kosten angefallen:

Einzelkosten	Produkt A	Produkt B	Produkt C	Produkt D
Fertigungslöhne [€/Monat]	4.000,-	3.500,-	3.350,-	4.050,-
Fertigungsmaterial [€/Monat]	8.000,-	4.000,-	4.000,-	12.000,-
SEKVt [€/Monat]	990,-	437,-	345,-	826,-
Erzeugnisfixkosten [€/Monat]	1.350,-	---	2.200,-	1.350,-

Gemeinkosten		variabel [€]	fix [€]
Kostenstelle I	Maschine 1	2.850,-	1.700,-
	Maschine 2	3.000,-	1.250,-
	Rest		16.500,-
Kostenstelle II		2.300,-	11.000,-
Materialstelle		1.050,-	1.050,-
Verwaltungs- und Vertriebsstelle		2.717,-	16.000,-

Aus den Aufzeichnungen über die Maschinenbelegung ergibt sich, dass die Maschine 2 doppelt so lange mit der Fertigung des Produkts C beschäftigt war wie mit der Fertigung des Produkts B. Die hergestellten bzw. verkauften Mengen sowie die Verkaufspreise betrugen:

	Produkt A	Produkt B	Produkt C	Produkt D
Hergestellte Menge [Stück]	400	200	175	300
Abgesetzte Menge [Stück]	480	160	175	315
Verkaufspreis [€/Stück]	80,-	125,-	120,-	100,-

a)   Welche Zerlegungskriterien liegen der mehrstufigen Deckungsbeitragsrechnung zugrunde?

b)   Führen Sie eine mehrstufige Deckungsbeitragsrechnung für die Abrechnungsperiode durch, und bestimmen Sie den Nettoerfolg.

c)   Welche Vorschläge für die Sortimentspolitik würden Sie aus dem Ergebnis ableiten? Welche Anpassungsmöglichkeiten sehen Sie?

d)   Wie beurteilen Sie generell die Aussagefähigkeit der mehrstufigen Deckungsbeitragsrechnung?

Aufgabe 3.1.2.4:   Mehrfach gestufte Deckungsbeitragsrechnung

In einer Unternehmung werden die Produkte A, B, C und D hergestellt. Aus Produktion und Absatz einer Periode sind die untenstehenden Zahlen bekannt.

Produkt	A	B	C	D
Verkaufsmenge [Stück]	10.000	20.000	5.000	30.000
Preis je Einheit [€/Stück]	5,-	2,-	8,-	1,-
Variable VtK [€]	1.000,-	500,-	1.500,-	800,-
Variable HK [€]	10.000,-	20.000,-	10.000,-	10.000,-
Fixe HK [€]	500,-	---	10.000,-	8.000,-

Kostenstelle	Werkstatt 1 (Herstellung von A+B)	Werkstatt 2 (Herstellung von C+D)
Variable HK [€]	18.000,-	10.000,-
Fixe HK [€]	8.100,-	15.000,-

Fixe Herstellkosten der Produktion (Werkstatt 1+2):	€ 5.000,-
Variable Kosten der Unternehmensführung:	€ 5.000,-
Fixe Kosten der Unternehmensführung:	€ 10.000,-

Die Unternehmung besitzt einen BAB ausschließlich für die variablen Kosten. Darin werden die variablen Herstellkosten der Werkstätten 1 und 2 im Verhältnis der produktbezogenen variablen Herstellkosten auf die jeweiligen Produkte verteilt. Die variablen Kosten der Unternehmensführung werden im Verhältnis der produktbezogenen variablen Herstellkosten der Produkte A, B, C und D verteilt.

Ermitteln Sie den Nettogewinn mit Hilfe einer mehrfach gestuften Deckungsbeitragsrechnung.

Aufgabe 3.1.2.5: Mehrfach gestufte Deckungsbeitragsrechnung und Preisuntergrenze

Sie sind Mitarbeiter eines Unternehmens der Chemischen Industrie, das Seife und Waschmittel herstellt, und haben die Aufgabe, die Preisuntergrenze für die einzelnen Produkte sowie den Periodenerfolg zu ermitteln. Es stehen Ihnen die nachfolgenden Daten zur Verfügung:

Erzeugnis	Einheit	Seife		Waschmittel	
		fein	extra fein	sauber	extra sauber
Hergestellte Menge	[Stück]	2.000	1.600	3.000	2.000
Verkaufte Menge	[Stück]	1.600	1.600	2.600	1.500
Fertigungslöhne	[€]	2,50	2,50	0,75	0,75
Fertigungsmaterial	[€]	1,40	1,60	0,85	1,00
Variable Gemeinkosten	[€]	1,10	1,40	0,60	0,85
Erzeugnisfixkosten	[€]	1.200,-	640,-	3.600,-	3.600,-

Die Kosten für gezielte Werbemaßnahmen (Sondereinzelkosten des Vertriebs) und die realisierten Verkaufspreise sind nachstehend aufgeführt:

Erzeugnis		SEKVt [€]	Verkaufspreis [€/Stück]
Seife	fein	4.000,-	8,-
	extra fein	8.000,-	12,-
Waschmittel	sauber	5.200,-	6,-
	extra sauber	3.000,-	9,-

Es wurden für die Erzeugnisgruppe Seife € 500,- und für die Erzeugnisgruppe Waschmittel € 1.200,- an Erzeugnisgruppenfixkosten ermittelt. Die Unternehmensfixkosten betragen € 2.000,-.

a) Bestimmen Sie für die vier Einzelerzeugnisse die absolute Preisuntergrenze je Einheit.

b) Führen Sie eine mehrfach gestufte Deckungsbeitragsrechnung durch und ermitteln Sie den Nettoerfolg der Periode.

Aufgabe 3.1.2.6: Mehrfach gestufte Deckungsbeitragsrechnung und Preisuntergrenze, Riebel

In einer Unternehmung werden die Produkte A, B, C und D hergestellt. Für die kommende Periode sind folgende Planwerte ermittelt worden:

Produkt	A	B	C	D
Herstellungs-, Absatzmenge [Stück]	10.000	20.000	5.000	30.000
Stückpreis [€/Stück]	5,-	3,-	6,-	1,-
Variable HK der Periode [€]	10.000,-	20.000,-	10.000,-	10.000,-
Fixe HK der Periode [€]	20.500,-	15.000,-	12.000,-	2.200,-
Variable VtK der Periode [€]	1.000,-	500,-	1.500,-	800,-

Kostenstelle	Werkstatt 1 (Herstellung von A+B)	Werkstatt 2 (Herstellung von C+D)
Variable HK [€]	18.000,-	12.000,-
Fixe HK [€]	20.000,-	1.500,-

Fixe Herstellkosten der Produktion: €   5.000,-
(Werkstatt 1 und 2 zusammen)
Variable Kosten der Unternehmensführung: €   5.000,-
Fixe Kosten der Unternehmensführung: €   10.000,-

Die variablen Herstellkosten der Werkstätten 1 und 2 werden im Verhältnis der den Produkten direkt zurechenbaren variablen HK auf die in jeder Werkstatt bearbeiteten Produkte verteilt. Die variablen Kosten der Unternehmensführung werden im Verhältnis der variablen Herstellkosten auf die Produkte verteilt.

a) Berechnen Sie den Periodengewinn über eine mehrstufige Deckungsbeitragsrechnung.

b) Bestimmen Sie für jedes Produkt die absolute Preisuntergrenze.

c) Welche Maßnahme schlagen Sie zur Verbesserung des Gewinns vor? Geben Sie an, wie sich diese Maßnahme auf den geplanten Periodengewinn auswirken würde.

d) Zeigen Sie an diesem Beispiel die erhöhte Aussagefähigkeit der mehrstufigen gegenüber der einstufigen Deckungsbeitragsrechnung.

e) Wie würde sich eine Deckungsbeitragsrechnung auf der Grundlage der Relativen Einzelkostenrechnung (System nach Paul Riebel) von der hier durchgeführten Rechnung unterscheiden? Zeigen Sie zumindest zwei Unterschiede auf.

Aufgabe 3.1.2.7: Mehrdimensionale Deckungsbeitragsrechnung

Die Firma Sport-Lich GmbH betreibt Versandhandel mit den zwei Skitypen Hölzl P 19 und Ästle RX. Beliefert werden die Absatzgebiete Nielsen I und Nielsen II. Sport-Lich differenziert zwischen den beiden Kundengruppen Damen und Herren. Sie sind als Trainee der Geschäftsführung damit beauftragt, die Kunden, Absatzgebiete sowie Skitypen hinsichtlich ihres Erfolgsbeitrages zu beurteilen. Folgendes Zahlenmaterial hat Ihnen die Abteilung "Internes Rechnungswesen" für den letzten Monat zur Verfügung gestellt: Die Fixkosten der Unternehmung betragen € 15.000,-.

	Fixkosten Montageabteilung	Versandeinzelkosten je Paar [€]	Bezugspreise je Paar [€]	Verkaufspreise je Paar [€]
Hölzl P 19	7.800,-	9,-	370,-	749,-
Ästle RX	6.900,-	19,-	300,-	599,-

	Nielsen I [€]	Nielsen II [€]
Kosten der Kundenberatung		
Herren	10.000,-	10.000,-
Damen	5.000,-	12.000,-
Kosten der Versandagenturen	10.000,-	8.000,-
Gehalt Verkaufssachbearbeiter		
Hölzl P 19	70.000,-	20.000,-
Ästle RX	40.000,-	25.000,-

Absatzzahlen Herren	Hölzl P 19 [Paar]	Ästle RX [Paar]
Nielsen I	200	100
Nielsen II	100	100
Absatzzahlen Damen		
Nielsen I	100	40
Nielsen II	20	10

a) Welche Kombinationsmöglichkeiten zur Untersuchung der Erfolgsbeiträge sehen Sie, wenn Sie das Verfahren der mehrstufigen Deckungsbeitragsrechnung mehrdimensional anwenden? Veranschaulichen Sie Ihre Antwort an einem Würfel.

b) Besonders interessieren Sie zwei Betrachtungsweisen:
1. Hierarchie: Absatzgebiet-Kundengruppe-Produktgruppe
2. Hierarchie: Produktgruppe-Absatzgebiet-Kundengruppe

Berechnen Sie jeweils das Betriebsergebnis, indem Sie es mehrdimensional mehrstufig zerlegen.

c) Welche Empfehlungen geben Sie der Geschäftsführung anhand der unter b) erarbeiteten Ergebnisse?

Aufgabe 3.1.2.8: Mehrfach gestufte Deckungsbeitragsrechnung

Sie sind Unternehmensberater der Consult & Partner. Ihr Klient, ein Autozulieferer, beauftragt Sie herauszufinden, wie es zu einem Verlust in seinem Geschäft kommen konnte. Da Sie eine erstklassige Ausbildung im Controlling genossen haben, führen Sie eine mehrfach gestufte Deckungsbeitragsrechnung durch. Ihrer Rechnung liegen die folgenden Daten zugrunde:

Einzelkosten [€/Stück]	Vergaser	Einspritzpumpe	Wasserpumpe
Material	20,-	40,-	15,-
Löhne	70,-	110,-	40,-
Vertrieb	5,-	12,-	5,-

Kostenstellenkosten [€/Stück]	variabel	fix
Stelle I	64.000,-	60.000,-
Stelle II	30.000,-	40.000,-

Die Vergaser und die Einspritzpumpen durchlaufen nur die Kostenstelle I. Ein Vergaser belastet die Stelle I mit zwei Fertigungsstunden je Stück, eine Einspritzpumpe mit einer Stunde. Die Wasserpumpen werden nur auf der Stelle II gefertigt.

Der Zulieferer beschränkt sich auf die Absatzgebiete Deutschland und Frankreich. Das Vertriebsnetz besteht aus selbständig arbeitenden Handelsvertretungen, für die man einen Fixkostenanteil übernimmt und zum anderen Provisionen zahlt. Die Fixkosten in Deutschland belaufen sich auf € 25.000,- und in Frankreich auf € 15.000,-.

Provisionen auf den Umsatz in %	Vergaser	Einspritzpumpe	Wasserpumpe
Deutschland	3 %	12 %	---
Frankreich	5 %	12 %	4 %

Die Absatz- und Herstellmengen sowie die Absatzpreise betragen:

Produkt	Gebiet	Menge in Stück	Preis in €/Stück
Vergaser	Deutschland	3000	110,-
	Frankreich	2000	120,-
Einspritzpumpe	Deutschland	4000	210,-
	Frankreich	2000	250,-
Wasserpumpe	Deutschland	6000	60,-
	Frankreich	4000	65,-

Die Unternehmensfixkosten betragen einschließlich Ihres Beraterhonorars 83.840,- €.

a)   Führen Sie eine mehrfach gestufte Deckungsbeitragsrechnung durch. Sie vermuten, dass ein Produkt in einem der beiden Absatzgebiete einen negativen Erfolgsbeitrag besitzt. Bauen Sie Ihre Deckungsbeitragsrechnung entsprechend auf.

b) Welche Maßnahmen schlagen Sie vor? Begründen Sie Ihre Empfehlungen.

Aufgabe 3.1.2.9: Fixkostendeckungsrechnung

Produktarten	A	B	C	D	E
Deckungsbeitrag I je Produktart [€] Produktionsfixkosten	4.701,-	3.503,-	4.522,- 100,-	4.819,-	5.009,-
Deckungsbeitrag II					
Produktgruppen		I		II	III
Deckungsbeitrag III Produktgruppenfixkosten		150,-		--	250,-
Deckungsbeitrag IV					
Kostenstellenbereiche		1			2
Deckungsbeitrag V Bereichsfixkosten		4.295,-			4.795,-
Deckungsbeitrag VI					
Deckungsbeitrag VII Unternehmensfixkosten			690,-		
Kalkulatorischer Periodenerfolg			12.274,-		

Ignaz Knete, von der Aussagekraft der Vollkostenrechnung unbefriedigt, sucht neue Möglichkeiten, seine Perioden- und Produkterfolge zu kalkulieren. Dabei stößt er auf die Fixkostendeckungsrechnung und erhofft sich von ihr qualitativ bessere Ergebnisse. Er spaltet die Fixkosten auf und ordnet sie den Produkten und verschiedenen Abrechnungsbezirken zu. Da jetzt die Prozentsätze vorliegen, möchte Herr Ignaz Knete den Nettogewinn pro Stück des modifizierten Produktes AA ermitteln, von dem nur die variablen Stückkosten und der Preis bekannt sind, das aber die gleiche Kostenstruktur hat wie Produkt A.

a) Führen Sie die retrograde Kostenträgerzeitrechnung der Fixkostendeckungsrechnung durch, bei der Sie die Zuschlagssätze für die Fixkostenanteile ermitteln.

b) Ermitteln Sie durch retrograde und progressive Kalkulation der Fixkostendeckungsrechnung den Nettogewinn des Produktes A und durch progressive Kalkulation den Nettogewinn des Produktes AA.

Produkt	A (retrograd)	A (progressiv)	AA (progressiv)
Nettoerlöse [€]	34,-	34,-	40,-
Variable Stückkosten [€]	23,32	23,32	27,98
Nettogewinn [€/Stück]	6,50	6,50	7,-

c) Liegt in der Fixkostendeckungsrechnung eine verursachungsgerechte Kostenzurechnung vor?

Aufgabe 3.1.2.10: Deckungsbeitragsrechnung

Nach erfolgreichem Abschluss Ihres Examens beginnen Sie eine Tätigkeit als Assistent der Geschäftsleitung. Das Unternehmen, für welches Sie arbeiten, produziert Personal Computer (PC) und Workstations (WS). Die PCs werden sowohl von Privat- als auch Firmenkunden nachgefragt. Die WS hingegen werden aufgrund ihrer besonderen Konfiguration primär von Firmenkunden gekauft. Im Zuge der Globalisierung wurden die Vertriebstätigkeiten von Deutschland auf China ausgeweitet, produziert wird aber bislang ausschließlich in Deutschland. Beim Verkauf der eigentlichen Hardware (PCs und WS) wird nach Möglichkeit ein Servicevertrag für jedes Gerät abgeschlossen. Aus dem Abschluss dieses Servicevertrages resultiert einerseits ein zusätzlicher Stückerlös, andererseits führt dies dazu, dass Kapazitäten für die Erbringung von Wartungs- und Serviceleistungen in den Absatzgebieten bereitgehalten werden müssen. Aus dem internen Rechnungswesen stehen Ihnen folgende Plandaten für die kommende Periode zur Verfügung.

Die geplanten Erlös- und Absatzmengeninformationen für Deutschland stellen sich folgendermaßen dar:

Deutschland	Verkaufserlös [€/Stück]	Erlös aus Abschluss des Servicevertrages [€/Stück]	Absatzmenge [Stück/Periode]
PC	1.200,-	500,-	3.500
WS	2.500,-	800,-	10.000

Aufgrund einer unvollständigen Datenübermittlung über das internetbasierte Informationssystem liegen Ihnen die Plandaten aus China in folgender Form vor:

China	PC	WS
Verkaufserlöse [€/Periode]	3.810.000,-	4.500.000,-
Erlöse aus dem Abschluss von Serviceverträgen [€/Periode]	1.750.000,-	1.050.000,-

Hinsichtlich der prognostizierten Kosten für die Fertigung der geplanten Produktionsmengen im deutschen Werk verfügen Sie über folgende Informationen:

	PC	WS
Fertigungsmaterial [€/Stück]	400,-	600,-
Fertigungslöhne [€/Stück]	500,-	1.000,-
Werksfixkosten [€/Periode]	5.000.000,-	
Produktionsmenge [Stück/Periode]	8.500	11.500

Daneben entstehen geplante Sondereinzelkosten des Vertriebs. Außerdem fallen sowohl in China als auch in Deutschland fixe Vertriebsgemeinkosten an:

Vertriebskosten	China	Deutschland
Sondereinzelkosten des PC-Vertriebs [€/Stück]	210,-	85,-
Sondereinzelkosten des WS-Vertriebs [€/Stück]	925,-	264,-
Fixe Vertriebsgemeinkosten [€/Periode]	500.000,-	6.000.000,-

Schließlich sind für die kommende Periode Unternehmensfixkosten in Höhe von 3.500.000,- € sowie folgende fixe Gemeinkosten für die Bereithaltung der Kapazitäten zur Erbringung der vertraglich vereinbarten Wartungs- und Serviceleistungen geplant:

	China	Deutschland
PC-Wartung & Service [€/Periode]	225.000,-	325.000,-
WS-Wartung & Service [€/Periode]	400.000,-	700.000,-

Aufgrund der hohen Nachfrage nach PCs und WS ist für die Planperiode davon auszugehen, dass alle produzierten Einheiten auch abgesetzt werden, und dass für jeden PC und jede WS sowohl in China als auch in Deutschland ein Servicevertrag abgeschlossen werden wird.

a)   Berechnen Sie die geplanten variablen Selbstkosten sowie die geplanten Stück-Deckungsbeiträge je PC und WS für beide Absatzgebiete.

b)   Ermitteln Sie den geplanten kalkulatorischen Periodenerfolg mit Hilfe der mehrstufigen Deckungsbeitragsrechnung [Anmerkung: Die Geschäftsleitung möchte eine hierarchische Gliederung zunächst nach Absatzgebieten (China und Deutschland) und dann nach Produkten (PCs und WS)].

c)   Interpretieren Sie Ihre Ergebnisse und diskutieren Sie mögliche Empfehlungen für die Geschäftsleitung.

d)   Welche Möglichkeiten sehen Sie hinsichtlich des Ausbaus Ihrer Rechnung? Welche zusätzlichen Informationen lassen sich dadurch gewinnen und wofür könnten diese verwendbar sein? Wo liegen die Grenzen?

3.2 Teilkostenrechnung auf der Basis relativer Einzelkosten

Aufgabe 3.2.1:   Relative Einzelkosten- und Deckungsbeitragsrechnung

a) Erarbeiten Sie die Grundprinzipien der relativen Einzelkosten- und Deckungsbeitragsrechnung nach Paul Riebel.

b) Definieren Sie Leistungskosten und Bereitschaftskosten. Halten Sie die Wahl dieser Bezeichnungen für zweckmäßig?

c) Kennzeichnen Sie die wesentlichen Unterschiede zwischen der Kilgerschen Grenzplankostenrechnung und der Riebelschen Einzelkosten- und Deckungsbeitragsrechnung anhand geeigneter Kriterien.

Aufgabe 3.2.2:   Relative Einzelkosten- und Deckungsbeitragsrechnung

Für die Erstellung einer Grundrechnung der Kosten im Rahmen der Einzelkosten- und Deckungsbeitragsrechnung seien folgende Daten (Preise und Kosten) für den Monat August 2003 gegeben.

Produkt	Produktions- und Absatzmenge [Stück]	Produkt- preise [€/Stück]	Verpackung und Fracht [€/Stück]	Lizenzgebühr [€/Stück]	Material- kosten [€/Stück]
1	5.000	45,-	2,-		15,-
2	3.500	80,-	3,-		20,-
3	2.000	65,-	1,50	0,50	32,50

Zurechnungs- objekte	Hilfsstoff- kosten [€]	Energiekosten [€]		Überstunden- löhne [€]
		erzeugnis- abhängig	erzeugnis- unabhängig	
Fertigungsstelle 1	7.600,-	2.000,-		3.000,-
Fertigungsstelle 2	3.500,-	1.000,-		1.800,-
Fertigungsstelle 3	3.800,-	2.000,-	1.000,-	
Verwaltungsstelle			3.000,-	
Vertriebsstelle			2.000,-	

Zurechnungs-objekte	Personalkosten [€]	
	monatliche Kündigung	vierteljährliche Kündigung
Fertigungsstelle 1	15.000,-	10.000,-
Fertigungsstelle 2	10.000,-	5.000,-
Fertigungsstelle 3	7.500,-	7.500,-
Verwaltungsstelle		12.000,-
Vertriebsstelle		16.500,-

Der Provisionssatz beträgt jeweils 10% des Umsatzes (Verkaufserlös) für die Produkte 1 und 2 und 12% des Umsatzes für das Produkt 3.

Die für das Geschäftsjahr zu entrichtende Vermögensteuer wurde mit € 8.250,- festgelegt, die Miete für das Gebäude, in dem die Kostenstellen 2 und 3 untergebracht sind (bei halbjährlicher Kündigungsfrist), beträgt € 16.000,- monatlich. Des weiteren befinden sich selbsterstellte Anlagen in Fertigungsstelle 3 im Wert von € 25.000 und in der Vewerwaltungsstelle im Wert von € 20.000.

a) Erstellen Sie auf der Basis der angeführten Daten eine Grundrechnung der Kosten nach den Prinzipien der Einzelkosten- und Deckungsbeitragsrechnung. Benutzen Sie den nachfolgenden Kostensammelbogen.

b) Nennen Sie die Unterschiede zwischen einer Grundrechnung der Kosten im Rahmen der Einzelkosten- und Deckungsbeitragsrechnung (Kostensammelbogen) und dem traditionellen Betriebsabrechnungs-bogen.

c) Erstellen Sie auf Grundlage des Kostensammelbogens eine Deckungs-beitragsrechnung unter Beachtung der Riebelschen Prinzipien. Beachten Sie, dass Sie eine geeignete Hierarchie der Bezugsgrößen entwickeln. Unterstellen Sie, dass Produkt 1 auf Fertigungsstelle 1, Produkt 2 auf Fertigungsstelle 2 und Produkt 3 auf Fertigungsstelle 3 gefertigt wird.

d) Erläutern Sie anhand einer exemplarischen Berechnung für Fertigungsstelle 1 den Inhalt des Deckungsbudgets, das Riebel für Zwecke der Praxis einführt. Nehmen Sie dabei für die selbsterstellten Anlagen eine Nutzungsdauer von 5 Jahren an.

Kostenkategorie		Zurech-nungs-objekte	Produkt	Fertigungsstelle				Verwal-tungs-stelle	Ver-triebs-stelle	Unter-nehmen
			1 2 3	1	2	3	2/3			
absatz-abhängig	umsatz-wertab-hängig									
	auftrags-abhängig									
erzeug-nisab-hängig										
ge-schlos-sene Periode	ohne zeitliche Bindung									
	monat-liche Bindung									
	1/4 jährliche Bindung									
	1/2 jährliche Bindung									
	jährliche Bindung									
offene Periode	aktivie-rungs-pflichtig									
	nicht aktivie-rungs-pflichtig									

Aufgabe 3.2.3: Deckungsbeitragsrechnung in der Grenzplankostenrechnung und relative Einzelkosten- und Deckungsbeitragsrechnung

Ein kleines Unternehmen produziert und vertreibt die drei Produkte A, B und C. Die Produkte A und B werden in Fertigungsstelle I, Produkt C in Fertigungsstelle II hergestellt. Eigene Räume und Maschinen besitzt das Unternehmen nicht, sondern es hat die erforderlichen Anlagen und Räume gemietet. Die Mietverträge haben eine monatliche Kündigungsfrist. Allen im Unternehmen angestellten Mitarbeitern kann nur unter Beachtung einer vierteljährlichen Kündigungsfrist gekündigt werden. Für den Monat Januar liegen Ihnen folgende Plandaten vor:

Produkt	Produktions-/ Absatzmenge [Stück]	Produktpreise [€/Stück]	Materialeinzel- kosten [€/Stück]	Fertigungsdauer [Min./Stück]
A	10.000	20,-	14,-	1,8
B	8.000	12,50	10,-	1,5
C	6.000	30,-	16,-	2,0

Für alle drei Produkte fällt eine Verkaufsprovision von jeweils 10 % des Umsatzes an. Die folgenden Gemeinkosten planen Sie für den Monat Januar:

Gemeinkostenart	Fertigungsstelle I	Fertigungsstelle II	Verwaltung- und Vertrieb
Energie		5.000,-	
Fertigungslöhne	40.000,-	30.000,-	
Mieten	30.000,-	20.000,-	20.000,-
Gehälter			5.000,-

a) Erstellen Sie eine Deckungsbeitragsrechnung für den Monat Januar nach den Prinzipien der Grenzplankostenrechnung. Verteilen Sie – wenn notwendig – die Fertigungslöhne und die Energiekosten als variable Gemeinkosten auf Basis der in Anspruch genommenen Fertigungsdauer auf die Produkte. Die Gehälter und Mieten sind als fix anzusehen.

b) Welche Vorschläge bezüglich des Produktionsprogramms im Januar würden Sie auf Basis Ihrer Ergebnisse unterbreiten?

c)   Erstellen Sie nun eine Deckungsbeitragsrechnung streng nach den Prinzipien der Relativen Einzelkostenrechnung nach Riebel. Die Energiekosten sind erzeugnisabhängig. Nehmen Sie zusätzlich an, dass in den Folgemonaten die gleichen Plandaten vorliegen.

d)   Würden Sie auf Basis der Relativen Einzelkostenrechnung einen anderen Vorschlag bezüglich der kurzfristigen Sortimentspolitik im Januar machen? Warum? Welche der beiden Rechnungen liefert Ihrer Meinung nach im gegebenen Fall eine bessere Entscheidungsgrundlage? Begründen Sie Ihre Ansicht.

3.3 Betriebsplankosten- und -erlösrechnung

Aufgabe 3.3.1: Betriebsplankosten- und -erlösrechnung

a) Welches Verfahren der Kostenplanung legen Laßmann/Wartmann bei ihrer Betriebsplankosten- und -erlösrechnung zugrunde?

b) Welches ist die zentrale Ziel- und Steuerungsgröße im System der Betriebsplankosten- und -erlösrechnung?

c) Verwenden Sie folgenden Merkmalskatalog zur Beurteilung der Betriebsplankosten- und -erlösrechnung:
   - Basisgrößen
   - Rechnungsziele
   - zugrundeliegende Kostenfunktion
   - Grundprinzipien der Kostenrechnung
   - Kostenverteilung

d) Erläutern Sie das System der von Laßmann verwendeten Funktionen zur Erfassung des Betriebsgeschehens.

e) Erläutern Sie kurz die wesentlichen Gemeinsamkeiten sowie Unterschiede zur Kilgerschen Grenzplankostenrechnung.

f) Wie beurteilen Sie die Anwendbarkeit der Betriebsplankosten- und -erlösrechnung in der Praxis?

Aufgabe 3.3.2: Betriebsplankosten- und -erlösrechnung mit Abweichungsanalyse

Führen Sie für den Monat Februar eine Periodenerfolgsplanung durch. Ihrer Planung liegen folgende Einsatzgüter und Einflussgrößen zugrunde:

Kostengüter r		Einflussgrößen e	
r_1	Arbeitsstunden	1	Rechenwert
r_2	Koksofengas	e_1	Schmelzzeit
r_3	Heizöl	e_2	Kochzeit
r_4	Instandhaltungsstunden	e_3	Anzahl Schmelzen
r_5	Kalkulatorische Kosten	e_4	Monatsfaktor

Weiterhin wurden Ihnen für den Monat Februar folgende Planzahlen zur Verfügung gestellt:

Von den Arbeitsstunden werden 1.000 Stunden als fix abgerechnet. Weiterhin fallen 4,3 Arbeitsstunden je Stunde Schmelze an. Koksofengas wird je Monat mit 10.000 m^3 fix und je Schmelzstunde mit 2,3 m^3 sowie je Kochstunde mit 1,0 m^3 veranschlagt. Der Heizölverbrauch je Monat beträgt 25.000 l für die Verwaltungs- und Fabrikbeheizung sowie 25 l je Schmelzstunde und 10 l je Kochstunde. Zusätzlich entstehen 750 l Heizölverbrauch je Arbeitstag (Monatsfaktor). Instandhaltungsstunden fallen monatlich kalenderzeitabhängig 60 für Inspektion sowie abhängig von der Schmelzzeit 0,05 je Schmelzstunde an. Die Instandhaltungsstunden verringern sich jedoch, wenn die Anzahl der Schmelzen je Monat steigt: Faktor -0,2. Kalkulatorische Kosten sind als Recheneinheiten mit € 5.000,- fix und € 20,- je Schmelzstunde zu berücksichtigen.

Folgendes Erzeugnisprogramm ist für den Februar geplant: Produkt x_1 1.000 Tonnen, Produkt x_2 2.000 Tonnen und Produkt x_3 1.500 Tonnen. Der Monat Februar hat 20 Arbeitstage (als Monatsfaktor zu wählen), die Anzahl der Schmelzen wird voraussichtlich 40 betragen. Folgende Erzeugnisprogrammkoeffizienten werden Ihnen von der Abteilung "Betriebsabrechnung" genannt:

		x_1	x_2	x_3
Schmelzzeit	[h/t]	2	5	1
Kochzeit	[h/t]	3	10	7

Folgende Kosten legen Sie Ihrer Planung zugrunde:

Arbeitsstunden	[€/h]	48,00
Koksofengas	[€/m^3]	23,00
Heizöl	[€/l]	0,68
Reparaturkosten	[€/h]	49,00
Kalkulatorische Kosten	[€/RE]	1,50

Die Planung der Erlöse wurde von Ihrem Kollegen übernommen und mit € 5.900.000,- veranschlagt.

a) Erstellen Sie eine Planungsrechnung für den Monat Februar. Gehen Sie dabei nach dem Verfahren der Betriebsplankosten- und -erlösrechnung in der folgenden Reihenfolge vor:

1. Kostengüter-Einflussgrößen-Funktion (1)
2. Einflussgrößen-Erzeugnisprogramm-Funktion (2)
3. (2) in (1) einsetzen
4. Kostenfunktion
5. Erlösfunktion (hier vereinfacht als Absolutbetrag vorgegeben)
6. Periodenerfolg (Plan)

b) Am 2. März erhalten Sie folgende Ist-Daten: Die Produktion von x_1 beträgt 1.020 Tonnen (entscheidungsbedingt). Die Schmelzzeit für eine Tonne x_1 betrug entgegen der Planung 2,5 Stunden. Der Heizölpreis erhöhte sich auf € 0,70, die Erlöse betrugen € 6.001.143,83. Ansonsten sei der Einfachheit halber unterstellt, daß die Istdaten den Planzahlen entsprachen.

Führen Sie eine entsprechende Abweichungsanalyse durch, bei der Sie die Erzeugnisprogrammabweichung, die Preisabweichung 1. Grades, die Abweichung 2. Grades und die Leistungsabweichung bestimmen. Anschließend ist der Ist-Periodenerfolg zu ermitteln.

Aufgabe 3.3.3: Betriebsplankosten- und -erlösrechnung mit Abweichungsanalyse

In einem Aluminiumwarmwalzwerk führen Sie eine Periodenerfolgsplanung für den Monat Juli durch. Dabei berücksichtigen Sie folgende Kostengüter und Einflussgrößen:

Kostengüter r		Einflussgrößen e	
r_1	Arbeitsstunden	1	Rechenwert
r_2	Strom	e_1	Aufwärmzeit
r_3	Erdgas	e_2	Anzahl Walzvorgänge
r_4	Kalkulatorische Kosten	e_3	Monatsfaktor

Ferner haben sie folgende Informationen:

500 Arbeitsstunden werden als fix betrachtet. Je Stunde der Aufwärmzeit fallen zusätzlich 3 Arbeitsstunden an, jeder Walzvorgang erfordert 7 Arbeitsstunden. Der Stromverbrauch lässt sich aufschlüsseln in eine fixe Komponente von 1.000 kWh und einflussgrößenabhängige Komponenten im Umfang von 2 kWh je Aufwärmstunde, 25 kWh je Walzvorgang und 30 kWh je Arbeitstag (Monatsfaktor). Der Erdgasverbrauch beträgt für jede Aufwärmstunde 2 m³ und 16 m³ für jeden Arbeitstag. Kalkulatorische Kosten

sind mit 5.000 fixen Recheneinheiten [RE] und 260 RE je Walzvorgang zu berücksichtigen.

Im Monat Juli sollen zwei verschiedene Aluminiumsorten gewalzt werden, die geplante Bearbeitungsmenge der Sorte x_1 beträgt 1.000 t, die der Sorte x_2 800 t. Je Tonne von x_1 ist eine Aufwärmzeit von 0,5 Stunden, je Tonne von x_2 von 0,8 Stunden erforderlich. Der Monat Juli hat 21 Arbeitstage (als Monatsfaktor zu wählen), an denen insgesamt voraussichtlich 210 Walzvorgänge anfallen werden.

Der Planung werden folgende Kosten zugrunde gelegt:

Arbeitsstunden	[€/h]	34,00
Strom	[€/kWh]	0,08
Erdgas	[€/m^3]	1,20
Kalkulatorische Kosten	[€/RE]	1,00

Die geplanten Periodenerlöse betragen € 280.000,-.

a)   Erstellen Sie eine Planungsrechnung für den Monat Juli nach dem Verfahren der Betriebsplankosten- und -erlösrechnung von Laßmann.

b)   Nach Ablauf des Monats wird festgestellt, daß im Juli tatsächlich 850 t Aluminium der Sorte x_2 gewalzt worden sind. Gleichzeitig sind aufgrund eines Standortsicherungsprogramms die Kosten je Arbeitsstunde um 10 % gesunken. Alle anderen Planangaben waren zutreffend. Berechnen Sie die Erzeugnisprogrammabweichung, die Preisabweichung, die Abweichung 2. Grades sowie die Gesamtkostenabweichung.

Aufgabe 3.3.4:   Periodische Planerfolgsrechnung mit Abweichungsanalyse

In einem Stahlgusswerk zur Herstellung von Pressen hat Ihr Assistent eine Periodenerfolgsplanung für den Monat Februar durchgeführt. Nach Abschluss seiner Planungsrechnung sind jedoch Daten abhanden gekommen. Sie versuchen nun, seine Rechnung zu rekonstruieren. Dabei gehen Sie von folgenden Einflussgrößen, Kostengütern (KG) sowie geplanten gesamten Einsatzmengen dieser Kostengüter aus:

Kostengüter	geplante gesamte Einsatzmengen r_i der Kostengüter	Einflussgrößen
KG 1: Arbeitsstunden	r_1=23.900 Stunden	1: Rechenwert
KG 2: Strom		e_1: Aufwärmstunden
KG 3: Erdöl	r_3=9.470 Liter	e_2: Anzahl Gießvorgänge
KG 4: Kalkulatorische Kosten	r_4=530.000 Recheneinheiten	e_3: Monatsfaktor

Ferner haben Sie folgende Informationen: 300 Arbeitsstunden werden als fix betrachtet. Des weiteren fallen je Aufwärmstunde 4 Arbeitsstunden an, und jeder Gießvorgang erfordert 9 Arbeitsstunden. Der Stromverbrauch lässt sich aufschlüsseln in eine fixe Komponente von 800 Kilowattstunden (kWh) und einflussgrößenabhängige Komponenten im Umfang von 10 kWh je Aufwärmstunde, 5 kWh je Gießvorgang und 30 kWh je Arbeitstag (Monatsfaktor). Vom Erdölverbrauch werden 20 Liter (l) als fix abgerechnet. Weiterhin beträgt der Erdölverbrauch für jede Aufwärmstunde 2 l und 50 l für jeden Arbeitstag. Kalkulatorische Kosten sind mit 100 Recheneinheiten (RE) je Aufwärmstunde und 150 RE je Gießvorgang zu berücksichtigen.

Im Monat Februar sollen zwei verschiedene Gusssorten erzeugt werden. Die geplante Produktionsmenge der Sorte x_1 beträgt 2.000 Tonnen, die der Sorte x_2 1.700 Tonnen. Es wird geplant, im Februar an 25 Tagen zu produzieren (als Monatsfaktor zu wählen), an denen insgesamt voraussichtlich 800 Gießvorgänge anfallen werden. Ferner wissen Sie lediglich, dass je Tonne der Sorte x_1 1,2-mal so viele Aufwärmstunden wie für eine Tonne der Sorte x_2 benötigt werden.

Der Planung werden folgende Kosten zugrunde gelegt:

Arbeitsstunden	[Euro/Stunde]	42,00
Strom	[Euro/Kilowattstunde]	0,12
Erdöl	[Euro/Liter]	1,75
Kalkulatorische Kosten	[Euro/Recheneinheit]	1,20

Die geplanten Verkaufsmengen entsprechen den Herstellungsmengen der beiden Sorten, Lagerbestände liegen nicht vor. Der Verkaufspreis wird mit 390,- € je Tonne für die Sorte x_1 und 360,- € je Tonne für die Sorte x_2 veranschlagt. Das geplante Periodenergebnis, das Ihr Assistent errechnete, beläuft sich auf einen Verlust von 269.958,50 €.

a)   Ermitteln Sie entsprechend dem Verfahren der periodischen Planerfolgs- bzw. Betriebsplankosten- und –erlösrechnung nach Laßmann, ausgehend vom geplanten Periodenergebnis, die Gesamtkosten und stellen Sie dann die Kosten-, Produktions- sowie Einflussgrößen-Erzeugnisprogramm-Funktion mit den vollständigen Plandaten für Februar auf.

b)   Nach Ablauf des Monats stellen Sie fest, dass im Februar entscheidungsbedingt nur 1.900 Tonnen Stahl der Sorte x_1 und 1.500 Tonnen der Sorte x_2 produziert worden sind. Zugleich stiegen die Kosten je Liter Erdöl auf 1,82 € an, während der kalkulatorische Kostensatz auf 1,05 € je Recheneinheit korrigiert werden musste. Alle übrigen Planangaben waren zutreffend. Berechnen Sie die Erzeugnisprogrammabweichung, die Preisabweichung, die Abweichung 2. Grades sowie die Gesamtkostenabweichung.

4. Steuerungsorientierte Systeme der Kostenrechnung

4.1 Standardkostenrechnung

Aufgabe 4.1.1: Standardkostenrechnung

Bei Zugrundelegung minimaler Güterverbräuche lässt sich die Gesamtkostenfunktion K einer Kostenstelle wie folgt darstellen. Die Variable x steht für die Ausbringungsmenge.

$$K = \begin{cases} 4{,}51 \cdot x + 2.650 & 0 \leq x \leq 500 \\ \dfrac{1}{80} \cdot (x - 320)^2 + 4.500 & x > 500 \end{cases}$$

a) Berechnen Sie die Gesamtkosten und die Stückkosten für die Ausbringungsmengen 0, 100, 200, ..., 900 und 1.000 Einheiten.

b) Stellen Sie die Funktionen der Gesamt- und Stückkosten grafisch dar.

c) Bestimmen Sie auf der Basis der Optimalbeschäftigung den Kostenbetrag, der dieser Kostenstelle als Plankosten vorgegeben werden soll.

Aufgabe 4.1.2: Standard- und Prognosekostenrechnung

Ausgehend von den jeweils minimalen Güterverbräuchen wurden durch eine technische Analyse für eine Kostenstelle folgende Kostenfunktionen in Abhängigkeit von der Ausbringungsmenge x ermittelt.

$$K = 2 \cdot x + 700 \qquad \text{für } 0 \leq x \leq 300$$

$$K = \frac{1}{300} \cdot x^2 + 1.000 \quad \text{für} \qquad x > 300$$

Die Maximalkapazität der Kostenstelle beträgt 700 Einheiten.

a) Ermitteln Sie den dieser Kostenstelle vorzugebenden Sollkostenbetrag bei Optimalbeschäftigung.

b) Errechnen Sie die Plankosten auf der Basis der Optimalbeschäftigung unter der Annahme, dass die Kapazität der betrachteten Kostenstelle auf nicht absehbare Zeit nur zu 60% ausgelastet werden kann.

c) Kennzeichnen Sie die Unterschiede zwischen Standard- und Prognosekostenrechnung anhand dieses Beispiels.

Aufgabe 4.1.3:   Kostenplanung in der Standard- und Prognosekostenrechnung

Nachstehend ist ein Auszug aus einem Kostenstellenplan wiedergegeben:

Kostenarten	Plankosten [€]	Variator
Hilfslöhne	95.000,-	10
Soziale Aufwendungen	48.000,-	3
Instandhaltungsmaterial	14.000,-	7
Abschreibungen	60.000,-	6
Zinsen	19.000,-	0

a)   Um welche Form einer Plankostenrechnung handelt es sich?

b)   Ermitteln Sie die Planansätze für die genannten Gemeinkostenarten für eine Beschäftigung von 80% und 90%.

c)   Geben Sie an, welche Unterschiede zwischen einer Standardkostenrechnung und einer Prognosekostenrechnung hinsichtlich der Merkmale Rechnungsziel, Bewertung der Güterverbräuche und Zwecksetzung der Kostenkontrolle bestehen.

Aufgabe 4.1.4:   Kostenplanung in der Standard- und Prognosekostenrechnung

Für die Gemeinkosten einer Kostenstelle gelte die Funktion $K = 6.000 + 30 \cdot x$. Die Kapazitätsgrenze liege bei $x = 300$. Es wird eine Beschäftigung von $x = 250$ erwartet.

a)   Welche Höhe besitzen die Plankosten in einer Standardkostenrechnung auf der Basis der Optimalbeschäftigung?

b)   Welche Plankosten gehen in eine Prognosekostenrechnung ein?

c)   Welchen Wert besitzt der Variator in Standard- und Prognosekostenrechnung?

d)   Untersuchen Sie die Eignung von Vollkosteninformationen für die Entscheidung über die Annahme oder Ablehnung eines Zusatzauftrages.

4.2 Target-Costing

Aufgabe 4.2.1:   Target-Costing

Sie haben vor, ein Fast-Food-Restaurant zu eröffnen. Als Student der Betriebswirtschaftslehre haben Sie gelernt, dass man Produkte, die man entwickeln und fertigen will auf den Markt auszurichten hat. Da Sie Fachmann im Target-Costing sind, führen Sie die folgenden Überlegungen durch.

Ihr innovatives Produkt, das Sie am Markt einführen wollen, ist der Hamburger Queen FL (fleischlos). Eine Kundenbefragung und Ihre eigenen Vorstellungen über den einzigartigen neuen Hamburger ergaben die Gewichtung der einzelnen Produktfunktionen:

Produktfunktion	Teilgewichte in %
Geschmack	15
Auslaufschutz und Esskomfortt	10
Design	5
Sättigung	30
Recyclingfähigkeit nicht verkaufter Hamburger	20
Stapelbarkeit im Verkaufstresen	20
	Σ 100%

Die Erfüllbarkeit der Produktfunktionen durch die einzelnen Produktkomponenten (Semmel, Brätling, Salatblatt, Ketchup) zeigt die folgende Matrix:

in %	Ge- schmack	Auslauf- schutz	Design	Sättigung	Recycling	Stapel- barkeit
Semmel	15	90	90	70	5	80
Brätling	60	5	--	30	60	20
Salatblatt	10	5	10	--	20	--
Ketchup	15	--	--	--	15	-
Σ	100%	100%	100%	100%	100%	100%

Nach einer ausgiebigen Marktanalyse über den erzielbaren Preis Ihres Hamburger Queen FL leiten Sie die Zielkosten ab. Sie teilen jeder einzelnen Produktkomponente den folgenden Zielkostenanteil zu:

Semmel	30%
Brätling	50%
Salatblatt	15%
Ketchup	5%
Σ	100%

a)   Ermitteln Sie die Teilgewichte der Produktkomponenten, die sich aus der Erfüllung der Funktionen ergeben. Sie sollen die Bedeutung der Produktkomponenten für Ihr Endprodukt widerspiegeln.

b)   Ermitteln Sie den Zielkostenindex jeder einzelnen Produktkomponente.

c)   Interpretieren Sie die einzelnen Zielkostenindizes.

Aufgabe 4.2.2:   Target-Costing

Das Unternehmen Philodorm produziert Schlafcouches. In einer Markt-analyse wurde die relative Bedeutung der Funktionen dieses Produkts aus Sicht der Kunden erhoben.

Funktion		Teilgewichte in %
F1	Schlafkomfort	20
F2	Pflegeleichtigkeit	15
F3	Bedienungskomfort	35
F4	Mechanische Haltbarkeit	15
F5	Design	10
F6	Transportabilität	5
		Σ 100 %

Die neuentwickelte Schlafcouch Nastassija besteht aus vier Produktkomponenten, deren Beiträge zur Erfüllung der von den Kunden gewünschten Produktfunktionen folgendermaßen geschätzt werden:

	Funktion					
Komponente	F1	F2	F3	F4	F5	F6
K1 Matratze	50	50	40	30	50	30
K2 Gestell	35	15	45	40	15	35
K3 Bezug	5	30	10	20	20	30
K4 Bettkasten	10	5	5	10	15	5
	100%	100%	100%	100%	100%	100%

Aufgrund jahrelanger Branchenkenntnis werden die Anteile der Komponenten an den Gesamtkosten einer Schlafcouch ermittelt:

K1	K2	K3	K4
40%	25%	25%	10%

a) Berechnen Sie für jede Produktkomponente ihr Teilgewicht. Dieses soll durch Berücksichtigung der Beiträge zur Funktionserfüllung die Bedeutung der einzelnen Produktkomponenten für das Endprodukt zum Ausdruck bringen.

b) Ermitteln Sie für jede Produktkomponente den zugehörigen Zielkostenindex.

c) Interpretieren Sie die in b) ermittelten Zielkostenindizes für jede Produktkomponente und veranschaulichen Sie Ihre Aussagen anhand einer Grafik.

Aufgabe 4.2.3:   Target-Costing

Ein Unternehmen der Sportindustrie produziert unter anderem Skianzüge. In einer Marktanalyse wurden die folgenden relativen Bedeutungen der Funktionen dieses Produkts aus Sicht der Kunden erhoben.

Funktion		Teilgewichte in %
F1	Atmungsaktivität	20
F2	Kälteschutz	35
F3	Bewegungsfreiheit	25
F4	Design	15
F5	Sicherheit	5
		Σ 100 %

Der neu entwickelte Herrenskianzug „Pistenstar" für Herren von durchschnittlicher Statur besteht aus fünf Produktkomponenten (Obermaterial, Innenfutter, Reißverschlüsse, Gummizüge, Lawinensender). Deren Beiträge zur Erfüllung der von den Kunden gewünschten Produktfunktionen werden folgendermaßen geschätzt:

Komponente		Funktion				
		F1	F2	F3	F4	F5
K1	Obermaterial	40	35	25	45	30
K2	Innenfutter	55	35	25	30	5
K3	Reißverschlüsse	0	15	15	15	0
K4	Gummizüge	5	15	30	10	0
K5	Lawinensender	0	0	5	0	65
		Σ 100 %	Σ 100 %	Σ 100 %	Σ 100 %	Σ 100 %

In Abstimmung mit den Entwicklern des Skianzuges „Pistenstar" und der Produktion legen die Kostencontroller für die einzelnen Produktkomponenten des Skianzuges „Pistenstar" folgende Zielkosten fest:

Komponente	K1	K2	K3	K4	K5
Zielkosten der Komponente (in Euro)	265,-	230,-	80,-	45,-	110,-

a) Ermitteln und interpretieren Sie für jede Komponente des Skianzuges „Pistenstar" den zugehörigen Zielkostenindex.

b) Gehen Sie nun davon aus, dass die Kostencontroller eine neu veröffentlichte Branchenstudie erhalten, aus welcher hervorgeht, dass ein Herrenskianzug, bestehend aus den oben aufgeführten Komponenten, im Durchschnitt nur Kosten in Höhe von 670,- Euro verursacht. In Abstimmung mit der Geschäftsleitung wird daraufhin von den Kostencontrollern vorgegeben, dass unter Verwendung einer preisgünstigeren Technologie der in den Skianzug einzubauende Lawinensender nur Zielkosten in Höhe von 50,- Euro verursachen darf. Die anderen Zielkostenbeträge ändern sich nicht. Wie hoch sind nun die Zielkostenindices für jede Komponente des Skianzuges „Pistenstar"? Interpretieren Sie Ihre Ergebnisse im Vergleich zu jenen aus Teilaufgabe a). Zeigen Sie daran, welches Problem aus einer isolierten Betrachtung der Produktkomponenten entstehen kann.

Aufgabe 4.2.4:   Target-Costing

Das Unternehmen "Italia" produziert Tiefkühlpizzen und hat letztes Jahr eine neue Pizzasorte auf den Markt gebracht, deren aktuelle Verkaufszahlen jedoch unter den prognostizierten Werten liegen. Die unzureichende Erfüllung der Kundenwünsche durch die neue Pizzasorte wird dabei von der Vertriebsabteilung als eine der Hauptursachen angeführt. Als Mitarbeiter der Controllingabteilung werden Sie deshalb damit beauftragt, das bei der Markteinführung der neuen Pizzasorte vor einem Jahr durchgeführte Target Costing-Projekt zu überprüfen.

Die Kostenanteile der drei Produktkomponenten (K1 Belag, K2 Teig und K3 Verpackung) wurden vor einem Jahr folgendermaßen geschätzt.

K1 Belag	K2 Teig	K3 Verpackung
40%	35%	25%

Die Erfüllung der Produktfunktionen (F1 Geschmack, F2 Nährwert, F3 Aussehen) durch die einzelnen Produktkomponenten sowie die Teilgewichte der Produktkomponenten (Bedeutung der Produktkomponenten für das Endprodukt), können Sie folgender Tabelle entnehmen, die Sie in den alten Projektunterlagen finden:

in %	Produktfunktionen			Teilgewichte der Produktkomponenten
	F1 Geschmack	F2 Nährwert	F3 Aussehen	
K1 Belag	70	40	20	47
K2 Teig	30	60	10	35,5
K3 Verpackung	0	0	70	17,5
Σ	100	100	100	100

a)   Zur Gewichtung der einzelnen Produktfunktionen aus Kundensicht liegen Ihnen leider keine Angaben mehr vor. Berechnen Sie aus den angegebenen Daten die vor einem Jahr im Rahmen einer Marktstudie erhobenen und im Target Costing-Projekt zugrunde gelegten relativen Bedeutungen der einzelnen Produktfunktionen aus Kundensicht.

b)   Ermitteln und interpretieren Sie für jede Produktkomponente den zugehörigen Zielkostenindex.

5. Vergleich der Kostenrechnungssysteme

5.1 Kurzfristige Erfolgsrechnung auf Voll- und Teilkostenbasis

Aufgabe 5.1.1:   Erfolgsrechnung auf Voll- und Teilkostenbasis (UKV)

Nach Ablauf der ersten Hälfte des Geschäftsjahres möchte die Geschäftsleitung die monatlichen Erfolge, die dem Produkt "XY" zurechenbar sind, wissen. Ermitteln Sie aus Vergleichsgründen den monatlichen Wert des Lagers sowie die monatlichen Erfolge auf der Grundlage des Umsatzkostenverfahrens in der Voll- und in der Teilkostenrechnung.

Angefallene Kosten:

Fixe Fertigungslohn-Gemeinkosten	[€/Monat]	12.500,-
Fixe Material-Gemeinkosten	[€/Monat]	7.500,-
Variable Fertigungslohnkosten	[€/Stück]	12,-
Variable Materialkosten	[€/Stück]	8,-
Fixe Verwaltungs- u. Vertriebs-Gemeinkosten	[€/Monat]	3.750,-

Der Verkaufspreis beträgt 50,- €/Stück.

Angaben aus der Produktion und der Lagerverwaltung:

Monat	Produzierte Einheiten [Stück]	Abgesetzte Einheiten [Stück]	Lagerbestands-veränderung [Stück]	Lagerbestand [Stück]
1	2.500	750	1.750	1.750
2	2.500	1.750	750	2.500
3	2.500	4.700	-2.200	300
4	2.500	2.800	-300	--
5	2.500	1.300	1.200	1.200
6	2.500	700	1.800	3.000

Aufgabe 5.1.2:   Erfolgsrechnung auf Voll- und Teilkosten-basis (UKV und GKV)

Aus einer Periode liegen die untenstehenden Daten vor.

Herstellkosten	€	600.000,-	(davon fix € 100.000,-)
VwGK	€	80.000,-	(fix)
VtGK	€	160.000,-	(davon fix € 90.000,-)
Herstellmenge	Stück	10.000	
Stückpreis	€/Stück	100,-	

a) Ermitteln Sie den Periodenerfolg nach dem Umsatz- und dem Gesamt-kostenverfahren mit einer Vollkosten- und einer Teilkostenrechnung (einfach gestuftes Direct Costing), wenn alle hergestellten Produkte abgesetzt wurden.

b) Welche Periodenerfolge ergeben sich nach diesen Verfahren, wenn nur 8.000 Stück der hergestellten Menge abgesetzt wurden?

Aufgabe 5.1.3:   Erfolgsrechnung auf Voll- und Teilkosten-basis

Für den vergangenen Monat liegen folgende Zahlen vor (die Kostenangaben gelten auch für die Bestandsminderung):

	Produkt A	Produkt B
Abgesetzte Menge durch die laufende Produktion gedeckt [Stück]	235.670	172.863
Abgesetzte Menge durch Bestandsminderung gedeckt [Stück]	-	6.157
Herstellkosten [€/Stück]	1,66	2,63
davon variabel:	1,24	1,96
Verwaltungs- und Vertriebsgemeinkosten pro Stück des Absatzes [€]	0,51	0,83
davon variabel:	0,25	0,40
Nettoverkaufspreis [€/Stück]	2,70	3,50

Im Rahmen der kurzfristigen Erfolgsrechnung soll der Betriebserfolg je Produktart ermittelt werden.

a) Welches Verfahren der kurzfristigen Erfolgsrechnung verwenden Sie? Begründen Sie Ihre Entscheidung.

b) Ermitteln Sie den Betriebserfolg im System der Vollkostenrechnung.

c) Ermitteln Sie den Betriebserfolg im System der Teilkostenrechnung.

d) Worin liegt der Unterschied der Betriebserfolge bei Voll- und bei Teilkostenrechnung begründet?

Aufgabe 5.1.4: Erfolgsrechnung auf Voll- und Teilkostenbasis (UKV)

Sie sind Trainee der Geschäftsführung der Panni-Gemüseklöße GmbH. Aus den folgenden unvollständigen Angaben der Abteilung "Betriebsabrechnung" sollen Sie die Gewinn- und Verlustrechnung für das Jahr 2002 nach dem Umsatzkostenverfahren erstellen.

2001   Gesamtkosten für die Herstellung von 2 Millionen Klößen Typ A und 1 Million Klößen Typ B € 3.500.000,-

2002   Gesamtkosten für die Herstellung von 2,5 Millionen Klößen Typ A und 1 Million Klößen Typ B € 3.900.000,-

Der Variator v der Gesamtkosten betrug 2001 v = 7. Die Verkaufspreise waren 2001 und 2002 für Typ A 1,10 €/Stück und für Typ B 1,20 €/Stück. Im Jahr 2002 wurden 2,2 Millionen Stück vom Typ A und 1 Million Stück vom Typ B verkauft. Dagegen wurde 2001 die gesamte Produktion abgesetzt. Gehen Sie von der Konstanz der Beschaffungspreise aller Produktionsfaktoren in den zwei Jahren aus.

a) Erstellen Sie die Gewinn- und Verlustrechnung 2002 nach dem Umsatzkostenverfahren auf Vollkostenbasis. Die Fixkosten sind dabei proportional nach den hergestellten Mengen zu verteilen.

b) Erstellen Sie die Gewinn- und Verlustrechnung 2002 nach dem Umsatzkostenverfahren auf Teilkostenbasis.

c) Wie hoch ist der Gewinn bzw. der Verlust 2002 nach Voll- bzw. Teilkostenrechnung. Ergibt sich ein Unterschied? Begründen Sie Ihre Antwort und zeigen Sie gegebenenfalls, worauf der Unterschied rechnerisch zurückzuführen ist.

Aufgabe 5.1.5:   Erfolgsrechnung auf Voll- und Teilkosten- basis (UKV)

Die Meier Garten AG produziert drei verschiedene Arten von Blumentöpfen, die sich in Größe und Farbe unterscheiden, deren Herstellungsprozess aber sehr ähnlich ist. Für die Herstellung fielen fixe Herstellkosten in Höhe von € 2.272,- an sowie variable Herstell- und Vertriebskosten:

Es sind folgende Daten bekannt:

Produkt	Produzierte Menge [Stk.]	Verkaufte Menge [Stk.]	Erlös [€/Stk.]	Variable Herstellkosten [€/Stk.]	Variable Vertriebskosten [€/Stk.]
B1	100	80	31,50	10,-	3,40
B2	80	100	26,50	14,-	2,60
B3	60	40	24,80	20,-	2,-

a) Errechnen Sie die vollen Selbstkosten je Stück der abgesetzten Produkte. Die angefallenen fixen Herstellkosten sollen unter Verwendung folgender Äquivalenzziffern den Produkten zugerechnet werden.

	Äquivalenzziffern
B1	1,2
B2	1,0
B3	1,4

b) Ermitteln Sie den Periodenerfolg auf Vollkostenbasis unter Anwendung des Umsatzkostenverfahrens.

c) Aus welchem Grund kann sich beim Umsatzkostenverfahren mit Vollkostenrechnung ein anderes Ergebnis als beim Umsatz- kostenverfahren mit Teilkostenrechnung ergeben? Ist der Gewinn bei Teil- oder bei Vollkostenrechnung höher?

Aufgabe 5.1.6: Erfolgsrechnung auf Voll- und Teilkosten-basis (GKV)

Sie sind Mitarbeiter im Controlling der Knips-Regenschirm GmbH und sollen aus den folgenden unvollständigen Angaben der Abteilung "Betriebsabrechnung" die Gewinn- und Verlustrechnung für das Jahr 2002 nach dem Gesamtkostenverfahren erstellen.

Schirm		Typ A	Typ B
Hergestellte Menge	2001	200.000	100.000
	2002	250.000	100.000
Gesamtkosten der Herstellung [€]	2001	6.000.000,-	
	2002	7.500.000,-	

In den Gesamtkosten sind fixe Kosten für den am 1.1.2002 neu eingestellten Geschäftsführer in Höhe von € 650.000,- enthalten. Der Variator v der Gesamtkosten betrug 2001: v = 7. Die Verkaufspreise waren 2001 und 2002 für Typ A 25,- €/Stück und für Typ B 15,- €/Stück. Im Jahr 2002 wurden 230.000 Stück vom Typ A und 100.000 Stück vom Typ B verkauft. 2001 wurde die gesamte Produktion abgesetzt. Gehen Sie von der Konstanz der Beschaffungspreise aller Produktionsfaktoren (außer für die Geschäftsführung) in den zwei Jahren aus.

a) Erstellen Sie die Gewinn- und Verlustrechnung 2002 nach dem Gesamtkostenverfahren auf Basis von Vollkosten. Die Fixkosten sind proportional auf die hergestellten Mengen zu verteilen.

b) Erstellen Sie die Gewinn- und Verlustrechnung 2002 nach dem Gesamtkostenverfahren auf Basis von Teilkosten.

c) Ergeben sich Differenzen im Gewinn/Verlust 2002 nach Voll- bzw. Teilkostenrechnung? Worauf sind diese zurückzuführen?

Aufgabe 5.1.7: Erfolgsrechnung auf Voll- und Teilkostenbasis (UKV), Preisuntergrenze und Break-Even-Analyse

Die Firma Herbert Newcomer produziert und verkauft Elvis-Gedenkplaketten. Das Produktprogramm besteht aus 3 verschiedenen Produkten, Memphis, King und Vegas. Die folgende Tabelle zeigt Mengen, Kosten und Erlöse:

Erzeugnis	Memphis	King	Vegas
Gelagerte Menge [Stück]	4.000	2.000	1.500
Verkaufte Menge [Stück]	10.000	3.600	4.000
Hergestellte Menge [Stück]	8.000	2.000	3.000
Fertigungslöhne [€]	3.200,-	1.200,-	600,-
Fertigungsmaterial [€]	2.400,-	2.400,-	900,-
Fixe FGK und MGK [€]	4.000,-	3.000,-	2.100,-
Variable FGK und MGK [€]	6.400,-	2.400,-	1.500,-
Variable Vw- u. VtGK [€]	3.000,-	1.440,-	800,-
SEKVt [€]	2.000,-	1.080,-	400,-
Fixe Vw- u. VtGK [€]	5.100,-		
Verkaufspreise [€]	4,-	6,-	2,-

a)   Bestimmen Sie für die drei Produkte die absolute Preisuntergrenze pro Stück.

b)   Errechnen Sie das Periodenergebnis nach dem Umsatzkostenverfahren zu Voll- und zu Teilkosten (keine Kostenänderung im Vergleich zur Vorperiode). Interpretieren Sie Ihre Ergebnisse. Worauf lassen sich die Unterschiede zurückführen?

c)   Zeigen Sie den Break-Even-Point für die Gesamtproduktion unter der Annahme, dass quartalsweise folgende Absatzmengen realisiert werden:

Produkt	1. Quartal [Stück]	2. Quartal [Stück]	3. Quartal [Stück]	4. Quartal [Stück]
Memphis	2.000	1.000	3.000	4.000
King	600	600	400	2.000
Vegas	1.000	1.000	1.000	1.000

Das Lager sei zu Teilkosten bewertet. Stellen Sie die Lösung grafisch dar.

Aufgabe 5.1.8: Kostenträgerrechnung und kurzfristige Erfolgsrechnung

Eine Unternehmung fertigt in einstufigen Produktionsprozessen zwei Produktarten A und B. Für die beiden Produkte liegen folgende Angaben vor:

Produkt	Stück-erlöse [€/Stk]	Fertigungs-material [€/Stk]	Fertigungs-löhne [€/Stk]	Fertigungs-zeiten [h/Stk]	Fertigungs-mengen [Stk]	Absatz-menge[Stk]
A	90,-	22,-	19,-	0,25	4.000	4.000
B	130,-	18,-	26,-	0,40	3.000	2.500

a) Berechnen Sie die Kosten des Fertigungsmaterials, der Fertigungslöhne und die für die Fertigung benötigte Zeit je Produktart sowie insgesamt.

b) Bestimmen Sie unter Verwendung des nachfolgenden Ausschnitts aus dem Betriebsabrechnungsbogen die Zuschlagssätze für die Endkostenstellen.

Kosten	Materialstelle	Fertigungsstelle	Vw- u.Vertriebsstelle	Betrag [€]
Summe [€]	24.140,-	187.000,-	186.644,-	397.784,-
Zuschlags-basis	Fertigungs-material	Fertigungszeit	Herstellkosten der abgesetzten Produkte: € 466.610,-	–

c) Berechnen Sie unter Verwendung der Zuschlagssätze die Selbstkosten der beiden Produktarten.

d) Führen Sie unter Verwendung der obigen Ergebnisse die kurzfristige Erfolgsrechnung nach dem Gesamtkostenverfahren und nach dem Umsatzkostenverfahren durch.

Aufgabe 5.1.9: Kurzfristige Periodenerfolgsrechnung

Ein Betrieb fertigt ein einziges Produkt. In zwei nacheinander liegenden Quartalen wurden je 1.000 Einheiten des Produktes hergestellt. Im ersten Quartal wurden 800 Einheiten und im zweiten Quartal 1.200 Einheiten des Produktes verkauft. Dabei wurde ein Stückverkaufspreis von 180 Euro erzielt.

In beiden Quartalen liegt dieselbe Kostensituation vor:

	Kosten [€]
Variable Kosten:	
Material	20.000
Fertigungslöhne	20.000
Fixe Kosten:	
Fertigungskosten	80.000
Verwaltungskosten	20.000
Vertriebskosten	20.000

a) Welche Quartalsergebnisse liefert die Periodenerfolgsrechnung nach dem Vollkosten- und nach dem Teilkostenprinzip auf der Grundlage des Umsatzkostenverfahrens? Stellen Sie die Ergebnisse in Kontenform dar.

b) Wie erklären Sie die Unterschiede in den Quartalsergebnissen zwischen der Voll- und der Teilkostenrechnung?

Aufgabe 5.1.10:   Kurzfristige Periodenerfolgsrechnung

Ein Betrieb fertigt die Produkte A und B. In der letzten Periode wurden die folgenden Mengen hergestellt und zum angegebenen Stückerlös verkauft:

	A	B
Stückerlös [€]	50,-	40,-
Hergestellte Menge	5.000	5.000
Abgesetzte Menge	4.000	5.500

Bei der Fertigung nehmen die Produkte jeweils die folgende Fertigungszeit in Anspruch:

	A	B
Fertigungszeit [Min./Stück]	30	20

Für die Herstellung der Produkte entstehen Materialeinzelkosten pro Stück von 6,- € für Produkt A und 10,- € für Produkt B. Die Fertigung beider Produkte erfolgt an einer Maschine. Die Maschine mit einem Anschaffungswert von 1.000.000,- € verliert ausschließlich durch den Zeitablauf an Wert und wird daher über 5 Perioden linear abgeschrieben. Es fallen in der Periode variable Fertigungslöhne in Höhe von 100.000,- € an. Des Weiteren fallen in der Periode Verwaltungs- und Vertriebsgemeinkosten in Höhe von 60.000,- € an.

a) Bestimmen Sie den Periodenerfolg nach dem Gesamtkostenverfahren auf Vollkostenbasis. Verteilen Sie dabei die Fertigungskosten – soweit notwendig – im Verhältnis der beanspruchten Fertigungszeit auf die beiden Produkte. Stellen Sie das Ergebnis in Kontenform dar.

b) Wie hoch ist der Periodenerfolg auf Teilkostenbasis?

Aufgabe 5.1.11: Deckungsbeitragsrechnung, Perioden- erfolgsrechnung und Break-Even-Analyse

Ein Unternehmen stellt das Produkt A und die beiden Produktvarianten B1 und B2 her. Für die kommende Periode gibt es die folgenden Plandaten:

	A	B1	B2
Herstellmenge [Stück]	12.000	16.000	15.000
Absatzmenge [Stück]	10.000	16.000	15.000

Basierend auf den Plandaten ist folgende mehrstufige Deckungsbeitrags- rechnung für die kommende Periode entstanden:

	A	B1	B2
Erlöse [€ pro Stück]	12,00	20,00	18,00
variable Herstellkosten [€ pro Stück]	8,40	15,00	17,00
variable Vertriebskosten [€ pro Stück]	2,00	1,00	1,50
Stückdeckungsbeitrag [€]	1,60	4,00	-0,50
Gesamtdeckungsbeitrag I	**16.000,00**	**64.000,00**	**-7.500,00**
Erzeugnisfixkosten (Herstellkosten)	0,00	14.000,00	0,00
Gesamtdeckungsbeitrag II	**16.000,00**	**50.000,00**	**-7.500,00**
Kostenstellenfixkosten (Herstellkosten)	18.000,00	20.000,00	
Gesamtdeckungsbeitrag III	**-2.000,00**	**22.500,00**	
Unternehmensfixkosten (Verwaltung)	10.000,00		
Plangewinn	**10.500,00**		

a) Beurteilen Sie als Mitarbeiter der Controlling-Abteilung die folgenden Maßnahmenvorschläge zur Produktprogrammplanung. Berechnen Sie außerdem die jeweiligen Auswirkungen auf den Plangewinn der Periode.

- Vorschlag 1: Die Produktion von Produktvariante B2 sollte kurzfristig eingestellt werden.

- Vorschlag 2: Die Produktion von Produkt A sollte kurzfristig eingestellt werden.

- Vorschlag 3: Eine einmalige kurzfristige Werbekampagne (zusätzliche Fixkosten in Höhe von 2.000 Euro) verspricht eine einmalige Erhöhung der Absatzmenge von Produkt A um 2.000 Stück.

b)   Ab welcher zusätzlichen Mindestabsatzmenge von Produkt A würde sich die Werbekampagne aus Vorschlag 3 zumindest kurzfristig lohnen?

c)   Berechnen Sie den Gewinn des Unternehmens in der kommenden Periode nach dem Gesamtkostenverfahren zu Vollkosten. Begründen Sie Ihre Vorgehensweise der Berechnung.

5.2 Programmplanung auf Voll- und Teilkostenbasis

Aufgabe 5.2.1: Erfolgsrechnung auf Voll- und Teilkostenbasis (UKV) und Programmplanung

Von einem Produkt A sind im Monat Mai insgesamt 5.000 Stück hergestellt und abgesetzt worden. Die gesamten Herstellkosten betrugen in diesem Monat € 60.000,-, die gesamten Selbstkosten € 75.000,-. Im Monat Juni plant man für Produkt A eine Herstellungsmenge von 6.000 Stück und eine Absatzmenge von 7.000 Stück. Die geplanten gesamten Herstellkosten für diesen Monat betragen € 66.000,-, die geplanten gesamten Selbstkosten € 83.500,-.

Beim zweiten Produkt B plant die Unternehmung im Monat Juni eine Herstellungsmenge von 8.000 Stück, eine Absatzmenge von 7.000 Stück. Die Plankalkulation für dieses Produkt B ergibt folgende Werte:

	Herstellkosten [€/Stück]	Selbstkosten [€/Stück]
Vollkosten	7,-	8,50
Variable Kosten	5,-	6,-
Fixkosten [€]	19.500,-	

Die Stückerlöse betragen in beiden Monaten bei Produkt A € 15,- und bei Produkt B € 8,-.

a) Bestimmen Sie den geplanten Gewinn des Monats Juni nach Vollkostenrechnung mit Hilfe des Umsatzkostenverfahrens (Hinweis: Hierzu sind aus den angegebenen Daten für A die Herstell- und die Selbstkosten zu berechnen).

b) Lässt sich der Gewinn durch die Streichung von Produkt B im Monat Juni verbessern? Begründen Sie Ihre Meinung.

c) Berechnen Sie den geplanten Gewinn des Monats Juni nach der Teilkostenrechnung mit Hilfe des Umsatzkostenverfahrens.

d) Zeigen Sie an Ihren Zahlenergebnissen, worauf die Gewinndifferenz zwischen Voll- und Teilkostenrechnung zurückzuführen ist.

**Aufgabe 5.2.2:   Erfolgsrechnung auf Voll- und Teilkosten-
basis und Programmplanung**

Ein Hersteller von Wintersportartikeln produziert drei verschiedene Arten von
Langlaufskiern, die sich in Größe und Form unterscheiden, deren
Herstellungsprozess aber sehr ähnlich ist. Zur rechentechnischen Verein-
fachung werden deshalb die angefallenen Kosten unter Verwendung
folgender Äquivalenzziffern den Produkten zugerechnet.

Produkt	Herstellkosten		Vertriebskosten
	fix	variabel	
A	1,2	1,0	1,7
B	1,0	1,4	1,3
C	1,4	2,0	1,0

Für die Herstellung fielen € 25.560,- fixe Kosten und € 29.880,- variable
Kosten an. Die Vertriebskosten betrugen € 12.240,-, wovon die Hälfte als fix
anzusehen ist. Darüber hinaus sind folgende Mengen- und Erlösdaten
bekannt:

Produkt	Produzierte Menge [Stück]	Verkaufte Menge [Stück]	Erlös [€/Stück]
A	50	40	645,-
B	40	50	595,-
C	30	20	618,-

a) Errechnen Sie die variablen und die vollen Selbstkosten je Stück der
abgesetzten Produkte.

b) Ermitteln Sie den Periodenerfolg auf Vollkostenbasis unter Anwendung
eines geeigneten Verfahrens der kurzfristigen Erfolgsrechnung, so dass
auch das Ergebnis der einzelnen Produktarten sichtbar wird. Empfehlen
Sie die Herstellung aller Produktarten? Begründen Sie Ihre Meinung.

c) Bei Teilkostenrechnung beträgt der Periodenerfolg € 3.110,-. Zeigen
und berechnen Sie, worauf die Differenz zum Periodenerfolg bei Vollkostenrechnung zurückzuführen ist.

Aufgabe 5.2.3:   Programmplanung bei Voll- und Teilkostenrechnung

Der Unternehmer "Franz Trübe" möchte seine Produktpalette mit den Produkten A, B und C auf die Ertragsstärke hin untersuchen. Er führt mit folgenden Zahlen eine Vollkostenrechnung durch, wobei er die Gesamtkosten nach den Fertigungszeiten schlüsselt.

Produkt	A	B	C
Verkaufszahlen [Stück]	500	500	2.000
Stückerlös [€]	14,00	28,00	15,00
Stückfertigungszeiten [h]	2,00	4,00	3,50

Gesamtkosten: € 50.000,-; Fixkosten: € 20.000,-

a) Ermitteln Sie die Gesamt- und Stückgewinne der einzelnen Produkte sowie die Gewinnsumme.

b) Franz Trübe will das Verlustprodukt aus seiner Produktpalette streichen. Ermitteln Sie den Stück- und Gesamtdeckungsbeitrag sowie die Gewinnsumme mit und ohne "Verlustprodukt". Die Schlüsselung der variablen Kosten erfolgt dabei wie oben.

c) Erklären Sie das Zustandekommen der unterschiedlichen Ergebnisse. Wie entscheiden Sie?

Aufgabe 5.2.4:   Programmplanung bei Voll- und Teilkostenrechnung

Als Controller müssen Sie für die Geschäftsleitung verschiedene Analysen durchführen. Ihre Unternehmung fertigt die Produkte A, B und C, für welche die nachfolgenden Angaben vorliegen.

Produkte	A	B	C
Verkaufspreise [€/Stück]	33,-	32,-	26,-
Produktionsmengen [Stück]	6.000	16.000	12.500
Volle Selbstkosten [€]	156.000,-	508.800,-	285.000,-

a) Wie hoch ist der Periodengewinn insgesamt, pro Sorte und pro Stück?

b) Für das kommende Jahr rechnet man bei unveränderten Absatzpreisen und gleicher Kostenstruktur mit einem mengenmäßigen Absatz und gleichzeitig Produktionsmengenrückgang um 10 % bei jeder Sorte. Wie ändert sich der Gewinn pro Stück, pro Sorte und insgesamt, wenn sich die Selbstkosten bei Produkt A auf € 143.640,-, bei Produkt B auf € 478.080,- und bei Produkt C auf € 261.000,- belaufen werden?

c)   Worauf führen Sie die Veränderung des Gewinns zurück?

d)   Die Geschäftsleitung schlägt vor, das Produkt B aus dem Programm zu streichen. Wie beurteilen Sie diesen Vorschlag?

e)   Welche Entscheidung schlagen Sie vor? Begründen Sie diese.

Aufgabe 5.2.5:   Programmplanung bei Voll- und Teilkostenrechnung mit Engpass

Die Firma Moneymaker GmbH stellt vier verschiedene Kugelschreiber her.

	Erlös/Stück (ohne MWSt) [€/Stück]	Gesamtkosten [€]	Variator	Herstellmenge [Stück]	Herstellzeit [min/Stück]	verwendeter Maschinentyp	benötigte Kapazität der Maschine [min]
A	6,90	250,-	6	50	3	AC	150
B	8,00	480,-	7	80	4	BD	320
C	12,00	300,-	7	30	4	AC	120
D	13,50	600,-	5	50	5	BD	250

Maximalkapazitäten: Maschine AC: 270 min   Maschine BD: 570 min

a)   Wie hoch sind die fixen Kosten und der zu erwartende Gewinn nach Vollkostenrechnung?

b)   Die Kostenrechnungsabteilung macht den Vorschlag, unter Ausnutzung der bisherigen Kapazität nur noch das gewinngünstigste Produktionsprogramm herzustellen (beachten Sie, dass auf Typ AC nur Produkt A und/oder C und auf Typ BD nur Produkt B und/oder D hergestellt werden können). Wie sieht das neue Produktionsprogramm aus und wie hoch ist der Gewinn?

c)   Die Verkaufsabteilung erhebt den Einwand: "Wenn schon Verkleinerung der Produktpalette, dann besser nur einen Kugelschreiber anbieten". Allerdings kostet eine mögliche Umrüstung der Maschinen (bei gleicher Kapazität) AC auf Produktion von D € 200,- (fix) und BD auf Produktion von C € 50,- (fix). Wie hoch ist der zu erwartende Erfolg bei ausschließlicher Herstellung des Kugelschreibers D bzw. C, sofern die oben aufgeführten Stückzeiten auch für die umgerüsteten Maschinen gelten? Wie hoch ist der Erfolg, wenn D auf der Maschine BD hergestellt und die Maschine AC stillgelegt wird?

Aufgabe 5.2.6:   Programmplanung bei Voll- und Teilkostenrechnung mit Engpass

Die Gesellschaft "Peter, Paul & Mary" will das gewinnmaximale Produktionsprogramm für die kommende Planperiode bestimmen. Bisher sind vier Erzeugnisse am Markt angeboten worden, für die die folgenden Daten vorliegen:

Produkt	maximale Absatzmenge [Stück]	Gesamtkosten je Produktart bei max. Absatz [€]	variable Kosten [€/Stück]	Verkaufspreis [€/Stück]
A	200	18.000,-	85,-	80,-
B	400	24.000,-	50,-	70,-
C	500	26.000,-	45,-	50,-
D	100	9.500,-	80,-	120,-

Alle Erzeugnisse müssen bis zu ihrer Absatzreife in zwei Fertigungsabteilungen bearbeitet werden, in denen sie jeweils unterschiedliche Bearbeitungszeiten benötigen:

Produkt	Bearbeitungszeiten [h]	
	Fertigungsabteilung I	Fertigungsabteilung II
A	0,50	0,25
B	10,00	2,00
C	1,00	0,50
D	5,00	8,00
maximale Kapazität [h]	10.000	2.000

a) Planen Sie nach untenstehenden Angaben das gewinnmaximale Produktionsprogramm für die nächste Periode nach der Vollkosten- sowie der Deckungsbeitragsrechnung und errechnen Sie für beide Methoden den Nettogewinn. Welche Empfehlung sprechen Sie aus?

b) Führen Sie für beide Berechnungsarten eine Kapazitätsprüfung durch.

c) Die maximale Kapazität der Fertigungsabteilung 2 möge jetzt 1.650 Stunden (statt 2000 Stunden) betragen. Alle anderen Angaben bleiben unverändert. Wie setzt sich das gewinnmaximale Produktionsprogramm für die folgende Periode zusammen und welcher Nettogewinn ergibt sich, wenn die Vollkosten- bzw. die Deckungsbeitragsrechnung angewendet wird?

Aufgabe 5.2.7:   Eigenfertigung oder Fremdbezug

Zu dem Produkt, das in Ihrer Unternehmung gefertigt wird, gehört ein Kleinteil, das selbst gefertigt oder zugekauft werden kann. Mit untenstehenden Daten soll eine Entscheidung getroffen werden:

Fertigungsmenge/Monat	[Stück]	50.000
Gesamtfertigungskosten/Monat	[€]	420.000,-
Variable Fertigungskosten/Monat	[€]	300.000,-
Gesamtfertigungszeit/Stück	[min]	60
Kleinteilfertigungszeit/Stück	[min]	10
Preis des Kleinteils bei Zukauf	[€/Stück]	1,01

(Der Anteil des Kleinteils an den Kosten ist gleich dem Anteil an der Fertigungszeit, sowohl bei Voll- als auch bei Teilkosten).

a)   Kalkulieren Sie das Kleinteil mit Vollkosten und entscheiden Sie, ob es besser zugekauft oder selbst gefertigt wird.

b)   Überprüfen Sie die obige Entscheidung anhand einer Nachkalkulation mit Teilkosten. Welche Entscheidung wäre jetzt mit den neugewonnenen Informationen zu treffen? Wie groß ist die Einsparung gegenüber der ersten Möglichkeit?

Nachdem Sie die obige Entscheidung getroffen haben, kommt der Leiter der Finanzabteilung zu Ihnen und rechnet Ihnen vor: Wenn das Kleinteil selbst gefertigt wird, muss als zusätzlicher Sicherheitsbestand für Produktionsausfälle ständig ein vollständiger Monatsbedarf auf Lager gehalten werden. Dagegen garantiert der Lieferant vertraglich (mit Konventionalstrafe) monatlich pünktliche Lieferung, wodurch ein Sicherheitsbestand für das Kleinteil unnötig wird.

c)   Wie viel Kapital wird dadurch zusätzlich gebunden?

d)   Wenn durch günstige anderweitige Anlage eine Verzinsung von 13% erreicht werden kann, ist dann die jährliche Einsparung durch Eigenfertigung oder ein anderweitiges Anlegen des Kapitals günstiger?

5.3   Voll- und Teilkostenrechnung unter unsicheren Erwartungen

Aufgabe 5.3.1:   Kostenrechnung unter unsicheren Erwartungen

Ihnen bieten sich die folgenden Alternativen A1 und A2 in den Umweltzuständen S1 und S2.

Umweltzustände: S1, S2 zu je 50% wahrscheinlich
Fixe Kosten: 400,- € alternativenunabhängig
Variable Kosten: 0,- € für beide Alternativen.

Umsätze aus den Alternativen:

	S1	S2
A1	1.000	1.000
A2	400	2.500

Um eine Entscheidung zwischen den beiden Alternativen treffen zu können, wenden Sie eine Bernoulli-Nutzenfunktion auf die Ergebnisse an.

a)   Stellen Sie die von D. Schneider vorgebrachte Argumentation zur ökonomischen Rechtfertigung der Vollkostenrechnung unter Unsicherheit eines risikoscheuen Entscheiders mit Hilfe des Beispiels dar. Unterstellen sie die Nutzenfunktion U(Z) zur Nutzenbewertung der Zielgröße Z.

$$U(Z) = \sqrt{Z}$$

Verwenden Sie für Z einerseits den Deckungsbeitrag (DB) und andererseits den Gewinn (G).

b)   Diskutieren Sie die Rechtfertigung für eine Vollkostenrechnung an diesem Beispiel. Gehen Sie dabei insbesondere auf die Eignung des Deckungsbeitrags oder Gewinns als Zielgröße für die Nutzenbewertung ein.

c)   Wenden Sie auf das oben angeführte Beispiel die folgende Risikonutzenfunktion an:

$$U(Z) = 1 - e^{\frac{-Z}{500}}$$

Hierbei steht Z alternativ für Deckungsbeitrag (DB) bzw. Gewinn (G) und e für die e-Funktion. Welche Alternative zeigt sich nun als vorteilhaft entsprechend der Zielgröße DB bzw. G? Interpretieren Sie Ihr Ergebnis.

Aufgabe 5.3.2: Kostenrechnung unter unsicheren Erwartungen

Einem Winzer aus Reims, Frankreich, stellen sich die Alternativen, entweder Champagner der Sorte Brût oder der Sorte Extra-Brût am Markt anzubieten. Es ist von folgenden Einzelkosten je Flasche auszugehen:

	Brût	Extra-Brût
Rohstoffe [€/Flasche]	3,-	2,-
Löhne [€/Flasche]	4,-	5,-

Die variablen Fertigungsgemeinkosten für z.B. Energie betragen je Monat bei Brût 10.000,- € für je 800 Flaschen und bei Extra-Brût 10.000,- € für je 1.000 Flaschen. Die jährlichen Fixkosten betragen für Abschreibungen, Kostensteuern und leitende Angestellte € 948.000,-. Nach einer gesicherten Markterhebung werden pro Monat 10.000 Flaschen Brût oder 7.000 Flaschen Extra-Brût absetzbar sein. Nicht gesichert ist dagegen der jeweils erzielbare Absatzpreis. Hier kommen zwei Umweltzustände, S_1 und S_2, in Frage. Die Absatzpreise je Flasche in Abhängigkeit vom Umweltzustand sind:

	S_1	S_2
Brût [€/Flasche]	27,50	36,-
Extra-Brût [€/Flasche]	30,-	38,-

a) Berechnen Sie die Deckungsbeiträge pro Monat für die zwei Champagnersorten in jedem Umweltzustand.

b) Berechnen Sie durch zeitliche Verteilung der Fixkosten den jeweiligen Gewinn pro Monat für jeden Umweltzustand.

c) Der Winzer geht davon aus, dass der Umweltzustand S_1 mit der Wahrscheinlichkeit von 40%, S_2 mit einer Wahrscheinlichkeit von 60% eintreten kann. Berechnen Sie den Erwartungswert $E(Z)$ des Deckungsbeitrags einerseits und des Gewinns andererseits für die zwei Produkte. Für welche Champagnersorte wird sich der Winzer entscheiden?

d) Es gelten wiederum die Wahrscheinlichkeiten aus Aufgabenteil c) für die Umweltzustände S_i. Zu unterstellen ist nun eine Bernoulli-Nutzenfunktion vom Typ $U(Z) = \sqrt{Z}$. Welche der Alternativen, Brût oder Extra-Brût, ist nun optimal, wenn für x entweder der Deckungsbeitrag oder der Gewinn in die Berechnung des Erwartungswertes des Nutzens $E(U(Z)) = \sum p_i \cdot \sqrt{Z_i}$ eingehen? (p_i ist die Wahrscheinlichkeit im Zustand S_i).

e) Begründen Sie die Entstehung des Ergebnisses unter d). Gehen Sie insbesondere auf den speziellen Funktionstyp der Nutzenfunktion ein und kennzeichnen Sie mindestens einen anderen Funktionstyp, bei dem unabhängig davon, ob Gewinn oder Deckungsbeitrag Zielgröße der Nutzenbestimmung sind, dieselbe Alternative optimal ist.

Aufgabe 5.3.3: Kostenrechnung unter unsicheren Erwartungen

Am Münchner Stachus soll das neue Fast-Food-Restaurant McDagobert eröffnet werden. Der designierte Geschäftsführer I.K. ist äußerst risikoscheu und beurteilt seine Alternativen generell anhand einer Bernoulli-Nutzenfunktion vom Typ $U(Z) = \sqrt{Z}$. Aus Kapazitätsgründen ist es ihm lediglich möglich, eine der beiden Produktlinien anzubieten: Beef oder Fleischlos. I.K. geht von zwei möglichen Umweltzuständen aus. Die Wahrscheinlichkeit für den Eintritt des Umweltzustands S1 schätzt er auf 60%. Die Absatzzahlen pro Tag werden für die beiden Produktlinien in den beiden Umweltzuständen wie folgt prognostiziert:

	S1	S2
Beef	5.000	1.100
Fleischlos	3.000	2.500

Die Deckungsbeiträge für die Produktlinien seien unabhängig vom Umweltzustand für Beef € 3,30 und für Fleischlos € 3,50. Die Fixkosten für das Lokal und die Mitarbeiter werden mit € 3.300,- pro Tag veranschlagt.

a) Für welche Produktlinie wird sich I.K. entscheiden, wenn er nach der oben unterstellten Nutzenfunktion handelt? Er meint, dass er als Zielgröße Z den Deckungsbeitrag verwenden muss.

b) Da sich ein Kollege mit Problemen der Kostenrechnung unter Unsicherheit befasst hat, empfiehlt er die gleiche Rechnung einmal mit dem Gewinn als Zielgröße Z durchzuführen. Welche Alternative ist nun besser?

c) Halten Sie es für gerechtfertigt, zwei verschiedene Zielgrößen Z in dieselbe Nutzenfunktion $U(Z) = \sqrt{Z}$ einzusetzen?

Aufgabe 5.3.4: Kostenrechnung unter unsicheren Erwartungen

Eine Großbäckerei kann entweder die Backware Apfelbissen oder Kirschtasche auf dem Markt anbieten. Eine fundierte Markterhebung zeigt, dass monatlich 90.000 Stück Apfelbissen oder 53.500 Stück Kirschtaschen absetzbar sind. Die Einzelkosten betragen € 2,- je Apfelbissen bzw. € 1,- je

Kirschtasche. Die jährlichen Fixkosten betragen € 204.000,- für Abschreibungen und leitende Angestellte.

Die Markterhebung zeigt, dass die Absatzpreise unsicher sind. Für die Absatzpreise können zwei Umweltzustände S_1 und S_2 unterschieden werden. Der Umweltzustand S_1 kann mit einer Wahrscheinlichkeit von 70%, der Umweltzustand S_2 mit einer Wahrscheinlichkeit von 30% eintreten. Die Absatzpreise je Stück Backware in Abhängigkeit vom Umweltzustand betragen:

[€]	S_1 (70%)	S_2 (30%)
Apfelbissen	2,90	2,60
Kirschtasche	2,-	1,80

Weiter zeigt die Marktstudie, dass auch die Vertriebseinzelkosten unsicher sind. Für diese kommen zwei weitere Umweltzustände S_3 und S_4 in Betracht. Die Eintrittswahrscheinlichkeit beider Zustände beträgt 50%. Die Vertriebseinzelkosten je Stück Backware in Abhängigkeit vom Umweltzustand sind:

[€]	S_3 (50%)	S_4 (50%)
Apfelbissen	0,40	0,30
Kirschtasche	0,30	0,10

a) Berechnen Sie die Deckungsbeiträge und Gewinne pro Monat der beiden Backwaren für jede mögliche Kombination von Umweltzuständen. Nehmen Sie zur Ermittlung der Gewinne eine zeitliche Verteilung der Fixkosten vor. Ermitteln Sie die Eintrittswahrscheinlichkeiten der möglichen Umweltzustände und bestimmen Sie mit diesen die Erwartungswerte für die monatlichen Deckungsbeiträge und Gewinne.

b) Für die Großbäckerei wird eine Bernoulli-Nutzenfunktion vom Typ $U_Z = \sqrt{Z}$ unterstellt. Welcher der beiden Alternativen Apfelbissen oder Kirschtasche ist nun optimal, wenn als Zielgröße Z entweder der Deckungsbeitrag oder der Gewinn in die Berechnung des Erwartungswertes des Nutzens $E(U(Z)) = \sum_i p_i \cdot \sqrt{Z_i}$ eingehen? (p_i sei die Wahrscheinlichkeit des kombinierten Umweltzustandes mit dem Deckungsbeitrag bzw. Gewinn Z_i).

c) Untersuchen Sie anhand des in b) verwendeten Typs einer Nutzenfunktion, welche Gesichtspunkte trotz der Ergebnisse von b) bei unvollkommener Information gegen die Notwendigkeit einer Berücksichtigung von Fixkosten in der operativen Planung sprechen.

5.4 Systemvergleich

Aufgabe 5.4.1: Prozess- versus Grenzplankostenrechnung

Arbeiten Sie systematisch die Gemeinsamkeiten und die Unterschiede von Grenzplankosten- und Prozesskostenrechnung heraus. Belegen Sie die Aspekte an Beispielen. Handelt es sich nach Ihrem Urteil um verschiedene Kostenrechnungs"systeme"?

Aufgabe 5.4.2: Vergleich von Kostenrechnungssystemen

a) Nennen Sie vier Kriterien zur Analyse von Systemen der Kostenrechnung. Reihen Sie diese Kriterien nach ihrer Bedeutung für die Beurteilung der Kostenrechnungssysteme und begründen Sie Ihre Rangfolge.

b) Kennzeichnen Sie, welche Produktions- und Kostenfunktionen in folgenden Kostenrechnungssystemen zugrunde gelegt und welche Verfahren zu ihrer Bestimmung angewandt werden:

- Vollkostenrechnung

- Grenzplankostenrechnung

- Periodische Planerfolgsrechnung nach Laßmann

- Relative Einzelkostenrechnung nach Riebel.

c) Arbeiten Sie drei wichtige Unterschiede zwischen den produktions- und kostentheoretischen Ansätzen dieser vier Kostenrechnungssysteme heraus.

Aufgabe 5.4.3:   Bezugsgrößen

a)   Kennzeichnen Sie die Bedeutung von Bezugsgrößen für die Kostenplanung in dem System von Kilger. Welche unterschiedlichen Kostenzusammenhänge lassen sich dabei unterscheiden?

b)   Wo liegen die Gemeinsamkeiten, wo die Unterschiede der Bezugsgrößen in der Grenzplankostenrechnung zu den entsprechenden Größen in der

  – Relativen Einzelkostenrechnung

  – Periodischen Planerfolgsrechnung

  – Prozesskostenrechnung?

Aufgabe 5.4.4:   Systeme der Teilkostenrechnung

a)   Arbeiten Sie die aus Ihrer Sicht wichtigsten konzeptionellen Unterschiede zwischen der Grenzplankostenrechnung und der relativen Einzelkostenrechnung heraus.

b)   Wie beurteilen Sie diese Unterschiede im Hinblick auf den Planungs- und den Steuerungszweck der Kostenrechnung?

6. Verknüpfung von Kosten- und Investitionsrechnung

6.1 Lücke-Theorem

Aufgabe 6.1.1: Abschreibungen, Lücke-Theorem

Ein Leistungsbereich im Unternehmen soll die Zielsetzung der Kapitalwert-maximierung verfolgen und periodisch kontrolliert werden. Für den Leistungs-bereich seien die nachfolgend angeführten Zahlungsströme, bewerteten Vorräte am Periodenende sowie ein Zugang im abnutzbaren Anlagever-mögen zu Beginn der ersten Periode gegeben.

Periode t	Leistungs-einzahlungen [€]	Leistungs-auszahlungen [€]	Leistungs-saldo [€]	Vorräte am Perioden-ende	Anlagen-bestand am Perioden-ende
0	--	100,-	-100,-	40	60
1	140,-	100,-	40,-	50	--
2	180,-	120,-	60,-	50	--
3	160,-	140,-	20,-	0	--
			KW = 4,35		

a) Zeigen Sie am Beispiel der linearen und der digitalen Abschreibung, dass die Wahl der Abschreibungsmethode ohne Auswirkungen auf den Kapitalwert der Periodenerfolge bleibt. (Zinssatz = 8%)

b) Ermitteln Sie den Kapitalwert der Periodenerfolge, wenn in den Perioden 1 bis 3 jeweils eine kalkulatorische Abschreibung auf die Anlagen in Höhe von € 30,- vorgenommen wird.

c) Wie beurteilen Sie die Aussagefähigkeit der ausgewiesenen Perioden-erfolge? Wie sind die Auswirkungen der gewählten Abschreibungs-methoden aus dem Blickwinkel des Lücke-Theorems zu beurteilen?

Aufgabe 6.1.2:   Abschreibungen, Lücke-Theorem

Die Produktion eines Sonderauftrages erstreckt sich entsprechend nachfolgender Abbildung von der Materialbeschaffung bis zum letzten Zahlungseingang über 5 Perioden. Die Fertigungsdauer zur Erzeugung eines
Halbfertigfabrikates aus dem Rohstoff sowie des Fertigfabrikates aus dem
Halbfertigfabrikat beträgt jeweils eine Periode. Pro Periode werden jeweils 70
Halb- bzw. Fertigfabrikate bearbeitet. Die Materialkosten pro Stück betragen
€ 10,-. Lohn- und andere Kosten werden nicht berücksichtigt. Das Material
wird für jeweils zwei nachfolgende Teilperioden beschafft. Der Stückerlös
eines Fertigfabrikates beträgt € 18,-. Für die Materialbeschaffung ist ebenso
wie für den Fertigfabrikateverkauf ein Zahlungsziel von je einer Periode
vereinbart. Bei Betrachtung der mit dem Absatz der Fertigfabrikate
zusammenhängenden Zahlungen und Bestände ergeben sich folgende
Daten:

Zeitpunkt	0	1	2	3	4	5
Bestände an Material Halbfertigerzeugnissen Fertigerzeugnissen	1.400	700 700	700 700	700		
Umsatz				1.260	1.260	
Debitorenbestand				1.260	1.260	
Auszahlungen für Material		1.400				
Einzahlungen für Produktverkauf					1.260	1.260

a)   Beschreiben Sie verbal oder mit Formeln die zentrale These des Lücke-
     Theorems sowie seine zugrunde liegenden Prämissen.

b)   Zeigen Sie für die Werte der oben dargestellten Produktion des
     Sonderauftrages die Gültigkeit des Lücke-Theorems. Unterstellen Sie
     dabei einen konstanten Zinssatz von 10%.

c)   Ändert sich die Gültigkeit des Lücke-Theorems, wenn anstelle des
     konstanten ein variabler Zinssatz unterstellt wird? Wie würden Sie in
     diesem Fall die Berechnung von Teilaufgabe b) vornehmen (eine
     Berechnung ist nicht erforderlich)? Begründen Sie Ihre Aussagen.

6.2 Investitionstheoretischer Ansatz

Aufgabe 6.2.1: Traditionelle versus Investitionstheoretische Kostenrechnung

Analysieren Sie die unterschiedlichen Sichtweisen und die Überleitungsmöglichkeiten zwischen dem traditionellen kostenrechnerischen Vorgehen und dem investitionstheoretischen Ansatz am Beispiel der Bestellmengenplanung. (Eine Untermauerung anhand von Formeln ist dabei möglich, aber nicht notwendig.)

Aufgabe 6.2.2: Investitionstheoretische Kostenrechnung, Abschreibung

Die Geschäftsleitung der Brauerei Benediktiner erwägt den Kauf eines neuen Sudkessels. Aus der Investitionsrechnung sowie der Kosten- und Erlösrechnung liegen folgende Daten des präferierten Modells vor: Die Anschaffungskosten des Sudkessels betragen $A = 50$ T€, der Liquidationserlös $L = 75/(T+1)$ T€. Es ist von einer konstanten Periodenbeschäftigung $y_t = \overline{y} = 6$ auszugehen. Ferner kann unterstellt werden, dass sich die laufenden Betriebs- und Instandhaltungskosten nach der Funktion $C = 0{,}3 \cdot t + 3 \cdot y_t + 0{,}12 \cdot Y_t$ verhalten (mit Y_t = kumulierte Beschäftigung in t). Aus der Investitionsrechnung ist bekannt, dass die optimale Nutzungsdauer $T^* = 10{,}3$ Jahre und der Kapitalwert des Anlageneinsatzes $K(T^*) = 297{,}74$ T€ beträgt.

Jeweils nach Ablauf der Nutzungsdauer wird (unendlich lange) ein neuer Sudkessel mit denselben Kosten- und Zahlungswirkungen gekauft. Der Diskontierungssatz betrage $i = 0{,}10$. Um die Entscheidung über beide Rechensysteme zu fundieren, soll die Abschreibung des Sudkessels nach der traditionellen Kostenrechnung und nach dem investitonstheoretischen Ansatz der Kostenrechnung ermittelt werden.

a) Beschreiben Sie verbal das Vorgehen bei der Bestimmung von Anlagenabschreibungen nach dem investitionstheoretischen Ansatz der Kostenrechnung. Nennen Sie vier Annahmen, die bei ihrer Berechnung zugrunde gelegt werden.

b) Bestimmen Sie die investitionstheoretische Abschreibung des Sudkessels in der ersten Periode; Hinweis: der Anlagenwert in $t = 0$ beträgt $W_0 = 50$ T€.

c) Vergleichen Sie die investitionstheoretische Abschreibung mit der linearen Abschreibung nach der traditionellen Kostenrechnung. Untersuchen Sie dabei, ob und ggf. inwieweit der investitionstheoretische Ansatz enger oder weiter als der traditionelle Ansatz der Abschreibungsbestimmung ist.

Hinweis: Zur Lösung der Aufgaben können folgende Formeln nützlich sein:

$$K = \frac{\int\limits_0^T C(t, y_t, Y_t) \cdot e^{-it} dt + A - L(T) \cdot e^{-iT}}{1 - e^{-iT}}$$

$$K_t = \left[\int\limits_t^T C(s, y_s, Y_s) \cdot e^{-is} ds - L(T) \cdot e^{-iT} + K \cdot e^{-iT} \right] \cdot e^{it}$$

$$C(T, y_T, Y_T) - \frac{dL}{dT} + i \cdot L(T) = i \cdot K$$

Aufgabe 6.2.3:   Bestimmung von Preisuntergrenzen

Drei BWL-Studenten möchten ein Unternehmen gründen. Der Businessplan besteht aus einer zweiperiodigen Investitions- und einer ebenfalls zweiperiodigen Verkaufsphase. Folgende Auszahlungen sind vorgesehen: Im Zeitpunkt 0 muss ein leistungsfähiger Web-Server zum Preis von 10.000,- € angeschafft werden. Während der gesamten Investitionsphase zwischen dem Zeitpunkt 0 und dem Zeitpunkt 2 fällt darüber hinaus ein kontinuierlicher Auszahlungsstrom in Höhe von 2.000,- € je Periode an. Im Zeitpunkt 2 muss eine Auszahlung von 12.000,- € für die Vermarktung veranschlagt werden. Während der Verkaufsphase zwischen dem Zeitpunkt 2 und dem Zeitpunkt 4 fällt ein kontinuierlicher variabler Auszahlungsstrom in Höhe von 1,- € je verkaufter Einheit an. In der Verkaufsphase werden 1.000 Einheiten je Periode verkauft.

a) Gehen Sie zunächst von einem kalkulatorischen Zinssatz von 0% aus. Wie hoch ist die Preisuntergrenze für eine verkaufte Einheit in einer Voll- und in einer Teilkostenrechnung der traditionellen Kostenrechnung?

b) Unterstellen Sie nun eine kontinuierliche Verzinsung in Höhe von 10%. Bestimmen Sie die Preisuntergrenze nach dem investitionstheoretischen Ansatz der Kostenrechnung zu folgenden Zeitpunkten:

   – vor dem Kauf des Web-Servers zum Zeitpunkt 0

- zum Zeitpunkt 1

- vor der Auszahlung für die Vermarktung zum Zeitpunkt 2

- zum Zeitpunkt 3.

c) Wie beurteilen Sie die Anwendbarkeit des investitionstheoretischen Ansatzes der Kostenrechnung zur Bestimmung von Preisuntergrenzen im vorliegenden Fall eines Internet-Startups?

d) Welcher Zusammenhang zwischen der Fristigkeit des Entscheidungsproblems, entscheidungsrelevanten Informationen und dem Rechnungssystem lässt sich hieran aufzeigen?

Aufgabe 6.2.4:   Preisuntergrenze

Für eine Einproduktfertigung wird angenommen, dass vor Beginn der Erzeugung eines Produktes Forschungs-, Entwicklungs- und Anlageinvestitionen getätigt werden müssen. Es sei weiter angenommen, dass die Zahlungen für Forschung AF = 800 vor Beginn der ersten Periode, für Entwicklung AE = 1.000 vor Beginn der zweiten Periode und für Anlagen AA = 3.000 vor Beginn der dritten Periode anfallen. Nach zwei Perioden Vorlauf wird das Produkt TP = 6 Perioden lang hergestellt und abgesetzt. Dabei sind zu Beginn jeder Fertigungsperiode fixe Zahlungen von F = 200 zu leisten. Während der Fertigung fallen kontinuierlich variable Zahlungen pro Stück von k_v = 10 an. In jeder Periode werden x = 200 Stück gefertigt.

a) Berechnen Sie die Preisuntergrenze nach dem investitionstheoretischen Ansatz der Kostenrechnung (i = 0,10).

b) Beurteilen Sie anhand Ihres Ergebnisses die Preisuntergrenzen nach Voll- und Teilkostenrechnung der traditionellen Kostenrechnung.

Aufgabe 6.2.5:   Preisuntergrenze

Ihr Unternehmen stellt als einziges Produkt den Laufschuh „Race" her. Vor der Erzeugung des Produktes müssen Forschungs- und Entwicklungs- sowie Anlageinvestitionen getätigt werden. Es sei angenommen, dass die Zahlungen für Forschung und Entwicklung A_{FE} = 4.000 zu Beginn der ersten Periode und für Anlagen A_A = 1.500 zu Beginn der zweiten Periode anfallen. Nach einer Periode Vorlauf ab Beginn des Betrachtungszeitraums wird das Produkt T_P = 3 Perioden lang hergestellt und abgesetzt. Dabei sind zu Beginn jeder Fertigungsperiode fixe Zahlungen von F = 500 zu leisten. Während der Fertigung fallen kontinuierlich variable Zahlungen pro Stück von k_v = 80 an. In jeder Periode werden x = 100 Stück gefertigt.

a) Zu Beginn des Betrachtungszeitraums möchte Ihr Großkunde „Barefoot Sport" mit Ihnen den Preis der Laufschuhe aushandeln. Berechnen Sie die Preisuntergrenze zum Verhandlungszeitpunkt nach dem investitionstheoretischen Ansatz der Kostenrechnung ($i = 0{,}05$).

Folgende Formel kann dabei hilfreich sein:

$$DB = (p - k_v) \cdot x = \frac{\alpha}{100} \cdot k_v \cdot x$$

(mit α = prozentualer Zuschlagssatz auf k_v)

b) Welche Preisuntergrenze ergibt sich gemäß investitionstheoretischer Kostenrechnung, wenn der Preis unmittelbar vor Beginn der letzten Produktionsperiode nachverhandelt wird?

c) Vergleichen Sie die Ergebnisse aus a) und b) mit den Preisuntergrenzen nach Voll- und Teilkostenrechnung der traditionellen Kostenrechnung. Interpretieren Sie Ihre Ergebnisse. Erläutern Sie dabei insbesondere, durch welche Eigenschaften der Vorgehensweise nach der investitionstheoretischen Kostenrechnung die Unterschiede verursacht werden.

7. Lösungsteil

Aufgabe 1.1.1.1: Abschreibung in Bilanz und Kostenrechnung

- Abschreibungen in der bilanziellen Rechnung (pagatorisch) sind an Beständen orientiert und erfolgen auf den Buchwert von Wirtschaftsgütern.

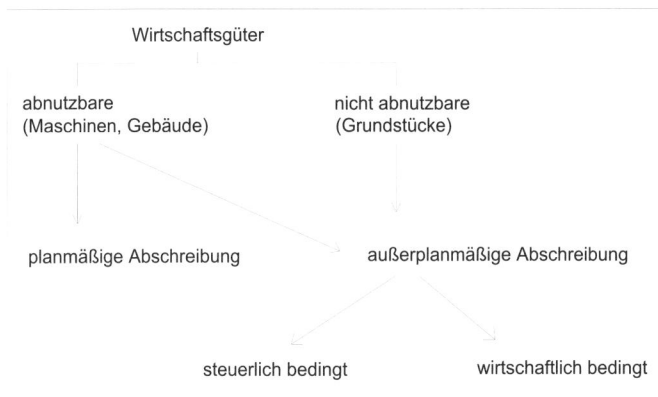

- Abschreibungen in der Kostenrechnung (kalkulatorisch) sind nicht an Beständen und nicht am Buchwert, sondern an den Wiederbeschaffungskosten orientiert.
- Nur planmäßige Abschreibungen, außerplanmäßige Abschreibungen allenfalls indirekt über die Wagniskosten.

Gemeinsamkeiten:

- planmäßige Abschreibung
- auf das Anlagevermögen
- Erfassen von Wertminderungen
- teilweise gleiche Abschreibungsverfahren

Unterschiede:

- verschiedene Rechnungsziele
- Kostenrechnung nur planmäßige Abschreibung
- Bilanz: maximal Anschaffungs- bzw. Herstellkosten abschreibbar; Abschreibung in der Kostenrechnung kann an den Wiederbeschaffungskosten orientiert sein.

- Bilanz: nur Ist-Werte und periodengebunden;
  in der Kostenrechnung sind kalkulatorische Abschreibungen vor allem für die Planungsrechnung wichtig.

Aufgabe 1.1.1.2:   Abschreibung in Bilanz und Kosten-rechnung

zu a)

$$p = 100 \cdot \left(1 - \sqrt[n]{\frac{RW_n}{AW}} \right)$$

p   = Abschreibungsprozentsatz
AW   = Anschaffungswert
RW_n = Restwert am Ende der Nutzungsdauer
n   = Nutzungsdauer

Abschreibungsquote: **24,67%**
Steuerlich maximal zulässiger Prozentsatz: **20%**

zu b)

- **Lineare kalkulatorische Abschreibung:**

Anschaffungswert - Restwert = 850.000 - 50.000,- = **800.000,- €**.

Davon die Hälfte mit Zeitabschreibung:

$$\frac{1}{2} \cdot \left(\frac{800.000}{10} \right) = 40.000,\text{- €/Jahr}$$

Abschreibungsquote = $\dfrac{40.000\ €}{800.000\ €} \cdot 100 = \textbf{5\%}$

- **Leistungsabschreibung:**

$$= \frac{\dfrac{1}{2}\ \text{Abschreibungssumme}}{\text{Gesamtleistung}} \cdot \text{erbrachte Leistung}$$

$$= \frac{\dfrac{1}{2} \cdot 800.000}{20.000} \cdot \text{erbrachte Leistung} = \textbf{20,- €/h} \cdot \textbf{geleistete Stunden}$$

zu c)

	Bilanzielle Abschreibung [€]	Kalkulatorische Abschreibung [€]
Anschaffungsausgaben	850.000,-	850.000,-
– Abschreibungen im 1. Jahr	170.000,-	70.000,-
Buchwert zu Beginn 2. Jahr	680.000,-	780.000,-
– Abschreibungen im 2. Jahr	136.000,-	78.000,-
Buchwert zu Beginn 3. Jahr	544.000,-	702.000,-
– Abschreibungen im 3. Jahr	108.800,-	84.000,-
Buchwert zu Beginn 4. Jahr	435.200,-	618.000,-
– Abschreibungen im 4. Jahr	87.040,-	81.200,-
Buchwert zu Beginn 5. Jahr	348.160,-	536.800,-

Aufgabe 1.1.1.3:   Abschreibungsverfahren

Überblick:

- **Zeitabschreibung:**
  - linear
  - degressiv   --> geometrisch
                  --> arithmetisch
  - progressiv

- **Leistungsabschreibung**

- **Kombinationen aus Zeit- und Leistungsabschreibung**
  - Abschreibung nach Bain/Kilger
  - Investitionstheoretische Abschreibung

Zeitabschreibung:

- *lineare Abschreibung:* $\dfrac{10.000\,€}{5\,Jahre} = 2.000\,,\text{-}\ €\ \ p.a.$

- *geometrisch-degressive Abschreibung:*

Jahr	Abschreibungsquote [€]	Restwert [€]
1	2.000,-	8.000,-
2	1.600,-	6.400,-
3	1.280,-	5.120,-
4	1.024,-	4.096,-
5	819,20,-	3.276,80,-

- *arithmetisch-degressive Abschreibung:*

Jahr	Abschreibungsquote [€]	Restwert [€]
1	3.333,-	6.667,-
2	2.667,-	4.000,-
3	2.000,-	2.000,-
4	1.333,-	667,-
5	667,-	0

- *leistungsabhängige Abschreibung:*

Jahr	Abschreibungsquote [€]	Restwert [€]
1	4.000,-	6.000,-
2	2.000,-	4.000,-
3	2.000,-	2.000,-
4	1.000,-	1.000,-
5	1.000,-	0

Aufgabe 1.1.1.4:   Abschreibungsverfahren

zu a1)   *lineare Abschreibung:* $a_t = 40.000,- €/Jahr$

Periode	BW_{t-1} [€]	a_t [€]	RW_{t-1} [€]
1	180.000,-	40.000,-	140.000,-
2	140.000,-	40.000,-	100.000,-
3	100.000,-	40.000,-	60.000,-
4	60.000,-	40.000,-	20.000,-

zu a2)   *geometrisch-degressive Abschreibung:*   Prozentsatz: 42,27%

Periode	BW_{t-1} [€]	a_t [€]	RW_{t-1} [€]
1	180.000,-	76.086,-	103.914,-
2	103.914,-	43.924,-	59.990,-
3	59.990,-	25.358,-	34.632,-
4	34.632,-	14.639,-	19.993,-

zu a3)   *digitale Abschreibung:*   Degressionsbetrag: d = 16.000,- €

Periode	BW_{t-1} [€]	a_t [€]	RW_{t-1} [€]
1	180.000,-	16.000 · 4 = 64.000,-	116.000,-
2	116.000,-	16.000 · 3 = 48.000,-	68.000,-
3	68.000,-	16.000 · 2 = 32.000,-	36.000,-
4	36.000,-	16.000 · 1 = 16.000,-	20.000,-

zu a4)   *leistungsabhängige Abschreibung:*

Periode	BW_{t-1} [€]	a_t [€]	RW_{t-1} [€]
1	180.000,-	50.000,-	130.000,-
2	130.000,-	30.000,-	100.000,-
3	100.000,-	45.000,-	55.000,-
4	55.000,-	35.000,-	20.000,-

zu b)

- **Abschreibungsursachen:**
  - Zeitablauf;
  - Gebrauch: Maschineneinsatz, Verschleiß;
  - Korrosion;
  - wirtschaftliche Veralterung z.B. wegen technischen Fortschritts.

- **Abschreibungsmethoden:**
  - leistungsabhängige Abschreibung: Gebrauch, Maschinen-
    einsatz, Verschleiß;
  - zeitabhängige Abschreibung: Zeitablauf, Korrosion, wirt-
    schaftliche Veralterung.

Aufgabe 1.1.1.5:   Abschreibung nach Bain/Kilger

- Näherungsweise Auflösung in fixe und variable Abschreibungen.
- *Gebrauchsverschleiß:* hängt von den geleisteten Betriebsstunden ab und ist daher beschäftigungsabhängig
- *Zeitverschleiß:* beschäftigungsunabhängig

- **Nutzungsdauer bei reinem Zeitverschleiß:**

ND (Z) = 10 Jahre

- **Nutzungsdauer bei reinem Gebrauchsverschleiß:**

$$ND\ (G) = \frac{180.000\ [km]}{x_p\ [km] \cdot 12\ [Monat]}$$ mit: (x_p = Planbeschäftigung/Monat)

x_p = 1.500 km --> ND (G)   =   10   Jahre
x_p = 2.500 km --> ND (G)   =   6   Jahre
x_p = 4.000 km --> ND (G)   =   3,75   Jahre

- **Abschreibung (K_A) =**

$$\underbrace{\frac{W}{12\,\text{Monate}\cdot ND\,(Z)}}_{\text{Zeitverschleiß}} + \left[\frac{W}{12\,\text{Monate}\cdot ND\,(G)} - \frac{W}{12\,\text{Monate}\cdot ND\,(Z)} \right] \cdot \frac{x_i}{x_p}$$

mit: x_i = Istbeschäftigung
      x_p = Planbeschäftigung
      W = Wiederbeschaffungskosten

- **Bei Planbeschäftigung x_p = 1.500 km**

$$K_A = \frac{240.000}{12 \cdot 10} + \left[\frac{240.000}{12 \cdot 10} - \frac{240.000}{12 \cdot 10} \right] \cdot \frac{x_i}{x_p}$$

$$K_{A1} = 2.000 + 0 \cdot \frac{1.500}{1.500} = \textbf{2.000} \, \frac{\textbf{€}}{\textbf{Monat}}$$

$$K_{A2} = 2.000 + 0 \cdot \frac{2.500}{1.500} = \textbf{2.000} \, \frac{\textbf{€}}{\textbf{Monat}}$$

$$K_{A3} = 2.000 + 0 \cdot \frac{4.000}{1.500} = \textbf{2.000} \, \frac{\textbf{€}}{\textbf{Monat}}$$

- **Bei Planbeschäftigung x_p = 2.500 km**

$$K_A = \frac{240.000}{12 \cdot 10} + \left[\frac{240.000}{12 \cdot 6} - \frac{240.000}{12 \cdot 10} \right] \cdot \frac{x_i}{x_p}$$

$$K_{A1} = 2.000 + 1.333,33 \cdot \frac{1.500}{2.500} = \textbf{2.800} \, \frac{\textbf{€}}{\textbf{Monat}}$$

$$K_{A2} = 2.000 + 1.333,33 \cdot \frac{2.500}{2.500} = \textbf{3.333,33} \, \frac{\textbf{€}}{\textbf{Monat}}$$

$$K_{A3} = 2.000 + 1.333,33 \cdot \frac{4.000}{2.500} = \textbf{4.133,33} \, \frac{\textbf{€}}{\textbf{Monat}}$$

- **Bei Planbeschäftigung x_p = 4.000 km**

$$K_A = 2.000 + \left[\frac{240.000}{12 \cdot 3,75} - 2.000 \right] \cdot \frac{x_i}{x_p}$$

$$K_{A1} = 2.000 + 3.333,33 \cdot \frac{1.500}{4.000} = \textbf{3.250} \, \frac{\textbf{€}}{\textbf{Monat}}$$

$$K_{A2} = 2.000 + 3.333,33 \cdot \frac{2.500}{4.000} = \textbf{4.083,33} \, \frac{\textbf{€}}{\textbf{Monat}}$$

$$K_{A3} = 2.000 + 3.333,33 \cdot \frac{4.000}{4.000} = \textbf{5.333,33} \, \frac{\textbf{€}}{\textbf{Monat}}$$

Beurteilung:

- Einbindung der Beschäftigung als Einflussgröße der kalkulatorischen Abschreibung durch eine Kombination aus zeit- und nutzungsabhängiger Abschreibung.
- Zusammenhang zwischen Abschreibung und Ersatz wird abgebildet.
- Es ist jeweils die stärkere Abschreibungsursache für die Abschreibung verantwortlich --> Näherung.
- Für die Praxis kaum anwendbar, da zu komplex.

Aufgabe 1.1.1.6: Abschreibungsverfahren nach Bain

zu a)

Zweck: Aufteilung in fix und variabel –> zeit vs. nutzungsabhängige Abschreibung;
Grund für Näherungsverfahren: Man unterstellt in der GPKR lineare Kostenverläufe

zu b)

Nutzungsdauer bei reinem Gebrauchsverschleiß:
  Maschine 1: 1.000.000/160.000 = 6.25 Jahre
  Maschine 2: 200.000/20.000 = 10 Jahre

Kritische Beschäftigung:
  Maschine 1: $x_c = \dfrac{1.000.000}{8\,\text{Jahre}}$ = 125.000 Stück

  Maschine 2: $x_c = \dfrac{200.000}{6\,\text{Jahre}}$ = 33.333,33 Stück

Abschreibungen nach Bain:
  Maschine 1: $x_c < x_p$

$$K_A = \frac{4.000.000}{8} + \left[\frac{4.000.000}{6,25} - \frac{4.000.000}{8} \right] \cdot \frac{200.000}{160.000}$$
$$= 500.000 + 175.000 = 675.000$$

  Maschine 2: $x_c > x_p$
$$K_A = \frac{6.000.000}{6} = 1.000.000$$

zu c)

Nutzungsdauer bei reinem Gebrauchsverschleiß:
  Maschine 1: 1.000.000/200.000 = 5 Jahre

$$K_A = \frac{4.000.000}{8} + \left[\frac{4.000.000}{5} - \frac{4.000.000}{8} \right] \cdot \frac{200.000}{200.000}$$
$$= 500.000 + 300.000 = 800.000$$

zu d)

Grafik

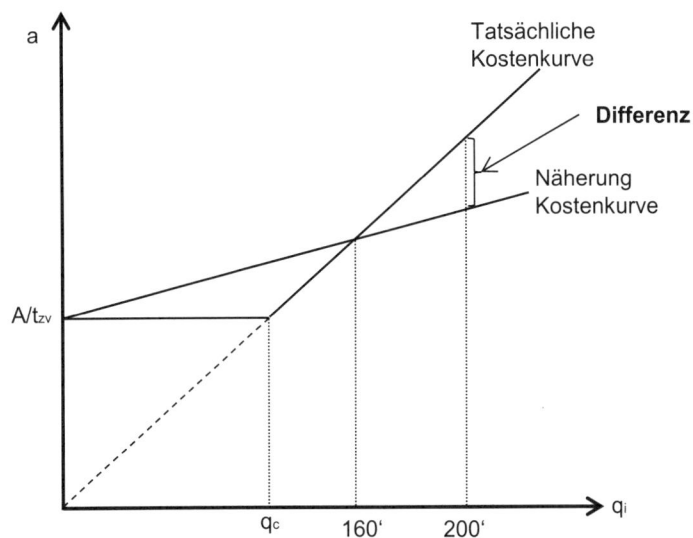

Berechnung für Maschine 1:
 Tatsächlicher Wertverlust: 4.000.000 € / 5 Jahre = 800.000 €
 Die 5 Jahre sind die Abschreibung bei einer Beschäftigung von 200.000
 Stück. [Dieser Wert ist bereits in Aufgabe c) berechnet.]
 Abschreibung nach Bain: 675.000 € [bereits in b) berechnet]
 Differenz: 125.000 €

Berechnung für Maschine 2:
 Differenz ist Null, wenn $x_p = x_i$

Aufgabe 1.1.2.1: Lohn- und Gehaltsabrechnung

zu a)

Grundlohn: $18 + 4 \text{ Tage} \cdot 8 \frac{h}{\text{Tag}} \cdot 9{,}42 \frac{DM}{h} = \textbf{1.657,92 €}$

zu b)

- vorzugebende Rüstzeit: 195 min + 123 min = 318 min = **5 h 18 min**
- vorzugebende Stückstandardzeit:

$$\text{Anzahl der Werkstücke} \cdot \left(\frac{\text{Fräszeit}}{\text{Stück}}\right) + \left(\frac{\text{Schleifzeit}}{\text{Stück}}\right) + \text{vorzugeb. Rüstzeit}$$

$$= 795 \text{ Stück} \cdot (7{,}6 \frac{min}{\text{Stück}} + 3 \frac{min}{\text{Stück}}) + 318 \text{ min} = \textbf{8.745 min}$$

zu c)

- tatsächliche Arbeitszeit:

$$\left(18 \text{ Tage} \cdot 8 \frac{h}{\text{Tag}} - 4 \text{ h}\right) \cdot 60 \frac{min}{h} = \textbf{8.400 min}$$

- Zeitersparnisprämie:
  vorzugebende Stückstandardzeit - tatsächliche Arbeitszeit
  = 8.745 min - 8.400 min = **345 min**

zu d)

Prämie:

$$345 \text{ min} \cdot 0{,}12 \frac{€}{min} = \textbf{41,40 €}$$

Bruttolohnbetrag:
Grundlohn + Prämie = 1.657,92 + 41,40 = **1.699,32 €**

Aufgabe 1.1.3.1: Bestandsbewertung

zu a)

mengenmäßiger Endbestand = Anfangsbestand + Zugänge - Abgänge
= 9.780 kg + 3.720 kg - 3.260 kg = 10.240 kg

zu b)

nach Lifo-Methode [€]			
AB	69.438,00	Abgang	7.519,00
Zugang	11.096,00	Abgang	5.068,00
Zugang	6.090,00	Abgang	4.437,00
Zugang	10.404,00	Abgang	7.199,50
		EB	72.804,50
	97.028,00		97.028,00

nach Fifo-Methode [€]			
AB	69.438,00	Abgang	7.313,00
Zugang	11.096,00	Abgang	4.970,00
Zugang	6.090,00	Abgang	4.118,00
Zugang	10.404,00	Abgang	6.745,00
		EB	73.882,00
	97.028,00		97.028,00

nach Hifo-Methode [€]			
AB	69.438,00	Abgang	7.519,50
Zugang	11.096,00	Abgang	5.068,00
Zugang	6.090,00	Abgang	4.437,00
Zugang	10.404,00	Abgang	7.208,00
		EB	72.796,00
	97.028,00		97.028,00

nach gleitendem Durchschnitt [€]			
AB	69.438,00	Abgang	7.340,71
Zugang	11.096,00	Abgang	4.988,83
Zugang	6.090,00	Abgang	4.173,76
Zugang	10.404,00	Abgang	6.836,32
		EB	73.688,38
	97.028,00		97.028,00

Aufgabe 1.1.3.2:   Kalkulatorische Zinsen

zu a)

	Bebaute betriebs-notwendige Grundstücke (ohne Mietshaus)	Maschinenpark	Betriebs- und Geschäftsaus-stattung	Fuhrpark
Kalkulatorischer Buchwert zu Periodenbeginn [€]	720.000	2.700.000	820.000	375.000
- Kalkulatorische Abschreibung [€]	36.000	405.000	82.000	75.000
Kalkulatorischer Buchwert zu Periodenende [€]	684.000	2.295.000	738.000	300.000
Durchschnitt-licher Buchwert [€]	$\dfrac{720.000 + 684.000}{2}$	$\dfrac{2.700.000 + 2.295.000}{2}$	$\dfrac{820.000 + 738.000}{2}$	$\dfrac{375.000 + 300.000}{2}$
	= 702.000	**= 2.497.500**	**= 779.000**	**= 337.500**

- **Betriebsnotwendiges Kapital:**
  702.000 + 2.497.500 + 779.000 + 337.500 + 350.000 +
  + 1.030.000 + 710.000 + 266.000 = **6.672.000,- €**

zu b)

- **Abzugskapital:**
  zinslose Lieferantenkredite + Anzahlungen von Kunden =
  = 509.000 + 63.000 = **572.000,- €**

- **Zinsberechtigtes betriebsnotwendiges Kapital:**
  betriebsnotwendiges Kapital - Abzugskapital =
  = 6.672.000 - 572.000 = **6.100.000,- €**

zu c)

- **Kalkulatorische Zinsen:**
  6.100.000 € · 0,08 = **488.000,- €**

Aufgabe 1.1.3.3:   Kalkulatorische Zinsen

zu a)

- **Durchschnittlich gebundenes betriebsnotwendiges Vermögen:**

$$\frac{1.330.000 + 1.360.000}{2} - \frac{80.000 + 70.000}{2} - \frac{50.000 + 60.000}{2}$$
$$= \mathbf{1.215.000,\text{-} €}$$

- **Durchschnittliches Abzugskapital:**

$$110.000 + \frac{320.000 + 340.000}{2} + \frac{65.000 + 75.000}{2} = \mathbf{510.000,\text{-} €}$$

- **Kalkulatorische Zinsen:**

$$\frac{(1.215.000 - 510.000) \cdot 10}{100} = \mathbf{70.500,\text{-} €}$$

zu b)

- Auch für das eingesetzte Eigenkapital sollen Zinsen angesetzt werden, wobei mit dem kalkulatorischen Zinssatz eine Mindestverzinsung zum Ausdruck gebracht wird.
- Die Kosten- und Erlösrechnung soll von kurzfristigen Zinsschwankungen freigehalten werden.
- Die Zinsen haben den Charakter von Opportunitätskosten, die den Gewinn einer anderweitigen Verwendung des Kapitals angeben.

zu c)

Es stellt das der Unternehmung zinslos zur Verfügung stehende Kapital dar. Seine Bestimmung ist insbesondere im Hinblick auf Verbindlichkeiten aus Lieferungen und Leistungen nicht unproblematisch, weil die Kosten für Lieferantenkredite möglicherweise in den Preisen enthalten sind und/oder die Kosten für nicht genutzte Skonti zu berücksichtigen sind.

Aufgabe 1.1.3.4: Kalkulatorische Zinsen

zu a)

- **Endwert ohne Zinsen:**

  $C_7 = -1.800 + 800 + 800 + 800 = 600,- €$

  $\text{Zinsen} = 0$

- **ohne Zinseszinsen:**

  $-1.800 \cdot 6 \cdot 0{,}01 + 800 \cdot 2 \cdot 0{,}01 + 800 \cdot 1 \cdot 0{,}01 + 800 \cdot 0 \cdot 0{,}01 = -84,- €$

  $C_7 = -1.800 + 2.400 - 84 = 516,- €$

- **mit Zinseszinsen:**

  $C_7 = -1.800 \cdot 1{,}01^6 + 800 \cdot 1{,}01^2 + 800 \cdot 1{,}01^1 + 800 = 513{,}34 €$

  $\text{Zinsen} = 600 - 513.34 = 86{,}66 €$

zu b)

Bestimmung der Zinskosten über die Bestände von Anlage- und Umlaufvermögen.

zu c)

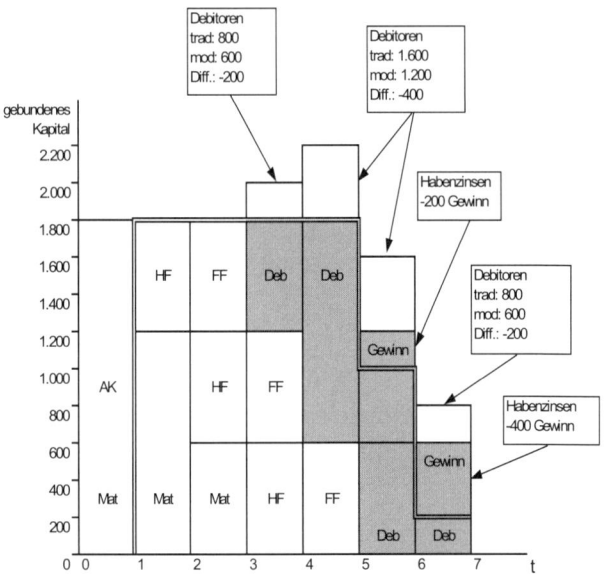

	Traditionelles Verfahren [€]	Modifiziertes Verfahren [€]
Bestandsart:		
- Material	$1.200 \cdot 3 \cdot 0,01 = 36$	36
- Halbfertigerzeugnisse	$600 \cdot 3 \cdot 0,01 = 18$	18
- Fertigerzeugnisse	$600 \cdot 3 \cdot 0,01 = 18$	18
- Debitoren	$800 \cdot 3 \cdot 2 \cdot 0,01 = 48$	$600 \cdot 3 \cdot 2 \cdot 0,01 = 36$
- Abzugskapital	$1.800 \cdot 1 \cdot 0,01 = -18$	-18
- Gewinne		$-(200) \cdot (2 + 1) \cdot 0,01 = -6$
Summe [€]	**102**	**84**

Aufgabe 1.1.3.5:   Kalkulatorische Zinsen

zu a)

Zeitpunkt	0	1	2	3	4	5	6	7	8
Bestände an: [€]									
Material	3.200	2.400	1.600	800					
Halbfertigprodukte		800	800	800	800				
Fertigprodukte			800	800	800	800			
Umsatz				1.000	1.000	1.000	1.000		
Debitorenbestand				1.000	2.000	2.000	2.000	1.000	
Auszahlung für Material		3.200							
Einzahlungen für Produktverkauf					1.000	1.000	1.000	1.000	

zu b)

	Traditionelles Verfahren [€]
Bestandsart:	
- Material	$2.000 \cdot 4 \cdot 0,01 = 80$
- Halbfertigprodukte	$800 \cdot 4 \cdot 0,01 = 32$
- Fertigprodukte	$800 \cdot 4 \cdot 0,01 = 32$
- Debitoren	$1.000 \cdot 4 \cdot 2 \cdot 0,01 = 80$
- Abzugskapital	$3.200 \cdot 1 \cdot 0,01 = -32$
Summo [€]	**192**

zu c)

Endwert ohne Zinsen:

$$C_7 = -3.200 + 1.000 + 1.000 + 1.000 + 1.000 = 800,- €$$
$$\text{Zinsen} = 0$$

Endwert mit Zinseszinsen:

$$C_7 = -3.200 \cdot 1,01^7 + 1.000 \cdot 1,01^3 + 1.000 \cdot 1,01^2 + 1.000 \cdot 1,01^1 + 1.000 = 629,57 €$$
$$\text{Zinsen} = 800 - 629.57 = 170,43 €$$

zu d)

	Modifiziertes Verfahren [€]
Bestandsart:	
- Material	$2.000 \cdot 4 \cdot 0,01 = \ 80$
- Halbfertigprodukte	$800 \cdot 4 \cdot 0,01 = \ 32$
- Fertigprodukte	$800 \cdot 4 \cdot 0,01 = \ 32$
- Debitoren	$800 \cdot 4 \cdot 2 \cdot 0,01 = \ 64$
- Abzugskapital	$3.200 \cdot 1 \cdot 0,01 = -32$
- Gewinne	$-(200) \cdot (3 + 2 + 1) \cdot 0,01 = -12$
Summe [€]	**164**

- Vgl. zu b): Debitoren zu Herstellkosten bewertet, Gewinn berücksichtigt

- Vgl. zu c): Nichtberücksichtigung der Zinseszinsen

zu e)

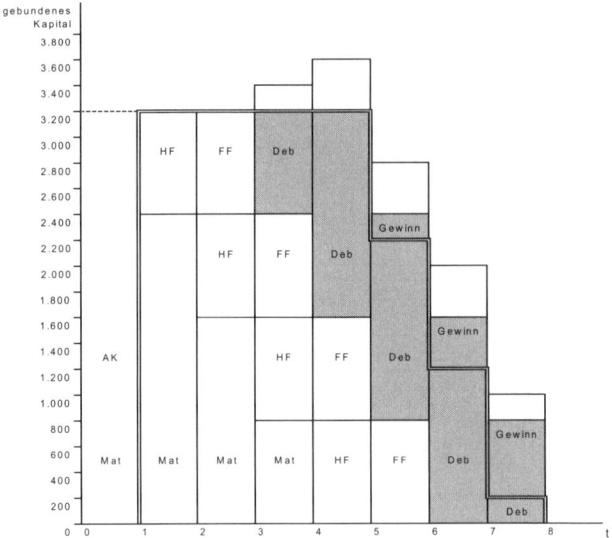

Aufgabe 1.1.3.6:   Kalkulatorische Zinsen

zu a)

Material	$3200 \cdot 3 \cdot 0,01$	96
HFE	$1600 \cdot 3 \cdot 0,01$	48
FE	$2400 \cdot 4 \cdot 0,01$	96
Debitoren	$2000 \cdot 2 \cdot 3 \cdot 0,01$	120
(Deb.alternativ)	$3000 \cdot 4 \cdot 0,01$	120
Abzugskapital	$-3800 \cdot 0,01 \cdot 2$	-76
Gesamt		284

zu b)

Zinszahlungen:

$-1000 \cdot (1,01^8 - 1) - 3800 \cdot (1,01^6 - 1) + 2000 \cdot (1,01^2 - 1) + 2000 \cdot (1,01 - 1) + 2000 = -256,43$

zu c)

Material	3200*3*0,01	96
HFE	1600*3*0,01	48
FE	2400*4*0,01	96
Debitoren	1600*2*3*0,01	96
Abzugskapital	-3800*0,01*2	-76
Gewinne	-400*0,01*(2+1)	-12
Gesamt		248

Beim traditionellen bestandsorientierten Verfahren in a) erfolgt die Verzinsung nur auf die Selbstkosten, nicht jedoch auf dem Umsatzwert. Das modifizierte bestandsorientierte Verfahren berücksichtigt neben den Sollzinsen auch anfallende Habenzinsen. Im Gegensatz zum zahlungsstromorientierten Verfahren in b) werden keine Zinseszinsen berücksichtigt.

Aufgabe 1.2.1.1:   Primärkostenverteilung

zu a)

	Vorkostenstellen			Endkostenstellen			
	Allgemeine Kostenstelle	Arbeitsvorbereitung	Werkstatt	Fertigungshauptstelle 1	Fertigungshauptstelle 2	Materialstelle	Vw- u. Vt-Stelle
Kostenarten:							
Fertigungslöhne				70.000	30.000		
Fertigungsmaterial				30.000	20.000		
Hilfslöhne [€]	8.000	6.000	10.000	2.000	2.000	2.000	---
Gehälter [€]	2.000	4.000	1.000	3.000	4.000	2.000	4.000
Sozialkosten [€]	3.000	3.000	3.300	1.500	1.800	1.200	1.200
Hilfs- u. Betriebsstoffe [€]	---	---	3.000	500	500	1.000	---
Abschreibungen [€]	2.000	4.000	6.000	15.000	10.000	3.000	---
Sonstige Kosten [€]	8.000	6.000	10.000	12.000	14.000	4.000	6.000
Summe GK [€]	**23.000**	**23.000**	**33.300**	**34.000**	**32.300**	**13.200**	**11.200**

zu b)

- *Mengenschlüssel:*

    Stückzahlen,
    Gewichtsgrößen,
    Raumgrößen,
    technische Maßgrößen

- *Wertschlüssel:*

    Fertigungslöhne
    Materialkosten,
    Herstellkosten,
    Warenumsatz,
    Anlagenbestandswert

- *Zeitschlüssel:*

    Kalenderzeit,
    Fertigungszeit,
    Maschinenstunden,
    Rüstzeit

Aufgabe 1.2.1.2: Primärkostenverteilung

zu a) und b)

Kosten-arten	Betrag [€]	Vorkostenstellen		Endkostenstellen			
		Allgemeine Kostenstelle	Fertigungs-hilfsstelle	Ferti-gungs-hauptstelle	Material-stelle	Verwal-tungsstelle	Vertriebs-stelle
Gehälter	320.000	12.000	97.000	24.000	---	124.000	63.000
Hilfs-löhne	280.000	23.000	65.000	132.000	10.000	25.000	25.000
Soziale Aufwen-dungen	225.000	13.125	60.750	58.500	3.750	55.875	33.000
Be-triebs-stoffe	32.000	---	8.000	24.000	---	---	---
Ab-schrei-bungen	470.000	38.000	41.000	177.000	26.000	106.000	82.000
Zinsen	114.000	9.000	10.000	48.000	7.000	22.000	18.000
Sonstige Gemein-kosten	260.000	13.000	32.500	104.000	6.500	58.500	45.500
Summe primäre Gemeinkosten [€]		**108.125**	**314.250**	**567.500**	**53.250**	**391.375**	**266.500**

zu c)

- *Lohnscheine für Gehälter:*
  Genaue Schlüsselung, da die realen Lohnausgaben erfasst werden.
- *Maschinenzahl für Betriebsstoffe:*
  Ungenauer, da der Betriebsstoffverbrauch der Maschinen unterschiedlich sein kann.
- *Umbaute Fläche für Abschreibungen:*
  Sehr ungenau; Wertverlust von Gebäuden kann sehr unterschiedlich sein.
- *Investierte Werte für Zinsen:*
  Willkürlich.

Aufgabe 1.2.2.1:   Blockumlageverfahren

		Vorkostenstellen			Endkostenstellen			
		I	II	III	A	B	M	VV
Kosten-arten	Gesamt							
FL [€] FM [€]	90.000 50.000				50.000	40.000	50.000	
Sonstige Gemein-kosten [€] Kalk. Aus-schuss-kosten [€]	307.000 20.000	50.000 4.000	30.000 4.000	20.000 2.000	81.000 6.000	76.000 4.000	10.000 ---	40.000 ---
Summe der primä-ren Ge-meinko-sten [€]		54.000	34.000	22.000	87.000	80.000	10.000	40.000
					16.200 10.200 6.600	21.600 13.600 8.800	10.800 6.800 4.400	5.400 3.400 2.200
	Σ Gemeinkosten				120.000	124.000	32.000	51.000
	Zuschlagssätze				240%	310%	64%	12,3%

Herstellkosten = **416.000,- €**

$$12,3\% = \frac{51.000}{416.000} \cdot 100$$

Aufgabe 1.2.2.2: Block- und Treppenumlageverfahren

- ## Blockumlage:

	Allgemeine Kostenstellen			Fertigungsbereich				Materialbereich		Vw- u. Vt	
	Haus-verwal-tung	Repara-turen	Fert.-hilfs-stelle	Säge-rei	Beschich-ten u. Pressen	Boh-rerei	Mon-tage	Ein-kauf	Lager	Ver-waltung	Ver-trieb
FL [€]	-	-	-	10.000	12.000	7.000	16.000	-	-	-	-
FM [€]	-	-	-	-	-	-	-	15.000	5.000	-	-
GK [€]	12.480	4.860	8.500	6.250	7.400	5.500	7.340	8.460	9.340	20.730	16.140
Umlage Hausverwaltung				2.202	1.835	1.101	1.835	734	2.569	1.468	734
Umlage Reparaturen				-	2.121	1.414	-	-	884	442	-
Umlage Fertigungshilfsstelle				1.889	2.267	1.322	3.022	-	-	-	-
Σ Umlage				4.091	6.223	3.837	4.857	734	3.453	1.910	734
Σ Gemeinkosten				10.341	13.623	9.337	12.197	9.194	12.793	22.640	16.874

Σ 21.987

zu b)

Kostenstellen	Berechnung des Gemeinkosten-zuschlagssatzes
Sägerei	$\dfrac{10.341}{10.000} \cdot 100 \quad = 103{,}41\,\%$
Beschichtung	$\dfrac{13.623}{12.000} \cdot 100 \quad = 113{,}53\,\%$
Bohrerei	$\dfrac{9.337}{7.000} \cdot 100 \quad = 133{,}39\,\%$
Montage	$\dfrac{12.197}{16.000} \cdot 100 \quad = 76{,}23\,\%$
Material	$\dfrac{21.987}{20.000} \cdot 100 \quad = 109{,}94\,\%$
Verwaltung	$\dfrac{22.640}{132.485} \cdot 100 \quad = 17{,}09\,\%$
Vertrieb	$\dfrac{16.874}{132.485} \cdot 100 \quad = 12{,}74\,\%$

- **Treppenumlage:**

	Allgemeine Kostenstellen			Fertigungsbereich				Materialbereich		Vw- u. Vt	
	Haus-verwal-tung	Repara-turen	Fert.-hilfs-stelle	Säge-rei	Beschich-ten u. Pressen	Boh-rerei	Mon-tage	Ein-kauf	Lager	Ver-waltung	Ver-trieb
FL [€]	-	-	-	10.000	12.000	7.000	16.000	-	-	-	-
FM [€]	-	-	-	-	-	-	-	15.000	5.000	-	-
GK [€]	12.480	4.860	8.500	6.250	7.400	5.500	7.340	8.460	9.340	20.730	16.140
Umlage Hausverwaltung	640	960	1.920	1.600	960	1.600	640	2.240	1.280	640
Umlage Reparaturen	-	-	-	2.400	1.600	-	-	1.000	500	-
Umlage Fertigungs-hilfsstelle	-	-	2.102,2	2.522,7	1.471,6	3.363,6	-	-	-	-
Σ Gemeinkosten				10.272,2	13.922,7	9.531,6	12.303,6	9.100	12.580	22.510	16.780

zu b)

Kostenstellen	Berechnung des Gemeinkosten-zuschlagssatzes
Sägerei	$\dfrac{10.272,2}{10.000} \cdot 100 \quad = 102,72\ \%$
Beschichtung	$\dfrac{13.922,7}{12.000} \cdot 100 \quad = 116,02\ \%$
Bohrerei	$\dfrac{9.531,6}{7.000} \cdot 100 \quad = 136,17\ \%$
Montage	$\dfrac{12.303,6}{16.000} \cdot 100 \quad = 76,90\ \%$
Material	$\dfrac{21.680}{20.000} \cdot 100 \quad = 108,40\ \%$
Verwaltung	$\dfrac{22.510}{132.710,10} \cdot 100 \quad = 16,96\ \%$
Vertrieb	$\dfrac{16.780}{132.710,10} \cdot 100 \quad = 12,64\ \%$

Aufgabe 1.2.2.3: Block- und Treppenumlageverfahren

zu a)

Treppenumlageverfahren:

Zunächst muss eine Reihenfolge der Vorkostenstellen für die Umlage festgelegt werden, so dass die unterdrückten bewerteten Leistungsströme minimiert werden. Hier kann man durch geschickte Anordnung sogar alle Leistungsströme berücksichtigen.

KS 4 [€]	KS 1 [€]	KS 3 [€]	KS 5 [€]	KS 2 [€]	KS 6 [€]	KS 7 [€]	KS 8 [€]
35.000	80.000	65.000	60.000	150.000	1.000.000	500.000	800.000
↳	167	667	500	334	6.667	8.334	18.334
	Σ80.167→	1.458	2.187	3.644	36.440	7.288	29.152
		Σ67.125→	672	672	33.563	6.713	25.508
			Σ63.359→	6.336	12.672	12.672	31.680
				Σ160.986→	48.296	40.247	72.444
				Σ	1.137.638	575.254	977.118

zu b)

Blockumlage:

KS 1 [€]	KS 2 [€]	KS 3 [€]	KS 4 [€]	KS 5 [€]	KS 6 [€]	KS 7 [€]	KS 8 [€]
80.000	150.000	65.000	35.000	60.000	1.000.000	500.000	800.000
↳					40.000	8.000	32.000
	↳				45.000	37.500	67.500
		↳			33.164	6.633	25.205
			↳		7.000	8.750	19.250
				↳	13.334	13.334	33.334
				Σ	1.138.498	574.217	977.289

Aufgabe 1.2.2.4: Primärkostenverteilung und Deckungsumlageverfahren

Kostenarten	Betrag [€]	A [€]	B [€]	C [€]	I [€]	II [€]	III [€]	Material [€]	Vw [€]	Vt [€]
Gehälter	75.000	--	--	7.500	15.000	--	--	--	30.000	22.500
Hilfslöhne	90.000	22.500	22.500	7.500	7.500	15.000	--	15.000	--	--
HuB-Stoffe	45.000	4.500	11.250	--	2.250	9.000	6.750	4.500	2.250	4.500
Instandhaltung	30.000	--	--	--	12.000	18.000	--	--	--	--
Kalk. Kosten	120.000	6.000	5.250	3.000	14.250	45.000	23.250	4.500	9.750	9.000
Vw- u. Vt-Kosten									105.000	135.000
primäre Stellenkosten		33.000	39.000	18.000	51.000	87.000	30.000	24.000	147.000	171.000
Umlage A		-36.000	2.250	1.500	9.000	4.500	6.000	3.900	3.750	5.100
Umlage C		1.500	3.750	- 15.000	3.000	3.000	3.000	600	150	--
Umlage B		3.000	- 45.000	3.000	12.000	9.000	15.000	1.500	600	900
Saldo [€]		+ 1.500	0	+ 7.500						
Deckungsumlage		- 1.500	--	- 7.500	+ 6.000	+ 1.500	+ 1.500	--	--	--
Σ GK					81.000	105.000	55.500	30.000	151.500	177.000
Bezugsbasis					120.000	210.000	150.000	420.000	1.171.500	
GK-Zuschlagssatz [%]					67,50	50,00	37,00	7,14	12,93	15,11

Aufgabe 1.2.2.5: Deckungsumlageverfahren

	Wasser	Strom	Reparatur	Fertigung	Material	Vw- u. Vt-Stelle
Primär-kosten [€]	1.600,-	5.300,-	2.900,-	22.000,-	3.100,-	2.100,-
Wasser-umlage [€]	(-1.700,-)	100,-	200,-	1.000,-	300,-	100,-
Strom-umlage [€]	100,-	(-6.700,-)	600,-	5.000,-	300,-	700,-
Reparatur-umlage [€]	100,-	1.000,-	(-4.000,-)	2.000,-	800,-	100,-
Saldo [€]	+ 100,-	- 300,-	- 300,-	30.000,-	4.500.-	3.000,-
Deckungs-umlage [€]	- 100,-	+ 300,-	+ 300,-	- 400	- 60	- 40
Σ GK	-	-	-	29.600,-	4.440,-	2.960,-
GK-Zuschlags-sätze [%]				40	20	2,27

Endkostenstelle	Berechnung des Gemeinkosten-zuschlagssatzes
Fertigung	$\dfrac{29.600}{74.000} \cdot 100 = 40\,\%$
Material	$\dfrac{4.440}{22.200} \cdot 100 = 20\,\%$
Vw- u. Vt-Stelle	$\dfrac{2.960}{130.240} \cdot 100 = 2,27\,\%$

zu b)

Die willkürliche Verteilung der Kostenreste der Vorkostenstellen auf die Endkostenstellen (Deckungsumlage).

Aufgabe 1.2.2.6:   Mathematisches Verfahren

zu a)

Anwendung des mathematischen Verfahrens, da zwischen den Vorkostenstellen wechselseitige Leistungsbeziehungen vorliegen.

zu b)

(1) $100\ k_1$ $= 20.000 + 400\ k_2$
(2) $1.000\ k_2 = 14.000 + 50\ k_1$

(3) FGK_{Sp} $= 10.000 + 30\ k_1 + 200\ k_2$
(4) FGK_{Dr} $= 12.000 + 20\ k_1 + 400\ k_2$

(1') $k_1 = 200 + 4\ k_2$
(1') in (2) $1.000\ k_2 = 14.000 + 10.000 + 200\ k_2$
            $800\ k_2$ $= 24.000$

$$k_2 = 30\ \frac{€}{\text{Stück}}$$

$$k_1 = 200 + 120 = 320\ \frac{€}{h}$$

zu c)

FGK_{Sp} $= 10.000 + \mathbf{30}\ k_1 + \mathbf{200}\ k_2$
FGK_{Dr} $= 12.000 + \mathbf{20}\ k_1 + \mathbf{400}\ k_2$

zu d)

sekundäre Kosten:

$30\ k_1 + 200\ k_2 = 15.600 = K_{sek\ Sp}$
$20\ k_1 + 400\ k_2 = 18.400 = K_{sek\ Dr}$

$FGK_{Sp} = 25.600,-$ $FGK_{Dr} = \mathbf{30.400,-}$ €

zu e)

Zuschlagssätze:

Spritzguss: $\dfrac{25.600}{64.000} = \mathbf{40\%}$

Druckguss: $\dfrac{30.400}{152.000} = \mathbf{20\%}$

Aufgabe 1.2.2.7:   Mathematisches Verfahren

zu a)

$4.750\ k_1 = 11.700 + 50\ k_2 + 150\ k_3 + 180\ k_4 + 105\ k_5$
$17.900\ k_2 = 1.300 + 30\ k_1 + 30\ k_3 + 30\ k_5$
$6.510\ k_3 = 32.600 + 450\ k_1 + 900\ k_2 + 540\ k_4 + 330\ k_5$
$7.440\ k_4 = 32.700 + 240\ k_1 + 1.440\ k_2 + 390\ k_3 + 180\ k_5$
$3.720\ k_5 = 17.800 + 960\ k_1 + 1.860\ k_2 + 270\ k_3 + 690\ k_4$

zu b)

Die Leistung der 2. Hilfskostenstelle:
$17.900\ k_2 = 1.300 + 30\ k_1 + 30\ k_3 + 30\ k_5$

Leistungsfluss von der 3. zur 4. Hilfskostenstelle:
$7.440\ k_4 = 32.700 + 240\ k_1 + 1.440\ k_2 + \mathbf{390\ k_3} + 180\ k_5$

Primärkosten der 5. Hilfskostenstelle:
$3.720\ k_5 = \mathbf{17.800} + 960\ k_1 + 1.860\ k_2 + 270\ k_3 + 690\ k_4$

zu c)

Kosten der Hauptkostenstelle:
$K = 3.070\ k_1 + 13.650\ k_2 + 5.670\ k_3 + 6.030\ k_4 + 3.075\ k_5$

Aufgabe 1.2.2.8:   Iteratives Verfahren

	V_1	V_2	V_3	E_1	E_2
primäre Kosten [€]	12.480,-	8.400,-	22.000,-	7.800,-	36.500,-
1. Umlage	⤷	686,- Σ 9.086,-	1.560,-	1.529,-	8.705,-
	1.136,-	↔	1.136,- Σ 24.696,-	2.272,-	4.544,-
	494,-	741,-	↔	3.458,-	20.004,-
2. Umlage	Σ1.630,-	741,-		15.059	69.753,-
	⤷	90,- Σ 831,-	204,-	200,-	1.137,-
	104,-	↔	104,- Σ 308,-	208,-	415,-
	6,-	9,-	↔	43,-	249,-
3. Umlage	Σ110,-	9,-		15.510,-	71.554,-
	⤷	6,- Σ 15,-	14,-	13,-	77,-
	2,-	↔	2,- Σ 17,-	4,-	7,-
		1,-	↔	2,-	13,-
	2,-	1,-	0,-	Σ 15.529,-	Σ 71.651,-

Aufgabe 1.2.2.9: Iteratives Verfahren

zu a)

Mathematisches Verfahren, Gutschrift-Lastschrift- und Iteratives Verfahren.
Begründung: Sie berücksichtigen einen gegenseitigen Leistungsaustausch.

zu b)

Kostenstelle	Pressluft	Strom	Werkzeuge	Reparatur	Schweißerei	Dreherei
primäre Kosten [€]	2.000,-	5.000,-	1.000,-	10.000,-	10.000,-	20.000,-
1. Umlage	500,-	400,-	200,- 1.000,- 1.000,-	200,- 500,- 200,-	400,- 1.000,- 400,- 4.000,-	800,- 2.000,- 400,- 5.000,-
Saldo 1. Umlage	500,-	400,-	2.200,-	900,-	5.800,-	8.200,-
2. Umlage	40,-	100,-	50,- 80,- 90,-	50,- 40,- 440,-	100,- 80,- 880,- 360,-	200,- 160,- 880,- 450,-
Saldo 2. Umlage	40,-	100,-	220,-	530,-	1.420,-	1.690,-
3. Umlage	10,-	8,-	4,- 20,- 53,-	4,- 10,- 44,-	8,- 20,- 88,- 212,-	16,- 40,- 88,- 265,-
Saldo 3. Umlage	10,-	8,-	77,-	58,-	328,-	409,-
4. Umlage	1,-	2,-	1,- 2,- 6,-	1,- 1,- 15,-	2,- 2,- 31,- 23,-	4,- 2,- 31,- 29,-
Saldo 4. Umlage	1,-	2,-	9,-	17,-	58,-	66,-
5. Umlage			 2,-	 2,-	 1,- 4,- 7,-	1,- 1,- 3,- 8,-
Saldo 5. Umlage			2,-	2,-	12,-	13,-
6. Umlage					1,- 1,-	1,- 1,-
Saldo 6. Umlage					2,-	2,-
primäre Kosten sekundäre Kosten aus den Umlagen					10.000,- 5.800,- 1.420,- 328,- 58,- 12,- 2,-	20.000,- 8.200,- 1.690,- 409,- 66,- 13,- 2,-
Gesamtkosten [€]					17.620,-	30.380,-

Aufgabe 1.2.2.10: Treppenumlage- und mathematisches Verfahren

zu a)

Im Rahmen des Treppenumlageverfahrens wird nur ein einseitiger Leistungsstrom berücksichtigt. Deshalb müssen die Vorkostenstellen in ihrer Reihenfolge derart angeordnet werden, dass die wertmäßig geringsten Leistungsströme unterdrückt werden und der Verrechnungsfehler somit möglichst klein gehalten wird.

zu b)

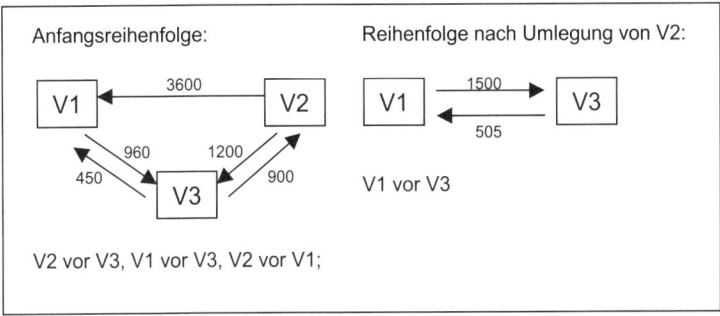

V_2 [€]	V_1 [€]	V_3 [€]	E_4 [€]	E_5 [€]	E_6 [€]
14.400,-	6.400,-	18.000,-	30.000,-	5.400,-	6.800,-
-------->	3.600,-	1.200,-	8.400,-	720,-	480,-
	---------->	1.500,-	6.000,-	2.000,-	500,-
		-------->	16.783,78	2.797,30	1.118,92
			61.183,78	**10.917,30**	**8.898,92**

Ungenau, da gegenseitiger Leistungsaustausch vernachlässigt wird, aber einfach in der Durchführung.

zu c)

(1) $K_1 = 6.400 + \mathbf{1/4}\,K_2 + \mathbf{1/40}\,K_3$
(2) $K_2 = 14.400 + \mathbf{1/20}\,K_3$
(3) $K_3 = 18.000 + \mathbf{3/20}\,K_1 + \mathbf{1/12}\,K_2$

Die Koeffizienten, die bei den innerbetrieblichen Leistungen die Gemeinkosten ausmachen, sind durch Fettdruck gekennzeichnet.

zu d)

(1) $K_1 = 6.400 + \dfrac{1}{4}K_2 + \dfrac{1}{40}K_3$

(2) $K_2 = 14.400 + \dfrac{1}{20}K_3$

(3) $K_3 = 18.000 + \dfrac{3}{20}K_1 + \dfrac{1}{12}K_2$

(4)   (2) in (1):

$$K_1 = 6.400 + \frac{14.400}{4} + \frac{1}{80}K_3 + \frac{1}{40}K_3 = 10.000 + \frac{3}{80}K_3$$

(5)   (2) in (3):

$$K_3 = 18.000 + 1.200 + \frac{1}{240}K_3 + \frac{3}{20}K_1$$

=> $$\frac{239}{240}K_3 = 19.200 + \frac{3}{20}K_1$$

in (5) $$\frac{239}{240}K_3 = 19.200 + 1.500 + \frac{9}{1.600}K_3$$

$K_3 = 20.904,69$ $K_1 = 10.783,93$ $K_2 = 15.445,23$

zu e)

V 1				E 4			
primäre		an V 3	1.617,59	primäre			
Kosten	6.400	an E 4	6.470,36	Kosten	30.000		
von V 2	3.861,31	an E 5	2.156,79	von V 1	6.470,36		
von V 3	522,62	an E 6	539,20	von V 2	9.009,72		
				von V 3	15.678,52	an Kostenträger:	61.158,60
	10.783,93		10.783,93		61.158,60		61.158,60

V 2				E 5			
primäre		an V 1	3.861,31	primäre			
Kosten	14.400	an V 3	1.287,10	Kosten	5.400		
von V 3	1.045,23	an E 4	9.009,72	von V 1	2.156,79		
		an E 5	772,26	von V 2	772,26		
		an E 6	514,84	von V 3	2.613,09	an Kostenträger:	10.942,14
	15.445,23		15.445,23		10.942,14		10.942,14

V 3				E 6			
primäre		an V 1	522,62	primäre			
Kosten	18.000	an V 2	1.045,23	Kosten	6.800		
von V 1	1.617,59	an E 4	15.678,52	von V 1	539,20		
von V 2	1.287,10	an E 5	2.613,09	von V 2	514,84		
		an E 6	1.045,23	von V 3	1.045,23	an Kostenträger:	8.899,27
	20.904,69		20.904,69		8.899,27		8.899,27

Aufgabe 1.2.2.11: Treppenumlage- und mathematisches Verfahren

zu a)

Verrechnungspreise:

$$q_1 = \frac{15.000}{3.600} \qquad = \qquad \textbf{4,17 €/LE}$$

$$q_2 = \frac{20.000 + 4,17 \cdot 100}{800 - 50 - 50} \quad = \quad \textbf{29,17 €/LE}$$

$$q_3 = \frac{32.000 + 4,17 \cdot 250}{17.000 - 3.000} \quad = \quad \textbf{2,36 €/LE}$$

	Vorkostenstellen			Endkostenstellen	
	1	2	3	I	II
primäre Gemein-kosten [€]	15.000,-	20.000,-	32.000,-	104.000,-	96.000,-
sekundäre Gemein-kosten [€] Umlage:	$\frac{15.000}{3.600} = 4,17$ $\lefthookarrow$	417,- Σ 20.417,- $\frac{20.417}{700} = 29,17$ $\lefthookarrow$	1.042,- 0 Σ 33.042,- $\frac{33.042}{14.000} = 2,36$ $\lefthookarrow$	4.167,- 5.833,- 14.161,- Σ 128.161,-	9.375,- 14.584, 18.881,- Σ 138.840,-

zu b)

- **Gleichungssystem:**

$$3.600\ k_1 = 15.000 + 50\ k_2 + 1.000\ k_3$$
$$750\ k_2 = 20.000 + 100\ k_1 + 1.500\ k_3$$
$$17.000\ k_3 = 32.000 + 500\ k_3 + 250\ k_1$$

- **1. Schritt: alle Gleichungen werden durch 50 geteilt:**

(1') $\qquad 72 \cdot k_1 = 300 + k_2 + 20 \cdot k_3$

(2') $\qquad 15 \cdot k_2 = 400 + 2 \cdot k_1 + 30 \cdot k_3$

(3') $\qquad 330 \cdot k_3 = 640 + 5 \cdot k_1$

$$k_2 = -300 + 72 \cdot k_1 - 20 \cdot k_3$$
$$k_2 = 26{,}6667 + 0{,}1333 \cdot k_1 + 2 \cdot k_3$$
$$k_3 = 1{,}9394 + 0{,}0152 \cdot k_1$$

- **2. Schritt: nach k_3 auflösen:**

$$-300 + 72 \cdot k_1 - 20 \cdot k_3 = 26{,}6667 + 0{,}1333 \cdot k_1 + 2 \cdot k_3$$
$$-22 \cdot k_3 = 326{,}6667 - 71{,}8667 \cdot k_1$$

(4) $\qquad k_3 = -14{,}8485 + 3{,}2667 \cdot k_1$

- **3. Schritt: nach k_1 auflösen:**

$$-14{,}8485 + 3{,}2667 \cdot k_1 = 1{,}9394 + 0{,}0152 \cdot k_1$$
$$3{,}2515 \cdot k_1 = 16{,}7879$$

(5) $\qquad k_1 = 5{,}1631$

- **4. Schritt:**

$$k_3 = 1{,}9394 + 0{,}0152 \cdot 5{,}1631$$

(6) $k_3 = 2{,}0179$

- **5. Schritt:**

$$k_2 = -300 + 72 \cdot 5{,}1631 - 20 \cdot 2{,}0179$$
$$k_2 = 31{,}3852$$

Als Ergebnis erhält man somit über den Gleichungsansatz die folgenden Verrechnungssätze für die drei Vorkostenstellen:

V_1: q_1 = **5,16 €/LE**

V_2: q_2 = **31,39 €/LE**

V_3: q_3 = **2,02 €/LE**

Aufgabe 1.2.2.12: Treppenumlage- und mathematisches Verfahren

zu a)

	B	C	A	BM
primäre Kosten [€]	4.000,-	6.000,-	3.400,-	
	↳	1.200,-	2.000,-	800,-
		Σ 7.200,- ↳	2.160,-	5.040,-
			Σ 7.560,- ↳	7.560,-

Verrechnungspreise pro LE:

Vorkostenstelle A: $\dfrac{7.560,- €}{(21.000 - 5.000 - 1.000)\,LE} = 0{,}504 \ \dfrac{€}{LE}$

Vorkostenstelle B: $\dfrac{4.000\ €}{250\,LE} = 16{,}- \ \dfrac{€}{LE}$

Vorkostenstelle C: $\dfrac{7.200\ €}{(1.500 - 300)\,LE} = 6{,}- \ \dfrac{€}{LE}$

zu b)

(1) $K_B = 4.000 + 0{,}2 \cdot K_C$

(2) $K_C = 6.000 + 0{,}25 \cdot K_A + 0{,}3 \cdot K_B$

(3) $K_A = 3.400 + 0{,}5 \cdot K_B + 0{,}24 \cdot K_C$

$K_A = 3.400 + 0{,}5 \cdot (4.000 + 0{,}2 \cdot K_C) + 0{,}24 \cdot K_C$

$K_A = 3.400 + 2.000 + 0{,}1 \cdot K_C + 0{,}24 \cdot K_C$

(4) $K_A = 5.400 + 0{,}34 \cdot K_C$

(1) und (4) in (2):

$K_C = 6.000 + 0{,}25 \cdot (5.400 + 0{,}34 \cdot K_C) + 0{,}3 \cdot (4.000 + 0{,}2 \cdot K_C)$

$K_C = \dfrac{8.550}{0{,}855} = \mathbf{10.000{,}-\ €}$

$K_B = 4.000 + 0{,}2 \cdot 10.000 = \mathbf{6.000{,}-\ €}$

$K_A = 5.400 + 0{,}34 \cdot 10.000 = \mathbf{8.800{,}-\ €}$

Verrechnungspreise pro LE:

Vorkostenstelle A: $\dfrac{8.800,- €}{(21.000 - 1.000)\,LE} = 0{,}44 \ \dfrac{€}{LE}$

Vorkostenstelle B: $\dfrac{6.000\ €}{250\ LE}$ = **24,-** $\dfrac{€}{LE}$

Vorkostenstelle C: $\dfrac{10.000\ €}{1.500\ LE}$ = **6,67** $\dfrac{€}{LE}$

Aufgabe 1.2.2.13: Deckungsumlage- und mathematisches Verfahren

zu a)

Kosten-stellen	A₁	A₂	A₃	A₄	F	M	Vw- u. Vt
primäre Stellen-kosten [€]	21.960,-	28.040,-	11.760,-	5.920,-	144.900,-	25.430,-	21.990,-
Umlage: [€] A₁							
A₂	- 30.000,- 1.680,-	2.520,-	3.120,-	1.680,-	12.000,-	7.200,-	1.800,-
A₄	3.200,- 1.200,-	- 40.000,- 240,-	4.800,- 2.640,-	9.600,- - 16.800,-	14.400,- 9.600,-	6.400,- 720,-	1.600,- 480,-
A₃	4.000,-	5.520,-	- 22.320,-	1.920,- 160,-	12.000,-	400,-	240,-
Saldo [€]	+ 2.040,-	- 3.680,-	0	+ 2.480,-	192.900,-	40.150,-	26.110,-
Deckungs-umlage [€]	- 2.040,-	+ 3.680,-	-	- 2.480,-	+ 420,-	+ 210,-	+ 210,-
Σ GK					193.320,-	40.360,-	26.320,-

zu b)

A₁: 2.500 k_1 = 21.960 + 140 k_1 + 320 k_2 + 50 k_3 + 10.000 k_4

A₂: 4.000 k_2 = 28.040 + 210 k_1 + 69 k_3 + 2.000 k_4

A₃: 279 k_3 = 11.760 + 260 k_1 + 480 k_2 + 22.000 k_4

A₄: 140.000 k_4 = 5.920 + 140 k_1 + 960 k_2 + 2 k_3 + 16.000 k_4

F: FGK   = 144.900 + 1.000 k_1 + 1.440 k_2 + 150 k_3
                      + 80.000 k_4

M: MGK   = 25.430 + 600 k_1 + 640 k_2 + 5 k_3 + 6.000 k_4

Vw- u. Vt: Vw- u. VtGK = 21.990 + 150 k_1 + 160 k_2 + 3 k_3 + 4.000 k_4

Aufgabe 1.2.2.14: Deckungsumlage-, Treppenumlage- und mathematisches Verfahren

zu a) und b)

	Hilfskostenstellen					Hauptkostenstellen		
	1	2	3	4	5	I	II	III
Primäre Stellen-kosten	2.500,-	4.000,-	12.000,-	3.400,-	29.400,-			5.000,-
Umlage								
1	-10.500,-	300,-	-	-	-	6.750,-	1.950,-	1.500,-
2	1.200,-	-8.000,-	3.000,-	700,-	400,-	1.700,-	800,-	200,-
3	1.500,-	-	-15.000,-	-	-	9.000,-	1.500,-	3.000,-
4	1.000,-	200,-	-	-8.000,-	-	2.400,-	2.800,-	1.600,-
5	4.800,-	3.600,-	-	3.600,-	-30.000,-	6.000,-	8.400,-	3.600,-
Saldo	+ 500,-	+ 100,-	0,-	- 300,-	- 200,-	25.850,-	15.450,-	14.900,-
Dek-kungs-umlage 1:1:0	- 500,-	- 100,-	0,-	+ 300,-	+ 200,-	+ 50,-	+ 50,-	0
Σ GK						25.900,-	15.500,-	14.900,-
GK-Zu-schlags-satz						172,67%	221,43%	23,50%

zu c)

Abschätzung für die optimale Reihenfolge beim Treppenverfahren: Näherung durch Umlage lediglich der primären Gemeinkosten. Ziel: Unterdrückung der wertmäßig geringsten Leistungsströme.

an von [€]	1	2	3	4	5
1	-	71,43	-	-	-
2	600,-	-	1.500,-	350,-	200,-
3	1.200,-	-	-	-	-
4	425,-	85,-	-	-	-
5	4.704,-	3.528,-	-	3.528,-	-

Optimale Reihenfolge nach heuristischen Kriterien:

- Stelle mit größter Abgabe zuerst: V -> II -> III -> IV -> I
- Stelle mit kleinstem Empfang zuerst: V -> III -> II oder IV -> I

zu d)

$$K_1 = 2.500 + \frac{3}{20}K_2 + \frac{1}{10}K_3 + \frac{1}{8}K_4 + \frac{4}{25}K_5$$

$$K_2 = 4.000 + \frac{1}{35}K_1 + \frac{1}{40}K_4 + \frac{3}{25}K_5$$

$$K_3 = 12.000 + \frac{3}{8}K_2$$

$$K_4 = 3.400 + \frac{7}{80}K_2 + \frac{3}{25}K_5$$

$$K_5 = 29.400 + \frac{4}{80}K_2$$

$$K_I = 15.000 + \frac{9}{14}K_1 + \frac{17}{80}K_2 + \frac{3}{5}K_3 + \frac{3}{10}K_4 + \frac{1}{5}K_5$$

$$K_{II} = 7.000 + \frac{13}{70}K_1 + \frac{1}{10}K_2 + \frac{1}{10}K_3 + \frac{7}{20}K_4 + \frac{7}{25}K_5$$

$$K_{III} = 5.000 + \frac{1}{7}K_1 + \frac{1}{40}K_2 + \frac{1}{5}K_3 + \frac{1}{5}K_4 + \frac{3}{25}K_5$$

Aufgabe 1.2.2.15: Iteratives und mathematisches Verfahren

zu a)

Kostenstellen	Allgemein	HKSt 1	HKSt 2	FKSt 1	FKSt 2
Primäre Gemein-kosten [€]	3.000,-	5.000,-	6.000,-	25.500,-	27.000,-
1. Umlage	-- -- 300,-	900,- -- 900,-	100,- -- --	750,- 2.000,- 2.400,-	1.250,- 3.000,- 2.400,-
Σ 1. Umlage	300,-	1.800,-	100,-	5.150,-	6.650,-
2. Umlage	-- -- 5,-	90,- -- 15,-	10,- -- --	75,- 720,- 40,-	125,- 1.080,- 40,-
Σ 2. Umlage	5,-	105,-	10,-	835,-	1.245,-
3. Umlage	-- -- --	2,- -- 2,-	-- -- --	1,- 42,- 4,-	2,- 63,- 4,-
Σ 3. Umlage	--	4,-	--	47,-	69,-
4. Umlage	--	--	--	2,-	2,-

Verteilung auf die Endkostenstellen:

Kostenstellen	FKSt 1	FKSt 2
1. Umlage	5.150,-	6.650,-
2. Umlage	835,-	1.245,-
3. Umlage	47,-	69,-
4. Umlage	2,-	2,-
primäre Kosten [€]	25.500,-	27.000,-
Gesamtkosten [€]	31.534,-	34.966,-

zu b)

Gleichungssystem auf Basis der Kostenanteile:

$$K_I = 3.000 + \frac{1}{20} \cdot K_{III}$$
$$K_{II} = 5.000 + \frac{18}{60} \cdot K_I + \frac{3}{20} \cdot K_{III}$$
$$K_{III} = 6.000 + \frac{2}{60} \cdot K_I$$

Gleichungssystem auf Basis der Stückkosten:

$$K_I = 60 \cdot k_I$$
$$K_{II} = 10 \cdot k_{II}$$
$$K_{III} = 20 \cdot k_{III}$$

$$60 \cdot k_I = 3.000 + 1 \cdot k_{III}$$

$$10 \cdot k_{II} = 5.000 + 18 \cdot k_I + 3 \cdot k_{III}$$

$$20 \cdot k_{III} = 6.000 + 2 \cdot k_I$$

Übereinstimmung der beiden Vorgehensweisen:

$$K_{II} = 5.000 + \frac{3}{10} \cdot K_I + \frac{3}{20} \cdot K_{III}$$

$$10 \cdot k_{II} = 5.000 + \frac{3}{10} \cdot 60 \cdot k_I + \frac{3}{20} \cdot 20 \cdot k_{III}$$

$$10 \cdot k_{II} = 5.000 + 18 \cdot k_I + 3 \cdot k_{III}$$

Aufgabe 1.2.2.16: Blockumlage- und mathematisches Verfahren

zu a)

Blockumlageverfahren:

	KS$_1$	KS$_2$	KS$_3$	KS$_4$	KS$_5$	KS$_6$	KS$_7$
Primäre Gemeinkosten	60.000	80.000	75.000	40.000	35.000	70.000	20.000
Umlage	-60.000	-80.000	-75.000	-40.000			
Belastung					30.000	30.000	
						80.000	
						37.500	37.500
							40.000
Endkosten	0	0	0	0	65.000	217.500	97.500
Stückkosten					650 €/St.	1087,50 €/St.	650 €/St.

Das Treppenumlageverfahren zu keiner verursachungsgerechteren Verteilung der Gemeinkosten.

Treppenumlageverfahren:

	KS$_1$	KS$_2$	KS$_3$	KS$_4$	KS$_5$	KS$_6$	KS$_7$
Primäre Gemeinkosten	60.000	80.000	75.000	40.000	35.000	70.000	20.000
Umlagen							
KS$_1$	-60.000				30.000	30.000	
KS$_2$		-80.000				80.000	
KS$_3$			-75.000			37.500	37.500
KS$_4$				-40.000			40.000
Endkosten	0	0	0	0	65.000	217.500	97.500
Stückkosten					650 €/St.	1.087,50 €/St.	650 €/St.

zu b)

	KS₁	KS₂	KS₃	KS₄	KS₅	KS₆	KS₇	KS₈
KS₁					400	400		
KS₂						200		
KS₃						200	300	100
KS₄							100	
KS₆								100

	KS₁	KS₂	KS₃	KS₄	KS₅	KS₆	KS₇	KS₈
Primäre Gemeinkosten	60.000	80.000	75.000	40.000	35.000	70.000	20.000	30.000
Umlagen								
KS₁	-60.000				30.000	30.000		
KS₂		-80.000				80.000		
KS₃			-75.000			25.000	37.500	12.500
KS₄				-40.000		40.000		
KS₆						-102.500		102.500
Endkosten	0	0	0	0	65.000	102.500	97.500	145.500
Stückkosten					650 €/St.	1.025 €/St.	650 €/St.	1.450 €/St.

Begründung: Keine Rückkopplung, deshalb Leistungsverrechnung korrekt

zu c)

Gleichungsverfahren:

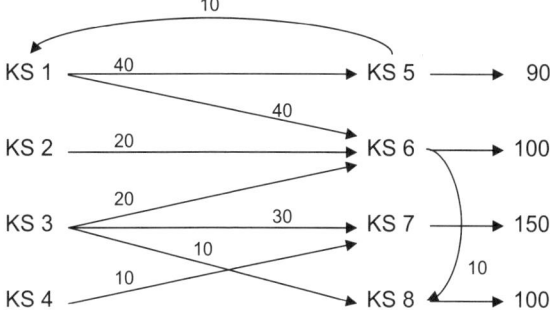

(1) $GK_1 = 60.000 + 0,1 \cdot GK_5$

(2) $GK_2 = 80.000$

(3) $GK_3 = 75.000$

(4) $GK_4 = 40.000$

(5) $GK_5 = 35.000 + 0,5 \cdot GK_1$

(6) $GK_6 = 70.000 + 0,5 \cdot GK_1 + GK_2 + 1/3 \cdot GK_3$

(7) $GK_7 = 20.000 + 0,5 \cdot GK_3 + GK_4$

(8) $GK_8 = 30.000 + 1/6 \cdot GK_3 + 0,5 \cdot GK_6$

Gleichung (1) in Gleichung (5) :

$GK_5 = 35.000 + 0,5 (60.000 + 0,1 \cdot GK_5)$

$\rightarrow GK_5 = 68.421,05$

$\rightarrow GK_1 = 60.000 + 0,1 \cdot 68.421,05 = 66.842,11$

$\rightarrow GK_6 = 70.000 + 0,5 \cdot 66.842,11 + 80.000 + 1/3 \cdot 75.000 = 208.421,055$

$\rightarrow GK_7 = 20.000 + 0,5 \cdot 75.000 + 40.000 = 97.500$

$\rightarrow GK_8 = 30.000 + 1/6 \cdot 75.000 + 0,5 \cdot 208.421,055 = 146.710,53$

Gemeinkosten je Kostenstelle nach durchgeführter Leistungsverrechnung:

$KS_1 = 0 \qquad KS_2 = 0 \qquad KS_3 = 0 \qquad KS_4 = 0$

$KS_5 = 68.421,05 \cdot (1 - 0,1) = 61.578,95$

$KS_6 = 0,5 \cdot 208.421,055 = 104.210,53$

$KS_7 = 97.500$

$KS_8 = 146.710,53$

$\overline{}$

$\Sigma = 410.000$

Gemeinkosten je Stück für die vier Endprodukte:

$KS_5 = 61.578,95/90 = 684,21$

$KS_6 = 104.210,53/100 = 1.042,11$

$KS_7 = 97.500/150 = 650$

$KS_8 = 146.710,53/100 = 1.467,11$

Aufgabe 1.3.1.1: Mehrstufige Divisionskalkulation

Stufe	Einsatz-menge [t]	Kosten des Ein-satzgutes [€]	Stufen-kosten [€]	Ausbrin-gungsmenge [t]	Lagerver-änderung [t]	Kosten [€/t]
I	---	---	60.000,-	500	+ 50	120,-
II	450	54.000,-	21.000,-	300	+ 50	250,-
Absatz	250	62.500,-	7.500,-	250	---	280,-

Aufgabe 1.3.1.2: Mehrstufige Divisionskalkulation

Stufe	Wiedereinsatz-menge x Einheitskosten [€]	Stufen-kosten [€]	Kosten der Stufe insgesamt [€]	Ausbringungs-menge [Stück]	Kosten [€/kg]
1	120.000,-	180.000,-	300.000,-	150.000	2,-
2	280.000,-	350.000,-	630.000,-	140.000	4,50
3	697.500,-	326.500,-	1.024.000,-	128.000	8,-
4	864.000,-	129.600,-	993.600,-	108.000	9,20

Aufgabe 1.3.1.3: Mehrstufige Divisionskalkulation

zu a)   mit: EMK = Einsatzmengenkosten, StK = Stufenkosten

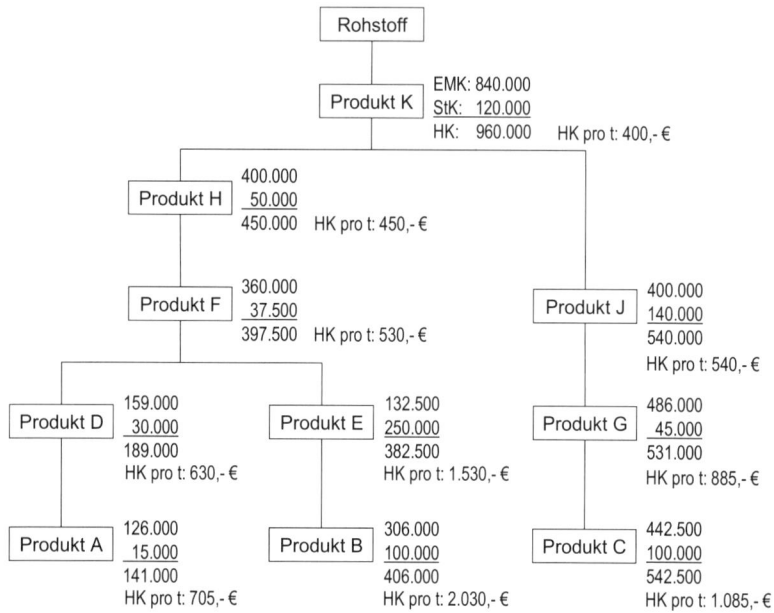

zu b)

Produkt	Bestandsveränderung [€]
Rohstoff	60.000,-
K	160.000,-
H	90.000,-
F	106.000,-
D	63.000,-
A	14.100,-
E	76.500,-
B	60.900,-
J	54.000,-
G	88.500,-
C	108.500,-

Aufgabe 1.3.1.4:   Mehrstufige Divisionskalkulation

Stufe 1:   Kosten je Stück = $\dfrac{49.000,-}{28.000} = 1{,}75$

Wert d. Lagerbestandsänderung = $5.000 \cdot 1{,}75 = 8.750,-$

Stufe 2:   Kosten des Einsatzgutes = $23.000 \cdot 1{,}75 = 40.250,-$

Kosten der Stufe insg.= $40.250,- + 29.500,- = 69.750,-$

Kosten je Stück = $\dfrac{69.750,-}{22.500} = 3{,}10$ (Herstellkosten je Stück)

Wert d. Lagerbestandsänderung = $2.500 \cdot 3{,}10 = 7.750,-$

Vertrieb: Kosten des Einsatzgutes = $20.000 \cdot 3{,}10 = 62.000,-$

Kosten der Stufe insg.= $62.000,- + 15.000,- = 77.000,-$

Kosten je Stück = $\dfrac{77.000,-}{20.000} = 3{,}85$ (Selbstkosten je Stück)

zu a)   Richtig

zu b)   Richtig

zu c)   Falsch, die Herstellkosten betragen 3,10.

zu d)   Richtig

Stufe 2:   Kosten des Einsatzgutes = $20.000 \cdot 3{,}10 = 62.000,-$

Kosten der Stufe insg.= $62.000,- + 32.050,- = 94.050,-$

Kosten je Stück = $\dfrac{94.050,-}{19.000} = 4{,}95$ (neue Herstellkosten je Stück)

Vertrieb: Kosten d. Stufe insg.= $94.050,- + 15.000,- = 109.050,-$ (Selbstk.)

zu e)   Richtig

zu f)   Falsch, es sind 109.050,-.

Aufgabe 1.3.2.1: Äquivalenzziffernrechnung

Produktart	Menge	Äquivalenz-ziffer	Schlüssel-zahl [RE]	Material-kosten/Kerze [€]	Material-kosten/Sorte [€]
Klein	200.000	1	200.000	2,30	460.000,-
mittel	225.000	2	450.000	4,60	1.035.000,-
groß	100.000	8	800.000	18,40	1.840.000,-
Σ			1.450.000		

$$\frac{3.335.000 \text{ €}}{1.450.000 \text{ RE}} = 2,30 \ \frac{€}{RE}$$

Aufgabe 1.3.2.2: Äquivalenzziffernrechnung

zu a)

Äquivalenzziffernrechnung:
Es liegt eine Sortenfertigung vor. Die Kosten der verschiedenen Produktarten stehen aufgrund fertigungstechnischer Ähnlichkeiten in einem Verhältnis, das die Kostenverursachung widerspiegelt.

zu b)

Stärke	Menge [Stück]	Äquivalenz-ziffer	Rechnungs-einheit [RE]	Stückkosten [€/Stück]	Gesamt-kosten [€]
0,4	500	1,5	750	450,-	225.000,-
0,5	400	1,3	520	390,-	156.000,-
1,0	700	1	700	300,-	210.000,-
1,25	600	1,05	630	315,-	189.000,-
2,5	300	1,1	330	330,-	99.000,-
			Σ 2.930		Σ 879.000,-

$$\frac{879.000 \text{ €}}{2.930 \text{ RE}} = 300,- \ \frac{€}{RE}$$

Aufgabe 1.3.2.3: Äquivalenzziffernrechnung

Sorte	Durchmesser x Länge	Äquivalenzziffer	Stückzahl	Schlüsselzahl [RE]	Stückkosten [€/Stück]	Erlöse [€]	Gewinn [€]
1	100 · 100	1,0	10.000	10.000	8,-	10,-	2,-
2	100 · 50	0,5	2.000	1.000	4,-	3,-	-1,-
3	100 · 30	0,3	200	60	2,40	2,-	-0,40
4	150 · 100	1,5	30.000	45.000	12,-	15,-	3,-
5	150 · 50	0,75	3.000	2.250	6,-	8,-	2,-
6	150 · 30	0,45	1.000	450	3,60	6,-	2,40
Σ				58.760			

$$\frac{470.080\,€}{58.760\,RE} = 8,- \frac{€}{RE}$$

Aufgabe 1.3.2.4: Äquivalenzziffernrechnung

Sorte	Schlüsselzahl Konfitüre [RE]	Schlüsselzahl Verpackung [RE]	Schlüsselzahl sonstige HK [RE]	Konfitürekosten [€/St]	Verpackungskosten je Stück [€]	sonstige HK je Stück [€]	gesamte Kosten je Glas [€/St]	gesamte Kosten je Sorte [€]
1	93.500	51.000	68.000	1,54	0,24	1,20	2,98	50.660,-
2	36.000	36.000	54.000	0,84	0,24	1,35	2,43	29.160,-
3	325.000	150.000	100.000	1,82	0,24	0,60	2,66	133.000,-
4	244.000	183.000	366.000	1,12	0,24	1,80	3,16	192.760,-
5	192.000	120.000	216.000	2,24	0,40	2,70	5,34	128.160,-
6	250.000	125.000	200.000	2,80	0,40	2,40	5,60	140.000,-
Σ	1.140.500	665.000	1.004.000					

Kosten pro Einheit der Schlüsselzahl für:

Konfitüre: $\dfrac{319.340\ \text{€}}{1.140.500\ \text{RE}} = 0{,}28\ \dfrac{\text{€}}{\text{RE}}$

Verpackung: $\dfrac{53.200\ \text{€}}{665.000\ \text{RE}} = 0{,}08\ \dfrac{\text{€}}{\text{RE}}$

sonstige Herstellkosten: $\dfrac{301.200\ \text{€}}{1.004.000\ \text{RE}} = 0{,}3\ \dfrac{\text{€}}{\text{RE}}$

Aufgabe 1.3.2.5:   Äquivalenzziffernrechnung

zu a)

Vollkosten:

Erzeugnisart	herge-stellte Menge [1.000 Stück]	Äquivalenz-ziffer fixe Kosten	Schlüssel-zahl fixe Kosten [RE]	fixe Kosten je 1.000 Stück [€]	Äquivalenz-ziffer varia-ble Kosten	Schlüssel-zahl variable Kosten [RE]
Bauziegel A	120	1,0	120	40,-	1,0	120
Bauziegel B	75	2,0	150	80,-	1,6	120
Dachziegel I	60	3,0	180	120,-	2,0	120
Dachziegel II	150	1,5	225	60,-	3,0	450
Σ			675			810

Erzeugnisart	Variable Kosten je 1.000 Stück [€]	Herstell-kosten je 1.000 Stück [€]	ver-kaufte Menge [1.000 Stück]	Äquivalenz-ziffer Ver-triebskosten	Schlüssel-zahl Vertriebs-kosten [RE]	Vertriebs-kosten je 1.000 Stück [€]	Selbst-kosten je 1.000 Stück [€]
Bauziegel A	50,-	90,-	100	2,0	200	120,-	210,-
Bauziegel B	80,-	160,-	75	2,0	150	120,-	280,-
Dachziegel I	100,-	220,-	40	1,0	40	60,-	280,-
Dachziegel II	150,-	210,-	120	1,4	168	84,-	294,-
Σ					558		

$\dfrac{27.000\ \text{€}}{675\ \text{RE}} = 40{,}-\dfrac{\text{€}}{\text{RE}}$ $\dfrac{40.500\ \text{€}}{810\ \text{RE}} = 50{,}-\dfrac{\text{€}}{\text{RE}}$ $\dfrac{33.480\ \text{€}}{558\ \text{RE}} = 60{,}-\dfrac{\text{€}}{\text{RE}}$

zu b)

Teilkosten:

Erzeugnisart	volle Selbstkosten [€]	fixe Kosten [€]	variable Selbstkosten [€]
Bauziegel A	210,-	40,-	170,-
Bauziegel B	280,-	80,-	200,-
Dachziegel I	280,-	120,-	160,-
Dachziegel II	294,-	60,-	234,-

Aufgabe 1.3.3.1: Zuschlagskalkulation

zu a)

Kalkulationsschema	[€]
Materialeinzelkosten	7,25
Materialgemeinkosten (14,3%)	1,04
Σ **Materialkosten**	**8,29**
Fertigungslöhne I	2,24
Fertigungslöhne II	3,04
Fertigungslöhne III	3,96
Fertigungsgemeinkosten I (Maschinenzeit)	1,47
Fertigungsgemeinkosten II (Maschinenzeit)	0,90
Fertigungsgemeinkosten II (Fertigungszeit)	0,60
Fertigungsgemeinkosten III (Fertigungszeit)	1,62
Σ **Fertigungskosten**	**13,83**
Herstellkosten	**22,12**
Verwaltungs- u. Vertriebsgemeinkosten (21,86)	4,84
Selbstkosten	**26,96**

$$\text{Materialgemeinkosten-Zuschlagssatz} = \frac{19.348 \,€ \cdot 100}{135.340 \,€} = \mathbf{14,3\%}$$

Maschinenstundensatz:

$$FL\ I = \frac{42.375\ €}{37.800\ min} = 1,12\ \frac{€}{min} \cdot 2\ min = \qquad\qquad \textbf{2,24 €}$$

$$FL\ II = \frac{46.938\ €}{54.000\ min} = 0,87\ \frac{€}{min} \cdot 3,5\ min = \qquad\qquad \textbf{3,04 €}$$

$$FL\ III = \frac{53.415\ €}{27.000\ min} = 1,98\ \frac{€}{min} \cdot 2\ min = \qquad\qquad \textbf{3,96 €}$$

$$FGK\ I = \frac{27.869\ €}{37.800\ min} = 0,74\ \frac{€}{min} \cdot 2\ min = \qquad\qquad \textbf{1,47 €}$$

$$FGK\ II\ (Maschinenzeit) = \frac{13.880\ €}{54.000\ min} = 0,26\ \frac{€}{min} \cdot 3,5\ min = \qquad \textbf{0,90 €}$$

$$FGK\ II\ (Fertigungszeit) = \frac{10.860\ €}{18.000\ min} = 0,6\ \frac{€}{min} \cdot 1,0\ min = \qquad \textbf{0,60 €}$$

$$FGK\ III = \frac{28.913\ €}{44.700\ min} = 0,647\ \frac{€}{min} \cdot 2,5\ min = \qquad\qquad \textbf{1,62 €}$$

$$Zuschlagssatz\ (Vw\text{-}\ u.\ Vt) = \frac{45.850\ € + 36.980\ €}{378.938\ €} \cdot 100 = \qquad \textbf{21,86 \%}$$

Aufgabe 1.3.3.2:   Zuschlagskalkulation

Kalkulationsschema	Betrag [€]
Fertigungseinzelkosten je Stück	6,-
Maschinenabhängige FGK I je Stück	5,-
Maschinenabhängige FGK II je Stück	4,25
Maschinenunabhängige FGK je Stück	11,40
Sondereinzelkosten je Stück	0,50
Fertigungskosten je Stück	**27,15**

Maschinenunabhängige Fertigungsgemeinkosten je Stück:

$$\frac{68.400\ €}{6.000\ \text{Stück}} = 11,40\ \frac{€}{\text{Stück}}$$

Maschinenabhängige Fertigungsgemeinkosten je Stück:

Maschine I: $\quad \dfrac{30.000\ €}{6.000\ \text{Stück}} = 5,- \dfrac{€}{\text{Stück}}$

Maschine II: $\quad \dfrac{25.500\ €}{6.000\ \text{Stück}} = 4,25\ \dfrac{€}{\text{Stück}}$

Aufgabe 1.3.3.3: Zuschlagskalkulation

zu a) und b)

Kostenarten	Betrag [€]
Fertigungsmaterial	50.000,-
Fertigungsmaterialgemeinkosten (15 %)	7.500,-
Fertigungslöhne	120.000,-
Fertigungslohngemeinkosten I (210 %)	252.000
Herstellkosten	Σ **429.500,-**
Verwaltungs- u. Vertriebsgemeinkosten (60%)	257.700,-
Selbstkosten	Σ **687.200,-**
Gewinn (10%)	68.720,-
Listenpreis	755.920,-
Skonto (3%)	23.378,97
Rechnungspreis	779.298,97
Rabatt (5%)	41.015,73
Angebotspreis	**820.314,71**

Aufgabe 1.3.3.4:   Zuschlagskalkulation

zu a)

Kostenstellen	I	II	III	Material	Verwaltung	Vertrieb
Gemeinkosten-zuschlagssatz [%]	105	135	170	24	20	15

zu b)

Kostenarten	Produkt A [€]	Produkt B [€]	Produkt C [€]
Fertigungsmaterial	3,50	5,-	2,50
Fertigungsmaterialgemeinkosten (24%)	0,84	1,20	0,60
Fertigungslohn I	3,-	2,-	1,-
Fertigungslohngemeinkosten I (105%)	3,15	2,10	1,05
Fertigungslohn II	4,-	1,-	1,20
Fertigungslohngemeinkosten II (135%)	5,40	1,35	1,62
Fertigungslohn III	0,50	0,40	5,-
Fertigungslohngemeinkosten III (170%)	0,85	0,68	8,50
Herstellkosten	**21,24**	**13,73**	**21,47**
Verwaltungsgemeinkosten (20%)	4,25	2,75	4,29
Vertriebsgemeinkosten (15%)	3,19	2,06	3,22
Selbstkosten	**28,68**	**18,54**	**28,98**

Aufgabe 1.3.3.5: Zuschlagskalkulation

zu a)

Summe der Einzelkosten: **527.010,- €**
Summe der Gemeinkosten: **783.300,- €**
Gesamt-Zuschlagssatz: **148,63 %**

Kostenarten	Betrag [€]
Fertigungsmaterial	1.550,-
Fertigungslohn I	1.830,-
Sondereinzelkosten der Fertigung	132,-
Sondereinzelkosten des Vertriebes	245,-
Σ **Einzelkosten**	**3.757,-**
Gemeinkosten (148,63%)	5.584,03
Selbstkosten	**9.341,03**

zu b)

MGK-Satz: **20,51 %**
FGK-Satz: **18,-   €/h**
Vw- u. VtGK-Satz: **22,79 %**

Kostenarten	Betrag [€]
Fertigungsmaterial	1.550,-
Materialgemeinkosten (20,51%)	317,91
Fertigungslohn	1.830,-
Fertigungslohngemeinkosten (18,-/h)	3.600,-
Sondereinzelkosten der Fertigung	132,-
Herstellkosten	**7.429,91**
Verwaltungs- u. Vertriebsgemeinkosten (22,79%)	1.693,28
Sondereinzelkosten des Vertriebs	245,-
Selbstkosten	**9.368,19**

Aufgabe 1.3.3.6: Zuschlagskalkulation

Zuschlagssätze:

	Fertigungsstellen			Materialstellen		Verwal-tung	Vertrieb
	I	II	II	I	II		
Einzel-kosten [€]	135.000,-	225.000,-	375.300,-	68.300,-	55.000,-	--	--
Gemein-kosten [€]	22.950,-	31.500,-	78.813,-	4.781,-	2.750,-	124.924,-	149.909,-
Zuschlags-satz [%]	17	14	21	7	5	12,5	15

Herstellkosten: 999.394,- €

Kalkulation:

Kostenarten	€
FL I	153,-
FGK I	26,01
FL II	172,-
FGK II	24,08
FL III	102,-
FGK III	21,42
Material I	53,-
GK I	3,71
Material II	91,-
MGK II	4,55
Herstellkosten	**650,77**
VwGK	81,35
VtGK	97,62
SEKVt	21,-
Selbstkosten	**850,74**
Gewinn (15%)	127,61
	978,35
Skonto (3%)	30,26
	1.008,61
Rabatt (5%)	53,08
Angebotspreis	**1.061,69**

Aufgabe 1.3.3.7: Zuschlagskalkulation

zu a)

Kostenstellen	Materialstellen		Fertigungsstellen			Verwaltungs-stelle	Vertriebs-stelle
	1	2	1	2	3		
Gemeinkosten-zuschlagssatz	9%	12%	46 €/h	75 €/h	250%	5%	8%

zu b)

Kostenarten	Produkt A [€]	Produkt B [€]
Fertigungsmaterial I	100,-	150,-
Materialgemeinkosten I (9%)	9,-	13,50
Σ Materialkosten I	109,-	163,50
Fertigungsmaterial II	50,-	80,-
Materialgemeinkosten II (12%)	6,-	9,60
Σ Materialkosten II	56,-	89,60
Σ Gesamte Materialkosten	**165,-**	**253,10**
Fertigungslohn I	41,-	95,-
Fertigungsgemeinkosten I (46,-€/h)	69,-	110,40
Σ Fertigungskosten I	110,-	205,40
Fertigungslohn II	30,-	---
Fertigungsgemeinkosten II (75,-€/h)	105,-	---
Σ Fertigungskosten II	135,-	---
Fertigungslohn III	40,-	64,-
Fertigungsgemeinkosten III (250%)	100,-	160,-
Σ Fertigungskosten III	140,-	224,-
Sondereinzelkosten der Fertigung	---	17,50
Σ Gesamte Fertigungskosten	**385,-**	**446,90**

Kostenarten	Produkt A [€]	Produkt B [€]
Herstellkosten	**550,-**	**700,-**
Verwaltungsgemeinkosten (5%)	27,50	35,-
Vertriebsgemeinkosten (8%)	44,-	56,-
Sondereinzelkosten des Vertriebs	20,-	30,-
Selbstkosten	**641,50**	**821,-**
Stückerlös	700,-	850,-
Stückgewinn	**58,50**	**29,-**

Aufgabe 1.3.3.8: Zuschlagskalkulation

zu a)

Richtig

zu b)

Richtig

Materialeinzelkosten = $100,- \cdot 10.000 + 64,- \cdot 20.000 = 2.280.000,-$

$$\text{Zuschlagsatz d. Materialstelle} = \frac{\text{Materialgemeinkosten}}{\text{Materialeinzelkosten}} = \frac{228.000,-}{2.280.000,-} = 10\%$$

zu c)

Falsch

Fertigungsgemeinkosten = GK Dreherei + GK Verchromung

$$= 798.000,- + 360.000,- = 1.158.000,-$$

Zur Berechnung des Zuschlagsatzes und damit der Fertigungsgemeinkosten je Stück fehlen Angaben zur Schlüsselung wie z.B. die Einzelkosten der Verchromung als Teil der Bezugsbasis.

Mit den Angaben aus der Aussage erhält man als Summe der Fertigungsgemeinkosten: $14,- \cdot 10.000 + 14,- \cdot 20.000 = 420.000,- \neq 1.158.000,-$

zu d)

Falsch

Die Verwaltungsgemeinkosten sind nicht Bestandteil der Herstellkosten, sondern der Selbstkosten.

zu e)

Falsch

Als Grundlage preispolitischer Entscheidungen dienen die Selbstkosten, da in den Herstellkosten z.B. die Kosten für Verwaltung und Sondereinzelkosten des Vertriebs nicht enthalten sind.

Aufgabe 1.3.4.1: Maschinenstundensatzrechnung

zu a)

		Großgerät	Kleingerät
Maschinenstunden (230 Tage · 8 h)		1.840	1.840
- Ausfallzeit		240	340
Σ **Maschinenstunden**		**1.600**	**1.500**
Abschreibung	[€]	24,-	3,50
Zinsen	[€]	12,-	2,10
Raumkosten	[€]	1,35	0,48
Stromkosten	[€]	0,70	0,42
Instandhaltung	[€]	3,50	1,20
Versicherung	[€]	2,40	0,40
Werkzeugkosten	[€]	0,75	0,30
Σ **Maschinenstundensatz**	[€]	**44,70**	**8,40**

Zinsen für das Großgerät entsprechend der Durchschnittsverzinsung:

$$\frac{\dfrac{384.000 \, €}{2} \cdot 0{,}1}{1.600 \, h} = 12{,}- \frac{€}{h}$$

Zinsen für das Kleingerät entsprechend der Durchschnittsverzinsung:

$$\frac{\dfrac{63.000 \, €}{2} \cdot 0{,}1}{1.500 \, h} = 2{,}10 \frac{€}{h}$$

zu b)

Kostenarten	Betrag [€]
Fertigungsmaterial	120,-
Fertigungsmaterialgemeinkosten (30%)	36,-
Fertigungslohn	70,-
Fertigungslohngemeinkosten (210%)	147,-
Zwischensumme I	Σ 373,-
Großgerät $(2 \cdot 44{,}70)$	89,40
Kleingerät 1 $(0{,}9 \cdot 8{,}40)$	7,56
Kleingerät 2 $(1{,}20 \cdot 8{,}40)$	10,08
Kleingerät 3 $(0{,}3 \cdot 8{,}40)$	2,52
Kleingerät 4 $(0{,}6 \cdot 8{,}40)$	5,04
Kleingerät 5 $(1{,}50 \cdot 8{,}40)$	12,60
Zwischensumme II	Σ 127,20
Herstellkosten (I + II)	**500,20**

zu c)

Bei hohem Maschinenkostenanteil

Aufgabe 1.3.5.1: Kalkulation von Kuppelprodukten

zu a)

Restwertmethode:

Erlöse von B, C und D	60.000,-	€
- direkt zurechenbare Kosten	24.000,-	€
Kostendeckungsanteil	36.000,-	€
Auf A zugerechnete Kuppelproduktionskosten	80.000,-	€
- Kostendeckungsanteil von B,C,D	36.000,-	€
Herstellkosten	44.000,-	€
+ A direkt zurechenbare Kosten	40.000,-	€
	84.000,-	€
Herstellkosten/Stück A	**4,20**	**€**

zu b)

Marktwertmethode:

Kostenarten	A	B	C	D
Direkte Kosten [€]	40.000,-	8.000,-	12.000,-	4.000,-
Kosten der Kuppelproduktion [€]	50.000,-	10.000,-	15.000,-	5.000,-
Herstellkosten [€]	90.000,-	18.000,-	27.000,-	9.000,-
Herstellkosten [€/Stück]	**4,50**	**9,-**	**27,-**	**9,-**

Aufgabe 1.3.5.2:   Kalkulation von Kuppelprodukten

zu a)

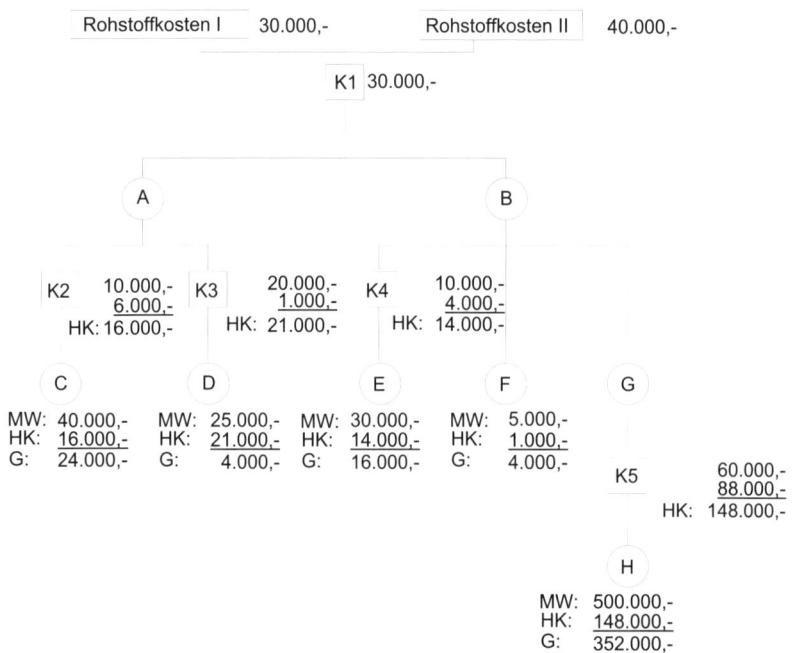

zu b)

Kalkulationsschema	Betrag [€]
Rohstoffmischung	100.000,-
Entsorgung A	12.000,-
Zwischensumme	**112.000,-**
Kostendeckungsbeitrag E	20.000,-
Kostendeckungsbeitrag F	5.000,-
Zwischensumme	**87.000,-**
Direkt zurechenbare Kosten H	60.000,-
Gesamtkosten H	147.000,-
Marktwert H	500.000,-
Gewinn H	**353.000,-**

Aufgabe 1.3.5.3: Kalkulation von Kuppelprodukten

zu a)

Marktwertmethode [€]:

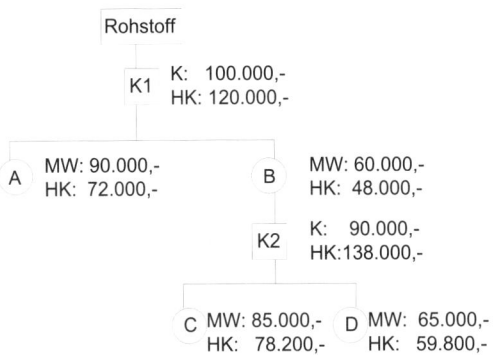

zu b)

Restwertmethode:

Kalkulationsschema	Betrag [€]
Rohstoff	20.000,-
+ K1	100.000,-
+ K2	90.000,-
Kosten des Kuppelprozesses	210.000,-
- Erlös A	90.000,-
- Erlös C	85.000,-
Auf D zugerechnete Kosten des Kuppelprozesses	35.000,-
Erlös D	65.000,-
Gewinn D	**30.000,-**

Aufgabe 1.3.5.4:　Kalkulation von Kuppelprodukten

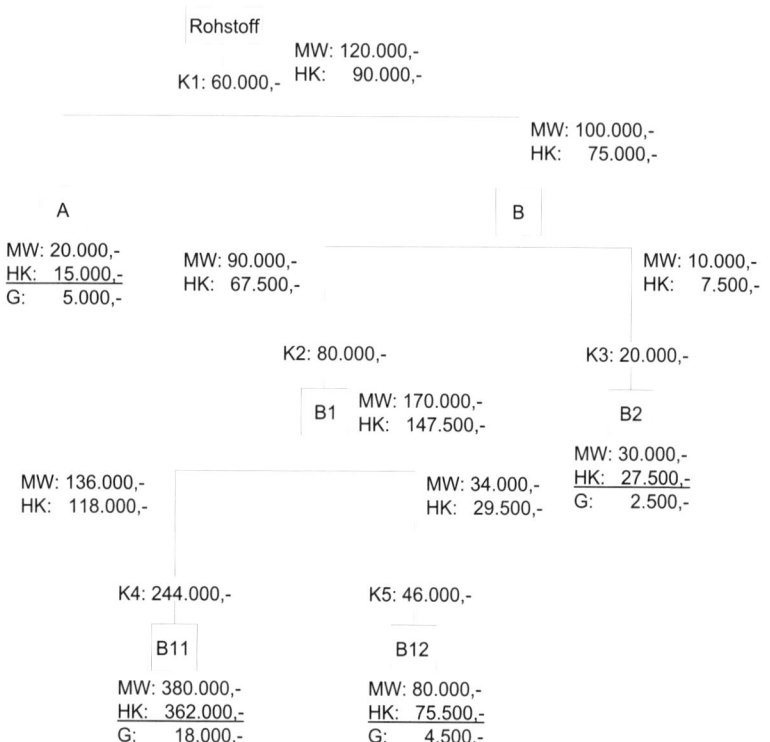

Rohstoff

MW: 120.000,-
K1: 60.000,-　HK:　90.000,-

MW: 100.000,-
HK:　75.000,-

A

B

MW: 20.000,-
HK:　15.000,-
G:　5.000,-

MW: 90.000,-
HK:　67.500,-

MW: 10.000,-
HK:　7.500,-

K2: 80.000,-

K3: 20.000,-

B1　MW: 170.000,-
　　HK:　147.500,-

B2

MW: 136.000,-
HK:　118.000,-

MW: 34.000,-
HK:　29.500,-

MW: 30.000,-
HK:　27.500,-
G:　2.500,-

K4: 244.000,-

K5: 46.000,-

B11

B12

MW: 380.000,-
HK:　362.000,-
G:　18.000,-

MW: 80.000,-
HK:　75.500,-
G:　4.500,-

Aufgabe 1.3.5.5:   Kalkulation von Kuppelprodukten

Rohstoffkosten: 30.000,-

K1: 50.000,-

Produkt B
MW:50.000,-
HK: 40.000,-

Produkt A
MW:40.000,-
HK: 32.000,-

Produkt C
MW: 10.000,-
HK: 8.000,-

K2: 40.000,-

K3: 10.000

K4: 30.000

K5: 5.000

Produkt B1
MW:85.000,-
HK: 76.000,-

Produkt B2
MW:15.000,-
HK: 14.000,-

Produkt A1
MW:65.000,-
HK: 58.000,-

Produkt A2
MW:10.000,-
HK: 9.000,-

K6: 122.000,-

K7: 23.000,-

Produkt B3
MW:190.000,-
HK: 182.800,-

Produkt B4
MW:40.000,-
HK: 38.200,-

Aufgabe 1.3.5.6:   Kalkulation von Kuppelprodukten

zu a)

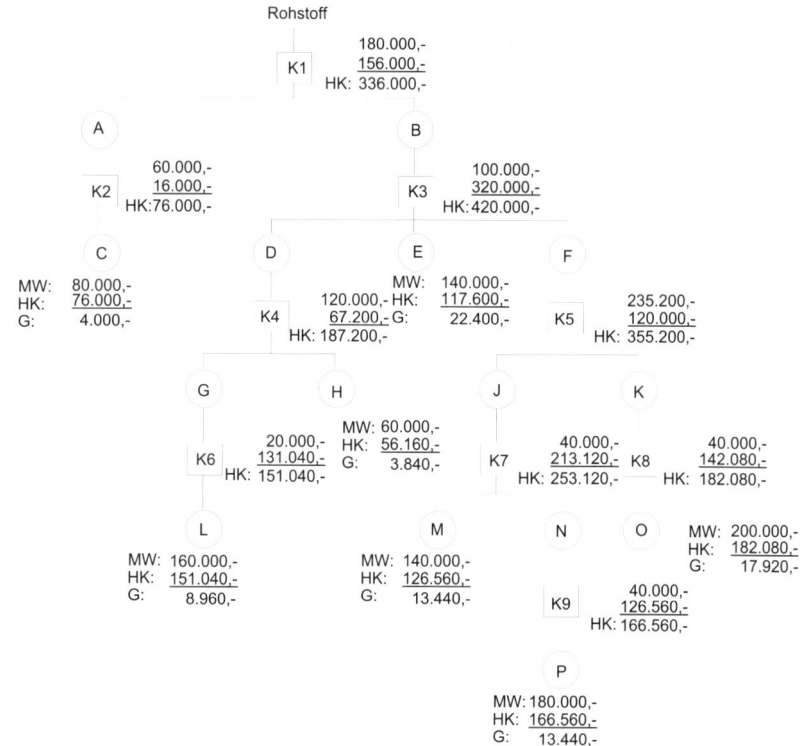

zu b)

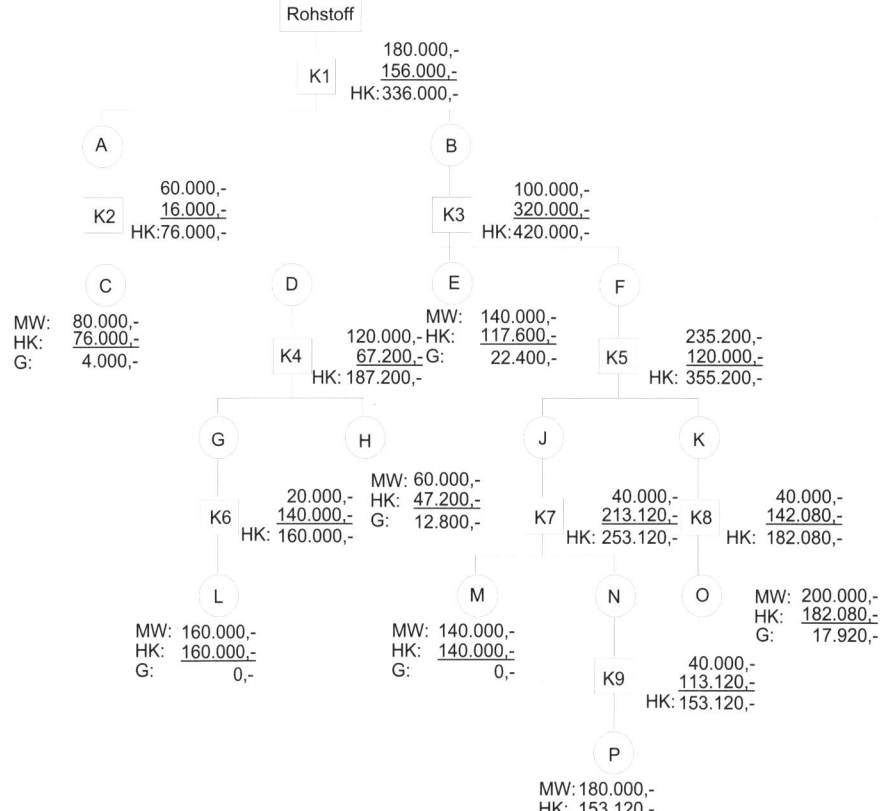

Aufgabe 1.3.5.7:   Kalkulation von Kuppelprodukten

zu a)

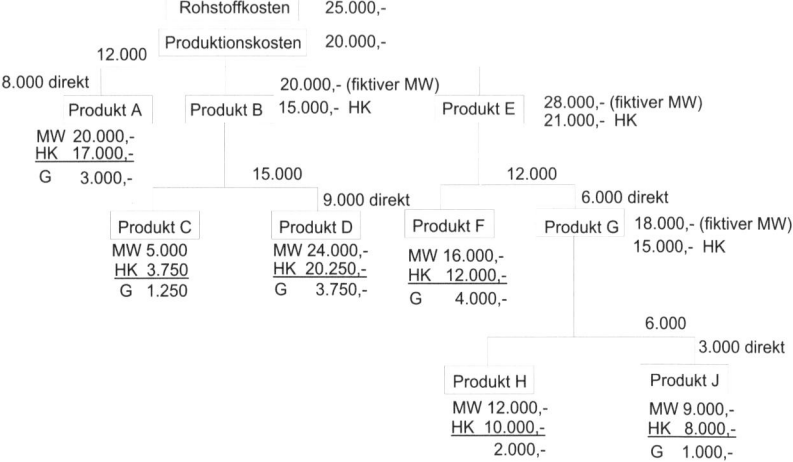

Gesamtgewinn: 15.000,- €

zu b)

Keine Veränderung des Gesamtgewinns, da die gleichen Kosten bei gleichen Erlösen nur anders verteilt werden.

zu c)

Nicht möglich, da technisch bindendes Verhältnis der einzelnen Produkte gegeben ist.

Aufgabe 1.3.6.1:   Verfahrenswahl

Bearbeitungszeit [min]:

- Drehautomat: 20 + 20 + 200   = **240**
- Halbautomat: 300 + 30 + 750   = **1.080**
- Drehbank: 500 + 50 + 3.000   = **3.550**

Kosten [€]:

- Drehautomat: 3.000 + 500 + 720 + 240 + 480 = **4.940,-**
- Halbautomat: 1.500 + 1.620 + 810 + 540   = **4.470,-**
- Drehbank: 150 + 7.100 + 4.437,50 + 355   = **12.042,50**

Am kostengünstigsten ist der Halbautomat.

Aufgabe 1.3.6.2:   Verfahrenswahl

Die Kosten für die vier Alternativen sind:

zu a)

3.000 + 75 + 450 + 450 + 3.200 + 1.000 + 300 = **8.475,- €**

zu b)

3.000 + 75 + 375 + 150 + 500 + 1.000 + 1.200 = **6.300,- €**

zu c)

1.000 Stück: 2.000 + 50 + 250 + 200 + 1.800 + 1.000 = 5.300,- €
500 Stück **(Zukauf)**:   2.000 + 100 = 2.100,- €
5.300 + 2.100 = **7.400,- €**

zu d)

6.000 + 300 + 1.000 = **7.300,- €**

Die kostenoptimale Verfahrensalternative ist **(b)**.

Aufgabe 1.3.7.1:   Preis- und Mengenpolitik

zu a)

Abgesetzte Menge $x = \dfrac{1.150.000}{5} =$ **230.000**

$$k_v = \frac{70.000 + 200.000 + 55.000 + 20.000}{230.000} =\ \textbf{1,50 €}$$

$G(x) = E(x) - K_f - K_v(x)$

$G(230.000) = 1.150.000 - 350.000 - 1{,}5 \cdot 230.000$ = **455.000,- €**
$G(250.000) = 4{,}5 \cdot 250.000 - 350.000 - 1{,}5 \cdot 250.000$ = **400.000,- €**

Die Maßnahme führt zu einem Gewinnrückgang von **€ 55.000,-**.

zu b)

$G(195.500) = 5{,}5 \cdot 195.500 - 350.000 - 1{,}5 \cdot 195.500 =$ **432.000,- €**

Die Maßnahme führt zu einem Gewinnrückgang von **€ 23.000,-**.

zu c)

$$k_v = \frac{70.000 + 223.000 + 55.000 + 20.000}{230.000} = \textbf{1,60 €}$$

$$455.000 = 5 \cdot x - 350.000 - 1,6 \cdot x$$

$$x = \frac{805.000}{3,4} = \textbf{236.765}$$

Eine Absatzsteigerung um **6.765 Stück** ist erforderlich.

$$\frac{\text{Stückdeckungsbeitrag}}{\text{Preis pro Stück}} = \frac{\text{Preis pro Stück} - \text{var iable Stückkosten}}{\text{Preis pro Stück}} = 70\%$$

$$\Rightarrow \frac{p - 1,6}{p} = 0,7$$

$$\Leftrightarrow \textbf{p = 5,33}$$

Preiserhöhung: 0,33 €

$$455.000 = p \cdot 230.000 - 350.000 - 1,60 \cdot 230.000$$

$$\Leftrightarrow p = \frac{1.173.000}{230.000} = 5,10$$

Verkaufspreis = **5,10 €**

Aufgabe 1.3.7.2:   Preis-Absatz-Funktion

Va-riante	Absatz-menge [Stück]	Erlös [€]	K_v [€]	K_f [€]	K [€]	Gewinn [€]
1	230.000	1.150.000,-	345.000,-	350.000,-	695.000,-	455.000,-
2	120.000	780.000,-	180.000,-	290.000,-	470.000,-	310.000,-
3	160.000	960.000,-	240.000,-	320.000,-	560.000,-	400.000,-
4	195.000	1.072.500,-	292.500,-	350.000,-	642.500,-	430.000,-
5	**280.000**	**1.260.000,-**	**420.000,-**	**350.000,-**	**770.000,-**	**490.000,-**
6	300.000	1.200.000,-	450.000,-	390.000,-	840.000,-	360.000,-
7	330.000	1.155.000,-	495.000,-	430.000,-	925.000,-	230.000,-

Alternative 5 ist die gewinnmaximale Variante mit einem Gewinn von € 490.000,-.

Aufgabe 1.3.7.3: Preis-Absatz-Funktion

zu a)

mit: p_i = Preis auf der gesuchten Preis-Absatz-Funktion

x_i = Menge auf der gesuchten Preis-Absatz-Funktion

$$p - p_1 = \frac{p_2 - p_1}{x_2 - x_1} \cdot (x - x_1)$$

- **ohne Präferenzpolitik:**

$$p - 0 = \frac{2 - 0}{200 - 600} \cdot (x - 600)$$
$$p = -0,005 \cdot x + 3$$
$$p = -\frac{1}{200} \cdot x + 3$$

- Bei **Vergrößerung** der Portionen
  (Unterstellung: Zuwachs um 100 Portionen bei einem Preis von € 2,-):
  mit: p_v = Preis nach Vergrößerung der Portionen

$$p_v = \frac{2 - 0}{300 - 600} \cdot (x - 600)$$
$$p_v = -\frac{1}{150} \cdot x + 4$$

- **Umgestaltung** des Verkaufsstandes
  (Unterstellung: Zuwachs um 40 Portionen bei einem Preis von € 2,-):
  p_u = Preis nach Umgestaltung des Verkaufsstandes

$$p_u = \frac{2 - 0}{240 - 600} \cdot (x - 600)$$
$$p_u = -\frac{1}{180} \cdot x + 3,33$$

zu b)

- **Vergrößerung:**

$$2 = -\frac{1}{150} \cdot x + 4$$
$$-2 = -\frac{1}{150} \cdot x$$
$$x = 300$$
$$E = 300 \cdot 2 = 600,- €$$

Gewinn = Erlös – Kosten
$$G = 600 - (120 + (0,8 + 0,2) \cdot 300) = \mathbf{180,- €}$$

- **Umgestaltung:**
  x = 240
  G = E − K = 240 · 2 − (125 + 0,8 · 240) = **163,- €**

- **ohne Präferenzpolitik:**
  x = 200
  G = 400 − (120 + 0,8 · 200) = **120,- €**

zu c)

G = E − K
G^I = 0 = E^I − K^I => E^I = K^I (notwendige Bedingung für ein Maximum)

- **Vergrößerung:**

$$E = p \cdot x = -\frac{1}{150}x^2 + 4 \cdot x$$

$$E^I = -\frac{1}{75} \cdot x + 4$$

$$K = 120 + x$$

$$K^I = 1$$

$$E^I = K^I$$

$$-\frac{1}{75} \cdot x + 4 = 1$$

x = 225   p = 2,50 €

Preis-Mengen-Kombination: 2,50 € und 225 Portionen =>
Gewinn: **217,50 €**

- **Umgestaltung:**

$$E = p \cdot x = -\frac{1}{180} \cdot x^2 + 3,33 \cdot x$$

$$E^I = -\frac{1}{90} + 3,33$$

$$K = 125 + 0,8 \cdot x$$

$$K^I = 0,8$$

$$E^I = K^I$$

$$-\frac{1}{90} \cdot x + 3,33 = 0,8$$

$$-\frac{1}{90} \cdot x = -2,533$$

x = 228   p = 2,06 €

G = **163,80 €**

- **ohne Präferenzpolitik:**

$$E = p \cdot x = -\frac{1}{200} \cdot x^2 + 3 \cdot x$$

$$E^I = -\frac{1}{100} \cdot x + 3$$

$$K = 120 + 0,8 \cdot x$$

$$K^I = 0,8$$

Bedingung: $E^I = K^I$

$$-\frac{1}{100} \cdot x = -2,2$$

$$x = 220 \qquad\qquad p = 1,90 \text{ €}$$

$$G = \textbf{122,– €}$$

zu d)

1. Möglichkeit: Preis pro Portion bleibt bei 2,- €:

- *ohne Präferenzpolitik:*
  x = 200   G = 120,- €
- *Vergrößerung:*
  x = 300   G = 180,- €
- *Umgestaltung:*
  x = 240   G = 163,- €

2. Möglichkeit: Menge bleibt bei 200 Portionen:

- *Vergrößerung:*
  p = 2,66   G = 213,33 €
- *Umgestaltung:*
  p = 2,22   G = 159,44 €

Ergebnis:

Es ist am günstigsten den Stand zu vergrößern und die Menge von 200 zu einem Preis von € 2,66 zu verkaufen. Das Optimum liegt jedoch bei x = 225 zu einem Preis von € 2,50. Der Gewinn liegt hier bei € 217,50.

Aufgabe 1.4.1.1:   Kurzfristige Erfolgsrechnung

zu a) und b)

Kalkulatorische Erfolgsrechnung:

Gesamtkostenverfahren   auf Vollkostenbasis
                           auf Teilkostenbasis
Umsatzkostenverfahren   auf Vollkostenbasis
                           auf Teilkostenbasis

Gesamtkostenverfahren auf Vollkostenbasis [€]	
Gesamtkosten der Periode nach Kostenarten	Umsatzerlöse
Bestandsminderungen	Bestandsmehrungen
Gewinn	Verlust

Beurteilung:
- Vorteile: - einfach
              - Einbau in Buchhaltung möglich

- Nachteile: - Bestände sind zu erfassen (Aufwand, Fehlerquelle)
              - Erfolgsbeiträge der Produktgruppen nicht erkennbar -->
                nicht für Programmentscheidung verwendbar
              - Nachteile einer Vollkostenrechnung
                (Schlüsselung der Fixkosten)

Umsatzkostenverfahren auf Vollkostenbasis [€]	
volle Selbstkosten der abgesetzten Produkte nach Produktgruppen	Umsatzerlöse nach Produktgruppen
Gewinn	Verlust

Beurteilung:
- Vorteile: - keine Bestandsermittlung notwendig
              - Erfolgsbeiträge von Produktgruppen ersichtlich

- Nachteile: - Kalkulation zur Ermittlung der Selbstkosten nötig
              - Nachteile einer Vollkostenrechnung

Gesamtkostenverfahren auf Teilkostenbasis [€]	
variable Kostenarten	Umsatzerlöse
Bestandsminderungen zu variablen HK	Bestandserhöhung zu variablen HK
Fixkostenblock	
Gewinn	Verlust

Beurteilung:

- Vorteile: - keine Proportionalisierung von Fixkosten
  - Erfolgsneutralität der Bestandsbewertung
  - Absatzmenge, nicht Fertigungsmenge für den Erfolg maßgeblich

- Nachteil: - Bestandsermittlung notwendig

Umsatzkostenverfahren auf Teilkostenbasis [€]	
variable Selbstkosten der abgesetzten Produkte	Umsatzerlöse
Fixkostenblock	
Gewinn	Verlust

Beurteilung:

- Vorteile: - keine Fixkostenproportionalisierung
  - keine Bestandsbewertung
  - Absatzmengen für den Erfolg maßgeblich

- Nachteile   - Kalkulation zur Ermittlung der Selbstkosten nötig

Aufgabe 1.4.1.2:   Kurzfristige Erfolgsrechnung

zu a)

	A	B	Summe
Fertigungsmaterial [€]	50.000,-	50.000,-	100.000,-
Fertigungslohn [€]	70.000,-	75.000,-	145.000,-
Fertigungszeit [h]	1.000	1.100	2.100

zu b) und c)

	Produkt A	Produkt B
Fertigungsmaterial [€]	10,-	25,-
Materialgemeinkosten [€] 10%	1,-	2,50
Materialkosten [€]	11,-	27,50
Fertigungslohn [€]	14,-	37,50
Fertigungsgemeinkosten [€] 100 €/h	20,-	55,-
Fertigungskosten [€]	34,-	92,50
Herstellkosten [€]	**45,-**	**120,-**
Verwaltungs- u. Vertriebs-gemeinkosten [€]16 2/3 %	7,50	20,-
Selbstkosten [€/Stück]	**52,50**	**140,-**
Selbstkosten gesamt [€]	210.000,-	350.000,-

zu d)

Betriebsergebniskonto nach dem Gesamtkostenverfahren

Fertigungsmaterial [€]	100.000	Erlöse:	
Fertigungslohn [€]	145.000	Produkt A [€]	280.000
Gemeinkosten [€]	300.000	Produkt B [€]	375.000
Herstellkosten der Bestandsminderung [€]	60.000	Herstellkosten der Bestandsmehrung [€]	45.000
Gewinn	**95.000**		
	700.000		700.000

Betriebsergebniskonto nach dem Umsatzkostenverfahren

Selbstkosten:		Erlöse:	
Produkt A [€]	210.000	Produkt A [€]	280.000
Produkt B [€]	350.000	Produkt B [€]	375.000
Gewinn	**95.000**		
	655.000		655.000

Aufgabe 1.4.1.3: Kurzfristige Erfolgsrechnung

zu a)

Umsatzkostenverfahren:

- Erfolgsgrößen der einzelnen Produkte werden ermittelt.
- Informationen für die Entscheidungen über das Produktionsprogramm

zu b)

Produkt	Erlös - volle Selbstkosten [€]	Verkaufsmenge [Stück]	Periodenerfolg [€]
A	1,-	10.000	10.000,-
B	0,50	16.000	8.000,-
C	-0,50	10.000	-5.000,-
Summe			13.000,-

Aufgabe 1.4.1.4: Gesamtkostenverfahren auf Voll- und Teilkostenbasis

zu a1)

Gesamtkostenverfahren (Vollkostenrechnung) [€]

Einzelkosten	131.000	Erlöse A	276.000
Gemeinkosten	232.035	Erlöse B	65.000
Herstellkosten		Herstellkosten	
der Bestandsminderung A		der Bestandsmehrung B	
(2.000 · 21,70)	43.400	(1.000 · 14,10)	14.100
		Verlust	**51.335**
	406.435		406.435

Zuschlagssätze:

variabel:

$$MGK = \frac{1300 \cdot 100}{26.000} = 5\%$$

$$FGK = \frac{126.000 \ €}{420.000 \text{min}} = 0,30 \ € / min$$

gesamt:

$$MGK = \frac{2.600 \cdot 100}{26.000} = 10\%$$

$$FGK = \frac{168.000}{420.000} = 0,40 \ €/min$$

zu a2)

Gesamtkostenverfahren (Teilkostenrechnung) [€]

Variable Kosten	286.645	Erlöse A	276.000
Fixe Kosten	76.390	Erlöse B	65.000
Herstellkosten		Herstellkosten	
der Bestandsminderung A		der Bestandsmehrung B	
(2.000 · 18,60)	37.200	(1.000 · 12,05)	12.050
		Verlust	**47.185**
	400.235		400.235

$$\frac{HK}{Stück} = MEK + MGK + FEK + FGK$$

Vollkosten [€]:   2 + 0,2 + 7,5 + 12   = **21,70** (A)
                   1 + 0,10 + 5 + 8   = **14,10** (B)

Teilkosten [€]: $2 + 0{,}1 + 7{,}5 + 9$ = **18,60** (A)
$1 + 0{,}05 + 5 + 6$ = **12,05** (B)

zu b)

Die Bestandsänderungen werden in der Teilkostenrechnung nur zu variablen Kosten bewertet. Der Verlust ist bei der Teilkostenrechnung hier geringer, da die niedrigere Bewertung der Bestandsminderung bei Produkt A die niedrigere Bewertung der Bestandsmehrung bei Produkt B überwiegt.

zu c)

Die Möglichkeit c3) ist zu wählen, da nach Verrechnung der variablen Vetriebskosten Produkt B einen negativen Deckungsbeitrag aufweist. Somit ist es wirtschaftlich nur sinnvoll, Produkt A herzustellen und abzusetzen.

Aufgabe 1.4.1.5: Periodenerfolgsrechnung auf Voll- und Teilkostenbasis

zu a)

Gesamtkostenverfahren auf Vollkostenbasis [€]			
HK	800.000	Umsatzerlöse	1.400.000
VtGK	200.000		
VwGK	160.000		
Gewinn	**240.000**		
	1.400.000		1.400.000

Umsatzkostenverfahren auf Vollkostenbasis [€]			
volle SK	1.160.000	Umsatzerlöse	1.400.000
Gewinn	**240.000**		
	1.400.000		1.400.000

Gesamtkostenverfahren auf Teilkostenbasis [€]			
var. HK	600.000	Umsatzerlöse	1.400.000
var. VtK	80.000		
Fixkosten	480.000		
Gewinn	**240.000**		
	1.400.000		1.400.000

Umsatzkostenverfahren auf Teilkostenbasis [€]

var. SK	680.000	Umsatzerlöse	1.400.000
Fixkosten	480.000		
Gewinn	**240.000**		
	1.400.000		1.400.000

Gleicher Gewinnausweis, da keine Bestandsveränderungen vorhanden.

zu b)

Gesamtkostenverfahren auf Vollkostenbasis [€]

HK	800.000	Umsatzerlöse	1.120.000
VtGK	184.000	Bestands-	
VwGK	160.000	erhöhung	160.000
Gewinn	**136.000**		
	1.280.000		1.280.000

Hinweis: Die Vertriebskosten müssen an die abgesetzte Menge angepasst werden.

Umsatzkostenverfahren auf Vollkostenbasis [€]

volle SK	984.000	Umsatzerlöse	1.120.000
Gewinn	**136.000**		
	1.120.000		1.120.000

Gleicher Gewinnausweis, unabhängig von Gesamtkosten- oder Umsatzkostenverfahren.

Gesamtkostenverfahren auf Teilkostenbasis [€]

var. HK	600.000	Umsatzerlöse	1.120.000
var. VtK	64.000	Bestands-	
Fixkosten	480.000	erhöhung	120.000
Gewinn	**96.000**		
	1.240.000		1.240.000

Umsatzkostenverfahren auf Teilkostenbasis [€]

var. SK	544.000	Umsatzerlöse	1.120.000
Fixkosten	480.000		
Gewinn	**96.000**		
	1.120.000		1.120.000

Die Gewinndifferenz zwischen Voll- und Teilkostenrechnung ist auf die um €
40.000,- niedrigere Bewertung der Bestandserhöhung bei der Teilkostenrechnung zurückzuführen. Die Produktion ist zu empfehlen, da Gewinn erzielt
wird.

Aufgabe 1.4.1.6: Preisfindung auf Vollkostenbasis

Beschäftigung (= Fertigungsmenge)	6.000	8.000	10.000	12.000
Variable Stückkosten [€] Fixkosten [€/Stück]	4,- 8,-	4,- 6,-	4,- 4,80	4,- 4,-
Selbstkosten [€/Stück] Gewinnzuschlag [€]	12,- 2,40	10,- 2,-	8,80 1,76	8,- 1,60
Angebotspreis [€]	14,40	12,-	10,56	9,60
Nachfragemenge [Stück]	3.200	8.000	10.880	12.800
Differenz: Nachfragemenge – Fertigungsmenge	-2.800	0	880	800

Aufgabe 1.4.1.7:   Erfolgsrechnung auf Vollkostenbasis

Produktart	A	B	C
Produktionsmenge [Stück]	1.000	1.200	500
Stückerlös [€]	8,-	6,-	10,-
Variable Stückkosten [€]	5,-	4,-	9,-
Fertigungszeit - je Stück - je Produktart	1 1.000	2 2.400	4 2.000
Fixkosten [€] - insgesamt		2.700,-	
Fixkosten [€] - je Produktart - je Stück	500,- 0,50	1.200,- 1,-	1.000,- 2,-
Stückerfolg [€]	2,50	1,-	-1,-
Gesamterfolg [€] - mit "Verlustprodukten" - ohne "Verlustprodukte"		3.200,- 2.700,-	

Aufgabe 1.4.1.8:   Erfolgsrechnung

zu a)

1. Bestimmung der Beziehung zwischen den variablen Stückkosten:

variable Kosten 2003 = variable Kosten 2002

$25.000 \cdot k_T + 30.000 \cdot k_H = 19.000 \cdot k_T + 34.000 \cdot k_H$

$6.000 \cdot k_T = 4.000 \cdot k_H$ => $k_H = 1,5 \cdot k_T$

2. Beziehung zwischen den Gewinnen (nach Steuern):

$G_{03} = (1 - 0,012) \cdot G_{02}$

G_{02} = $[19.000 \cdot (24 - k_T) + 34.000 \cdot (28 - k_H)] \cdot (1 - 0,48)$

= $[19.000 \cdot (24 - k_T) + 34.000 \cdot (28 - \mathbf{1,5 \cdot k_T})] \cdot (1 - 0,48)$

= $(1.408.000 - 70.000 \cdot k_T) \cdot 0,52$

= $732.160 - 36.400 \cdot k_T$

G_{03} = $[25.000 \cdot (24 - k_T) + 25.000 \cdot (28 - k_H)] \cdot (1 - 0,52)$

= $[25.000 \cdot (24 - k_T) + 25.000 \cdot (28 - \mathbf{1,5 \cdot k_T})] \cdot (1 - 0,52)$

$= (1.300.000 - 62.500 \cdot k_T) \cdot 0,48$

$= 624.000 - 30.000 \cdot k_T$

$\Rightarrow \quad 624.000 - 30.000 \cdot k_T = (1 - 0,012) \cdot (732.160 - 36.400 \cdot k_T)$

$5963,2 \cdot k_T = 99374,08$

$\Rightarrow \quad \mathbf{k_T = 16,6646} \qquad \Rightarrow \qquad \mathbf{k_H = 24,9968}$

zu b)

GuV 2003			
Herstellkosten		Erlöse	
T:	416.500	T:	600.000
H:	625.000	H:	700.000
G_{VSt}:	**258.500**		
	1.300.000		1.300.000

zu c)

$K_{02}(var) = 19.000 \cdot 16,66 + 34.000 \cdot 25 = \mathbf{1.166.540,- €} = K_{03}(var)$

Aufgabe 1.4.2.1: Break-Even-Analyse

zu a)

Break-Even-Punkt (BEP):

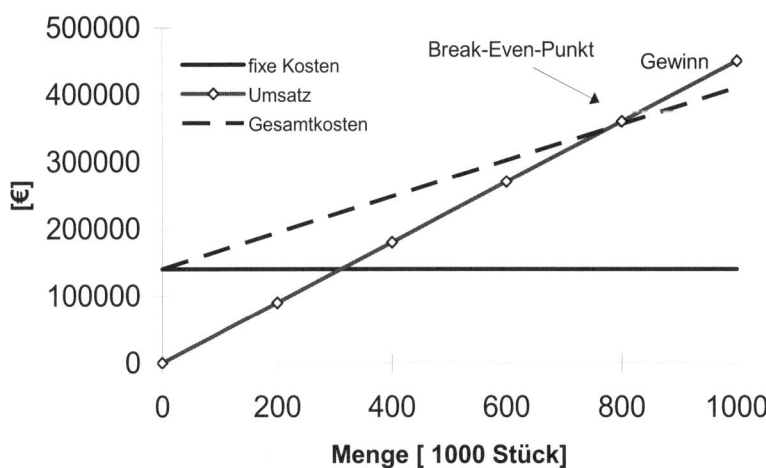

BEP: $E(x) = K_f + K_v(x)$ (Erlöse = Kosten)

$0,45 \cdot x = 140.000 + 0,27 \cdot x \Leftrightarrow$

$x = \dfrac{140.000}{0,18} = 777.777,78$

=> Die Break-Even-Menge beträgt **777.778 Stück.**

Break-Even-Umsatz: $E(777.778) = 0,45 \cdot 777.778 = 350.000,- €$

Gewinn bei Durchführung des Absatzplanes von $x_p = 1$ Mio. Tafeln:

$G(x_p) = E(x_p) = K(x_p)$

$G(1.000.000) = 450.000 - 410.000 = \mathbf{40.000,- €}$

zu b)

Bei einer Kapazitätsauslastung von 1.200.000 Tafeln p.a. würden sich ergeben:

Erlöse: $E(1.200.000) = 0,40 \cdot 1.200.000 = \mathbf{480.000,- €}$

Kosten: $K(x) = K_f + K_v(x)$

$K(1.200.000) = 140.000 + 50.000 + 0,27 \cdot 1.200.000 =$

$= \mathbf{514.000,- €}$

Gewinn: $G(1.200.000) =$ $480.000 - 514.000 = \mathbf{- 34.000,- €}$

Die Maßnahme sollte nicht durchgeführt werden, da bei 1,2 Mio. Stück 34.000,- € Verlust erwirtschaftet werden.

zu c)

Nach einer Lohnerhöhung von 15% würden sich ergeben:

Fertigungslöhne = $0,10 \cdot 1,15 = 0,115 €$
Erhöhung des Verkaufspreises um: $0,115 - 0,10 = \mathbf{0,015 €}$

Der Preis je Tafel müsste somit auf 0,465 € erhöht werden, um das Ergebnis zu halten. Dies entspricht einer Preissteigerung von 3,3%. Da sich der Deckungsbeitrag nicht ändert, würde auch der Break-Even-Punkt derselbe bleiben.

zu d)

Nach einer Senkung der Rohstoffkosten um 20% würden sich ergeben:

k_{FM} =   0,12 · 0,8 =   **0,096 €**
k_v =   0,096 + 0,10 + 0,05 =   **0,246 €**

Neuer Break-Even-Punkt (BEP):

$0,45 \cdot x = (140.000 + 15.000) + 0,246 \cdot x \Leftrightarrow x = \dfrac{155.000}{0,204} \approx$ **759.804 Stück**

Gewinn (bei x = 1.000.000):
G (x) = 0,45 · 1.000.000 - (155.000 + 0,246 ·1.000.000) = **49.000,- €**

Ergebnis bei 1,2 Mio. Stück: **89.800,- € Gewinn**

Die Verfahrensänderung ist vorteilhaft, denn der BEP fällt auf 759.804 (rund 760.000 Tafeln) bei gleichzeitigem Gewinnanstieg auf 49.000,- €, falls die Absatzerwartung von 1.000.000 Tafeln zutrifft.

Aufgabe 1.4.2.2:   Break-Even-Analyse

zu a)

Produkt	A	B	C
Produktbündel-Mengenrelation	5	2	1
prop. Kosten je Produkteinheit [€]	9,20	1,80	0,70
prop. Kosten je Bündelmenge [€]	46,00	3,60	0,70
Summe der prop. Kosten je Bündel [€]	50,30		
prop. Kosten des Kuppelprozesses [€]	36,-		
gesamte prop. Kosten eines Bündels [€]	86,30		
Stückerlös je Produkteinheit [€]	19,40	8,95	6,40
Stückerlös je Bündelmenge [€]	97,-	17,90	6,40
Stückerlös eines Bündels [€]	121,30		
Deckungsbeitrag je Bündel [€]	35,-		

Die Gewinnschwelle liegt unter Berücksichtigung der in oben stehender Tabelle errechneten Werte bei:

$E(x) = K(x)$

$\Leftrightarrow 121{,}30 \cdot x = 86{,}30 \cdot x + 77.000 \Leftrightarrow 35 \cdot x = 77.000 \Leftrightarrow x = 2.200$ Stück

$\Leftrightarrow$ **Break-Even-Mengen**: $x_A = 11.000$, $x_B = 4.400$, $x_C = 2.200$

zu b)

Der Mindestgewinn von € 42.000,- wird bei der kritischen Produktbündelmenge x gerade erreicht, bei der gilt:

Erlös = proportionale Kosten + K_f + Mindestgewinn

$121{,}30 \cdot x = 86{,}30 \cdot x + 77.000 + 42.000 \Leftrightarrow 35 \cdot x = 119.000 \Leftrightarrow$ **x = 3.400**

Bei Absatzmengen von 17.000 Einheiten von Produkt A, 6.800 Einheiten von Produkt B und 3.400 Einheiten von Produkt C wird der gewünschte Mindestgewinn gerade erreicht.

zu c)

Kostenbestandteile	Fall (a)	Fall (b)
Prop. Kosten des Kuppelprozesses [€]	79.200,-	122.400,-
Prop. Kosten für Produkt 1 [€]	101.200,-	156.400,-
Prop. Kosten für Produkt 2 [€]	7.920,-	12.240,-
Prop. Kosten für Produkt 3 [€]	1.540,-	2.380,-
Gesamte proportionale Kosten [€]:	189.860,- (= 86,30 · 2.200)	293.420,- (= 86,30 · 3.400)

Aufgabe 1.4.2.3:   Break-Even-Analyse

zu a)

$K = K_f + k_v \cdot x + MG$

$E = p \cdot x$

$K_f + k_v \cdot x + MG = p \cdot x$

$x = \dfrac{K_f + MG}{p - k_v} = \dfrac{12000 + 6000}{40 - 16} = 750$

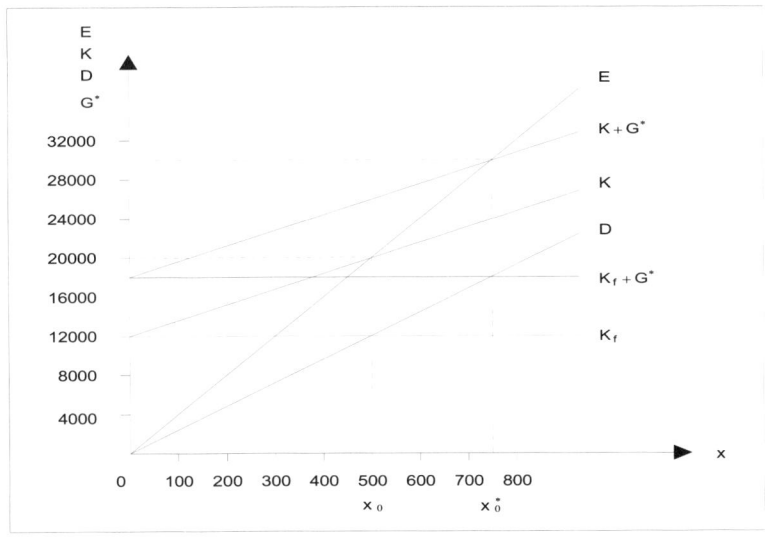

zu b)

2 Produkte: Die Gewinnschwelle ist eine Linie (Gerade)

n Produkte: Hyperflächen im Raum höherer Ordnungen

$$K = K_f + k_v^{(1)} \cdot x_1 + k_v^{(2)} \cdot x_2$$
$$E = p_1 \cdot x_{11} + p_2 \cdot x_2$$
$$K_f = \left(p_1 - k_v^{(1)}\right) \cdot x_1 + \left(p_2 - k_v^{(2)}\right) \cdot x_2$$
$$12000 = 24 \cdot x_1 + 16 \cdot x_2$$

$$x_2 = 0 \Rightarrow \quad x_1 = 500$$
$$x_1 = 0 \Rightarrow \quad x_2 = 750$$

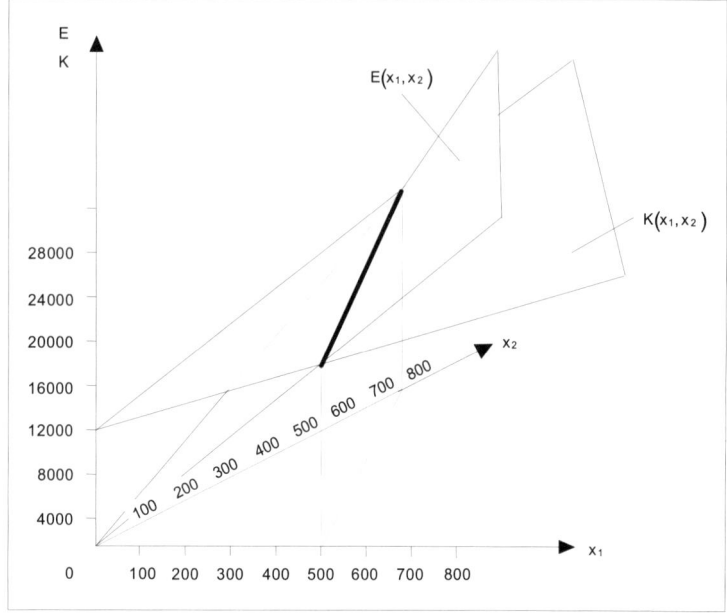

zu c)

$$x_1 = \frac{K_f^{(1)} + \dfrac{p_1 - k_v^{(1)}}{\left(p_1 - k_v^{(1)}\right) + \left(p_2 - k_v^{(2)}\right)} \cdot K_f^*}{p_1 - k_v^{(1)}} = \frac{1560 + \dfrac{24}{24 + 16} \cdot 9600}{24} = 305$$

$$x_2 = \frac{K_f^{(2)} + \dfrac{p_2 - k_v^{(2)}}{\left(p_1 - k_v^{(1)}\right) + \left(p_2 - k_v^{(2)}\right)} \cdot K_f^*}{p_2 - k_v^{(2)}} = \frac{840 + \dfrac{16}{24 + 16} \cdot 9600}{16} = 292{,}5$$

zu d)

ein- und mehrstufige Mehrproduktfertigung, mehrdimensionale Produktions-
und Kostenfunktion, dynamisch, nichtlinear, stochastisch, mehrere Ziele

Aufgabe 1.4.2.4: Break-Even-Analyse

zu a)

Stück-DB [€]: $60 - 20 \cdot (1+0{,}2) = 36$

Stück-DB-Rate: $\dfrac{36}{60} = 0{,}6$

zu b)

Break-Even-Menge: $\dfrac{30.000.000}{36} = 833.333{,}33 \rightarrow 833.334$ Trikots

Break-Even-Zeitpunkt: $\dfrac{833.334}{2.800.000} \cdot 360 = 107{,}14$ Tage

Zielumsatz [€]: $\dfrac{\frac{K_f + G}{p - k_v}}{p} = \dfrac{\frac{30.000.000 + 6.000.000}{60 - 24}}{60} = 60.000.000$

zu c)

Zielgewinn-Menge: 1.000.000 Trikots

Stückverkaufspreis in US-Dollar: $\dfrac{\frac{\text{€} - \text{Umsatz}}{\text{€}/\$ - \text{WK}}}{\text{Zielgewinn} - \text{Menge}} = \dfrac{\frac{60.000.000\text{€}}{0{,}8\text{€}/\$}}{1.000.000} = 75\$$

zu d)

	ohne Währungsabsicherung	mit Währungsabsicherung
Umsatzerlöse	60.000.000$ · 0,8€/$ = 48.000.000€	60.000.000$ · 0,95€/$ = 57.000.000€
Variable Kosten	24.000.000 €	24.000.000 €
Fixkosten	30.000.000 €	32.500.000 €
Gewinn	-6.000.000 €	500.000 €

→Annahme Angebot Hausbank

zu e)

Stückerlös: 60$

Stückselbstkosten: 24$:

Stück-DB [$]: 60 − 24 = 36

Zielgewinn-Menge: $\dfrac{30.000.000€ + 6.000.000€}{36\$ \cdot 0,8€/\$} = 1.250.000$

Zielgewinn-Umsatz auf €-Basis: $1.250.000 \cdot (60\$ \cdot 0,8€/\$) = 60.000.000€$

→ Zielgewinn-Menge erhöht sich
→ Zielgewinn-Umsatz bleibt gleich

zu f)

Zielgewinn-Menge: $\dfrac{30.000.000€ + 6.000.000€ + 8.000.000\$ \cdot 0,8€/\$}{0,8€/\$(75\$ - 24\$)} = 1.039.215,69$

→ 1.039.216 Trikots

zu g)

- Informationen für Planungszwecke (Kostenplanung)
- Analyse des Zusammenhangs von Beschäftigung, Kosten, Erlösen, Gewinn
- Analyse der Konsequenzen von Beschäftigungsänderungen
- Sensitivitätsanalyse
     * Sicherheitsspanne
     * Auswirkung einer Steigerung der Fixkosten um α %
     * Auswirkung einer Steigerung des Stück-DB um β %
- Auswirkungen auf Ziel-Menge
- Auswirkungen auf Ziel-Umsatz

Aufgabe 2.1.1.1:   Kostenplanung

zu a)

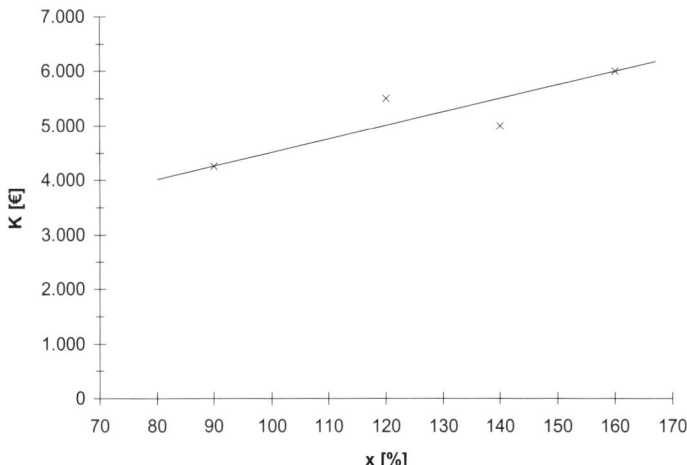

Ermittlung der Kostenfunktion: K = mx + n

Steigung: $m = \dfrac{6.000 - 4.250}{160 - 90} = 25,- €$

Also gilt: K = 25 · x + n

$$25 · 90 + \quad n = \quad 4.250$$
$$n = \quad 4.250 - 2.250$$
$$n = \quad K_f = 2.000$$

K = 25 · x + 2000

Plankosten bei x =180: 6.500,- €

Ergebnis: K_f = **2.000,- €**
K_{plan} = **6.500,- €**

zu b)

- Man geht von Istwerten aus und unterstellt konstante Bedingungen.
- Die Zahl der verwendeten Werte ist äußerst gering.
- Für Beschäftigungsgrade unter x = 80 lassen sich kaum zuverlässige Aussagen über Kostendifferenzen machen.

zu c)

- Ausbringungsmenge
- Maschinenstunden
- Rüstzeiten
- Fertigungslöhne
- Beschäftigtenzahl
- Durchsatzgewichte

zu d)

- Differenzierung von Rüst- und Fertigungszeiten bei Serienfertigung
- Bearbeitung verschiedener Produktarten in derselben Kostenstelle
- Differenzierung von Maschinen- und Fertigungsstunden, wenn die Kostenstelle mehrere Maschinen und Arbeitskräfte umfasst.

Aufgabe 2.1.1.2:   Kostenplanung

zu a)

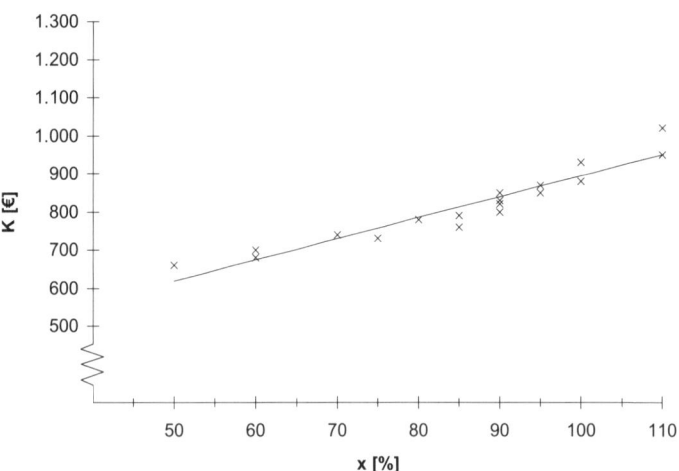

zu b) $K(x) = 400 + 5 \cdot x$

zu c) $K(92) = 400 + 92 \cdot 5 = 860$

Aufgabe 2.1.1.3:   Kostenplanung

zu a) und b)

Kostenarten	Variator	Gesamte Plankosten [€]	Variable Plankosten [€]	Fixe Plan- kosten [€]	Sollkosten bei 2.000 Fertigungs- stunden [€]
Reparaturen	6	15.000,-	9.000,-	6.000,-	18.000,-
Raumkosten	0	23.000,-	--	23.000,-	23.000,-
Kalk. Abschreibungen	2	33.750,-	6.750,-	27.000,-	36.000,-
Kalk. Zinsen	0	17.000,-	--	17.000,-	17.000,-
Fertigungsmaterial	9	15.000,-	13.500,-	1.500,-	19.500,-
Fertigungslöhne	10	16.500,-	16.500,-	--	22.000,-
Summe		**120.250,-**	**45.750,-**	**74.500,-**	**135.500,-**

Aufgabe 2.1.1.4: Flexible Plankostenrechnung auf Voll-kostenbasis

KoA Nr.	Kosten-arten	Variatormethode		Stufenplan			Differenz-Ausweis	
		Betrag	Variator	80%	90%	100%	fix	variabel
1	Gehälter	28.800,-	0	28.800,-	28.800,-	28.800,-	28.800,-	0
2	Hilfs-löhne	27.900,-	10	22.320,-	25.110,-	27.900,-	0	27.900,-
3	Sozial-aufw.	12.848,-	5	11.563,20	12.205,60	12.848,-	6.424,-	6.424,-
4	Urlaubs-löhne	10.512,-	0	10.512,-	10.512,-	10.512,-	10.512,-	0
5	Instand-haltung	459,-	7	394,74	426,87	459,-	137,70	321,30
6	Hilfs-stoffe	11.954,-	8	10.041,36	10.997,68	11.954,-	2.390,80	9.563,20
7	Strom	7.000,-	9	5.740,-	6.370,-	7.000,-	700,-	6.300,-
8	Wasser	3.850,-	9	3.157,-	3.503,50	3.850,-	385,-	3.465,-
9	Ab-schrei-bung	78.000,-	6	68.640,-	73.320,-	78.000,-	31.200,-	46.800,-
10	Zinsen	19.500,-	0	19.500,-	19.500,-	19.500,-	19.500,-	0
11	Steuern	2.500,-	0	2.500,-	2.500,-	2.500,-	2.500,-	0
12	Ver-siche-rung	5.460,-	0	5.460,-	5.460,-	5.460,-	5.460,-	0
	Summe	208.783,-		188.628,30	198.705,65	208.783,-	108.009,50	100.773,50

Basis: 1.100.000 min   Verrechnungssatz: 0,1898027 €/min

Aufgabe 2.1.1.5: Prognosekostenrechnung

zu a)

- **Maschinelle Arbeitsleistung:** x = Fertigungszeit

  K_{Masch} = 16.500,- € $0 \leq x \leq 120.000$

- **Menschliche Arbeitsleistung:**

$$K_{Mensch} = \begin{cases} 18.000 & 0 \le x \le 90.000 \\ 0,2 \cdot x & 90.000 < x \le 120.000 \end{cases}$$

- **Werkstoff:**

$$K_{werk} = \begin{cases} 0,075 \cdot 2 \cdot x & 0 \le x < 80.000 \\ 0,075 \cdot 2 \cdot 0,95 \cdot x & 80.000 \le x < 100.000 \\ 0,075 \cdot 2 \cdot 0,9 \cdot x & 100.000 \le x \le 120.000 \end{cases}$$

- **Gesamtkosten:**

$$K = \begin{cases} 16.500 + 18.000 + 0,15 \cdot x & 0 \le x < 80.000 \\ 16.500 + 18.000 + 0,1425 \cdot x & 80.000 \le x \le 90.000 \\ 16.500 + 0,2 \cdot x + 0,1425 \cdot x & 90.000 < x < 100.000 \\ 16.500 + 0,2 \cdot x + 0,135 \cdot x & 100.000 \le x \le 120.000 \end{cases}$$

zu b)

Beschäftigungsgrad	70%	80%	85%	90%
Fertigungsminuten	84.000	96.000	102.000	108.000
Gesamtkosten [€]	**46.470,-**	**49.380,-**	**50.670,-**	**52.680,-**

zu c) und d)

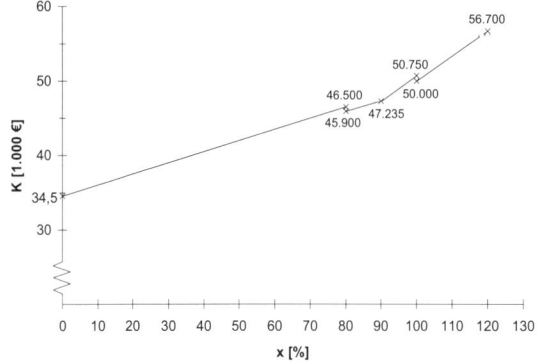

Aufgabe 2.1.1.6: Kostenplanung

zu a)

Der Zusammenhang zwischen Beschäftigung und Kosten ist nur in dem Intervall der Beschäftigung von 770 und 1.120 Stunden dokumentiert. Deshalb kann nur in diesem Bereich eine Funktion abgeleitet werden.

zu b)

Ermittlung der benötigten Beschäftigung bei der Ober- bzw. Untergrenze:

	A	B	C	D	$\sum$
Untergrenze [in h]	180	240	350	120	890
Obergrenze [in h]	220	300	420	180	1.120

Hoch-Tief-Methode:

$$k = \frac{1.950 - 1.720}{1.120 - 890} = 1$$

$$1.950 = K^f + 1 \cdot 1.120$$

$$K^f = 830$$

$$K = 830 + 1 \cdot x$$

zu c)

$$\text{Mittlere Stückfertigungszeit} = \frac{h/Stk.^{Obergrenze}}{h/Stk.^{Untergrenze}}$$

	A	B	C	D	$\sum$
Mittlere Stückfertigungszeit	2	1,8	2,75	1,25	-
Stückkosten ki	2	1,8	2,75	1,25	-
dbi	2,5	1,9	2,75	-0,05	-
Gesamt DBi	250	285	385	-6	914

$$G = DB - K^f = 914 - 830 = 84$$

Empfehlung: D einstellen, falls keine Abhängigkeiten vorhanden sind.

zu d)

	A	B	C	Σ
Untergrenze [h]	180	240	350	770
Obergrenze [h]	220	300	420	940

$$k = \frac{1.775 - 1.520}{940 - 770} = 1{,}5$$

$$1.520 = K^f + 1{,}5 \cdot 770$$

$$K^f = 365$$

$$K = 365 + 1{,}5 \cdot x$$

	A	B	C	Σ
Mittlere Stückfertigungszeit	2	1,8	2,75	-
Stückkosten ki	3	2,7	4,125	-
dbi	1,5	1	1,375	-
Gesamt DBi	150	150	192,5	492,5

$$\sum_{i=1}^{3} DB_i - K^f = 492{,}5 - 365 = 127{,}5$$

zu e)

Bei 3- und 4-Produktprogrammen befindet man sich entsprechend den unterschiedlichen Beschäftigungen auf unterschiedlichen Abschnitten der Kostenfunktion. Dementsprechend resultieren unterschiedliche fixe und variable Kosten. Hieraus ergeben sich Differenzen im Stückdeckungsbeitrag und damit im Gesamtdeckungsbeitrag sowie im Periodenerfolg. Ob durch Einstellung der Produktion von Produkt 4/D tatsächlich auch der Gewinn steigt, ist durch die entsprechend der den Beschäftigungen folgenden Kostenfunktionen nicht eindeutig vorherzusagen.

Aufgabe 2.1.2.1:   Abweichungsarten und Variatormethode

zu a)

Variatoren ermöglichen die Umrechnung der Kosten der Planbeschäftigung von 100% in Kosten bei anderen Beschäftigungsgraden.

zu b)

Die Variatormethode setzt lineare Kostenfunktionen voraus.

zu c)

Der Variator nimmt den Wert null an, wenn es sich um rein fixe Kosten handelt. Nimmt der Variator einen Wert von zehn an, dann liegt eine rein proportionale Kostenart vor. Bei einem Wert von sieben setzen sich die Kosten aus fixen und variablen (proportionalen) Teilen zusammen; die proportionalen Kosten betragen (im Geltungsbereich des Variators) 70% der Gesamtkosten bei Planbeschäftigung.

zu d)

Durch die isolierte Berücksichtigung der Fixkosten in der Grenzplankostenrechnung entfällt bei diesem Rechnungssystem die Beschäftigungsabweichung. Ermittelt werden im Rahmen der Grenzplankostenrechnung somit Preis- und Verbrauchsabweichungen sowie gegebenenfalls spezielle Abweichungen.

zu e)

Die Beschäftigungsabweichung entspricht den Leerkosten der Istbeschäftigung und stellt ein Maß für die nicht genutzte Kapazität dar. In der Regel besitzen die Kostenstellenleiter keinen oder nur einen geringen Einfluss auf die Beschäftigung ihres Kostenbezirkes. Beschäftigungsabweichungen infolge nicht genutzter Kapazitäten sind daher auch nicht von ihnen zu verantworten.

zu f)

Verbrauchsabweichungen werden durch das Verhalten der in einer Kostenstelle tätigen Personen verursacht. Bei ihnen handelt es sich daher um eine vom jeweiligen Kostenstellenleiter zu vertretende Kostenabweichung. Voraussetzung ist allerdings, dass keine Planungsfehler und keine sonstigen Kosteneinflussgrößen wirksam geworden sind.

Aufgabe 2.1.2.2:   Kostenplanung und Abweichungsanalyse

zu a)

K_{plan} = 8.000,- €   Variator = 5

K_f = 4.000,- €

K_v = 4.000,- €

$$K = 4.000 + \frac{4.000}{2.000} \cdot x$$

K = 4.000 + 2 · x   für $0 \leq x < 2.600$

K (2.600) = 9.200,- €
K (2.800) =   9.800,- €

$$k_v = \frac{K(2.800) - K(2.600)}{2.800 - 2.600} = \frac{600}{200} = 3$$

K = 1.400 + 3 · x   für $x \geq 2.600$

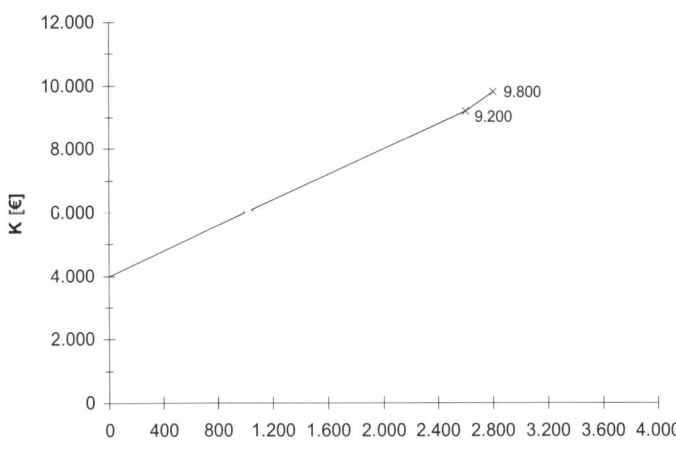

zu b)

Variator:

- **Fertigungslöhne:**

$$\frac{16.800 - 12.000}{1,4 - 1} = 12.000,- €$$ alle Kosten variabel : Variator = 10.

- **Hilfs- und Betriebsstoffe:**

$$\frac{5.104 - 4.400}{1,2 - 1} = 3.520,- €$$ $$v = \frac{3.520}{4.400} \cdot 10 = 8$$

- **Abschreibungen:**

$$\frac{3.480 - 3.240}{1,4 - 1,2} = 1.200,- €$$

$$3.240 - (1.200 \cdot 1,2) = 1.800,- €$$ $$v = \frac{1.200}{3.000} \cdot 10 = 4$$

- **Variator der Gesamtkosten:**

$$12.000 \cdot 1 + 8.000 \cdot 0,5 + 4.400 \cdot 0,8 + 3.000 \cdot 0,4 = 20.720,- €$$

$$v = \frac{20.720}{31.000} \cdot 10 = 6,68$$

zu c)

$$K_{plan} = 31.000 - \frac{2 \cdot 6,68 \cdot 31.000}{100} = 26.856,- €$$

zu d)

$x_{plan} = $ 1.600 $x_{ist} = 1.700$

$K_{plan} = $ 26.856,- € $K_{ist} = 27.230,- €$

$$K_{vp} = \frac{26.856}{1.600} \cdot 1.700 = 28.534,50 €$$

$K = 6 \cdot x + 4.000 + 2 \cdot x + 880 + 1,76 \cdot x + 1.800 + 0,6 \cdot x + 3.600$

$K = 10.280 + 10,36 \cdot x$

$K_{soll} = 10.280 + 10,36 \cdot 1.700 = 27.892,- €$

Verbrauchsabweichung: $K_{ist} - K_{soll} = $ - 662,- €

Beschäftigungsabweichung: $K_{soll} - K_{vp} = $ - 642,50 €

Gesamtabweichung: $K_{ist} - K_{vp} = $ - 1.304,50 €

Aufgabe 2.1.2.3: Flexible Plankostenrechnung auf Vollkostenbasis und Abweichungsanalyse

zu a)

- Plankostenverrechnungssatz: $\dfrac{15.000\ €}{2.000\ h} = 7,50\ \dfrac{€}{h}$

- verrechnete Plankosten bei Istbeschäftigung (K_{vp}):

$$7,50\ \frac{€}{h} \cdot 1.600\ h = 12.000,- €$$

- Sollkosten bei Istbeschäftigung (K_{soll}):

$$2.000\ € + \left(\frac{15.000\ € - 2.000\ €}{2.000\ h} \right) \cdot 1.600\ h = 12.400,- €$$

Verbrauchsabweichung (VA):
$K_{ist} - K_{soll} = 14.500\ € - 12.400\ € = 2.100,- €$

Beschäftigungsabweichung (BA):
$K_{soll} - K_{vp} = 12.400\ € - 12.000\ € = 400,- €$

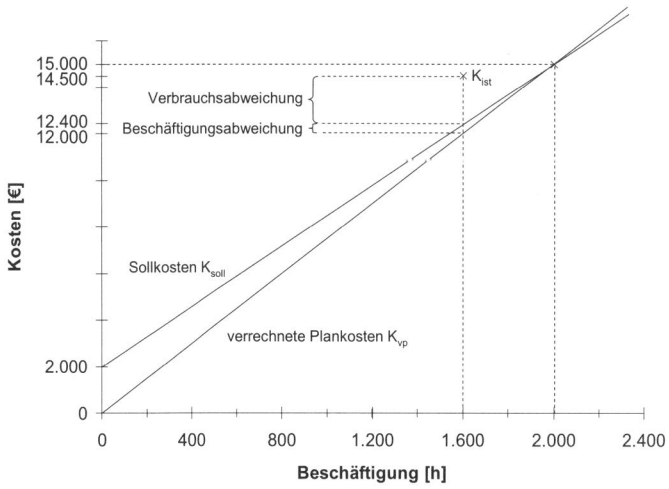

zu b)

Istkosten pro Stunde:	14.500€/1.600 h	= 9,0625 €/h
- Plankostenverrechnungssatz:		= 7,50 €/h
= Mehrkosten:		= 1,5625 €/h

Verbrauchsbedingte Mehrkosten:

$$\frac{\text{Verbrauchsabweichung}}{\text{Istbeschäftigung}} = \frac{2.100\ €}{1.600\ h} \qquad = \qquad 1,3125\ \frac{€}{h}$$

Beschäftigungsbedingte Mehrkosten:

$$\frac{\text{Beschäftigungsabweichung}}{\text{Istbeschäftigung}} = \frac{400\ €}{1.600\ h} \qquad = \qquad 0,25\ \frac{€}{h}$$

Aufgabe 2.1.2.4: Abweichungsanalyse auf Vollkostenbasis

- **Soll-Kosten:**

12.000 · (1 + 0,2 · 1,0) =	14.400,-	Fertigungslöhne
10.000 · (1 + 0,2 · 0,6) =	11.200,-	Hilfslöhne
2.500 · (1 + 0,2 · 0,8) =	2.900,-	Instandhaltung
5.000 · (1 + 0,2 · 0,4) =	5.400,-	kalk. Abschreibungen
	5.500,-	kalk. Zinsen
	39.400,-	K_{soll}

- **Verrechnete Plankosten:**

$$K_{vp} = \frac{35.000}{1.000} \cdot 1.200 = \qquad 42.000,\text{-}\ €$$

- **Verbrauchsabweichung (VA):**

$$VA = K_{ist} - K_{soll}$$
$$= 40.000 - 39.400 = \qquad 600,\text{-}\ €$$

- **Beschäftigungsabweichung (BA):**

$$BA = K_{soll} - K_{vp}$$
$$= 39.400 - 42.000 = \qquad -2.600,\text{-}\ €$$

Aufgabe 2.1.2.5: Abweichungsanalyse auf Vollkostenbasis

zu a)

Verwendete Größe: Maschinenzeit x [h]

zu b)

Kostenfunktion: K_f = 165.600,- €
K_v = 45,- €/h

K = 165.600 + 45 · x

zu c)

Planbeschäftigung: 230 Arbeitstage · 8 Stunden · 3 $\frac{\text{Maschinen}}{\text{Arbeiter}}$

= 5.520 Stunden (100%)

zu d)

Istbeschäftigung:

Planbeschäftigung	5.520 h
Streik (12 · 8 · 3)	-288 h
sonstiger Ausfall	-816 h
Istbeschäftigung	4.416 h (80%)

zu e)

Istkosten:	K_{ist}	= 382.600,- €
Plankosten:	K_{plan} = 165.600 + 45 · 5.520	= 414.000,- €
Sollkosten:	K_{soll} = 165.600 + 45 · 4.416	= 364.320,- €

Verrechnete Plankosten bei Istbeschäftigung:

$$K_{vp} = \frac{414.000}{5.520} \cdot 4.416 = \qquad \textbf{331.200,- €}$$

zu f)

Verbrauchsabweichung: Istkosten - Sollkosten =
K_{ist} - K_{soll} = 18.280,- €

Beschäftigungsabweichung: Sollkosten - verrechnete Plankosten =
K_{soll} - K_{vp} = 33.120,- €

Mengenabweichung: Beschäftigungsabweichung
+ Verbrauchsabweichung =
Istkosten - verrechnete Plankosten =
$K_{ist} - K_{vp} =$ 51.400,- €

Budgetbezogene Abweichung: Plankosten - Sollkosten =
$K_{plan} - K_{soll} =$ 49.680,- €

zu g)

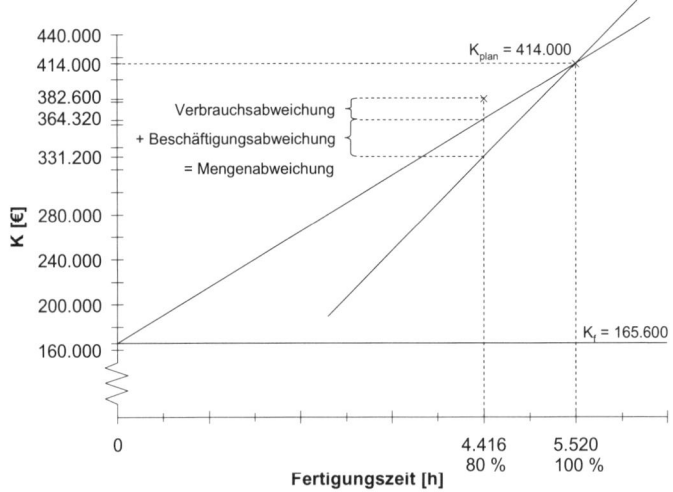

zu h)

Variator: $v = \dfrac{10 \cdot 45 \cdot 5.520}{414.000} = 6$

D.h. 60% der Gesamtkosten bei Planbeschäftigung sind variabel,
oder:
bei einem Beschäftigungsrückgang von 10% gehen die Gesamtkosten um
6% zurück.

Aufgabe 2.1.2.6: Abweichungsanalyse auf Vollkostenbasis

zu a)

Plankosten: $K_{plan} =$ $2.000 + 50 \cdot 100 = 7.000,- €$

Sollkosten: $K_{soll} =$ $2.000 + 50 \cdot 80 = 6.000,- €$

verrechnete Plankosten: $K_{vp} =$ $\dfrac{7.000}{100} \cdot 80 = 5.600,- €$

Verbrauchsabweichung: $K_{ist} - K_{soll} = 7.500 - 6.000 = 1.500,- €$

Beschäftigungsabweichung: $K_{soll} - K_{vp} = 6.000 - 5.600 = 400,- €$

Mengenabweichung: $K_{ist} - K_{vp} = 7.500 - 5.600 = 1.900,- €$

zu b)

$$\text{Variator: } v = \frac{5.000 \cdot 10}{7.000} = 7{,}143$$

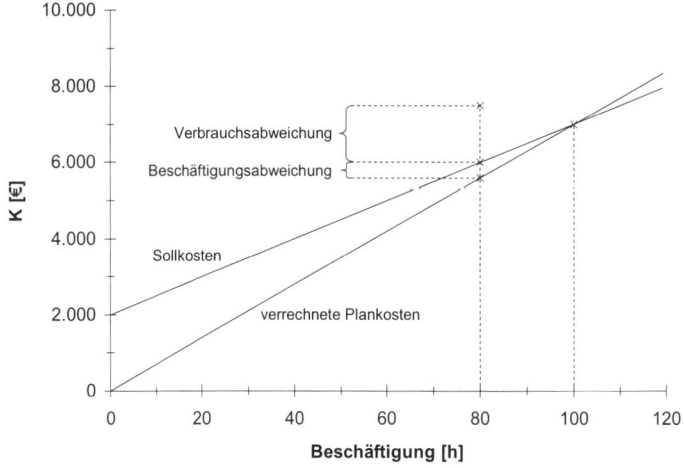

Aufgabe 2.1.2.7: Abweichungsanalyse auf Vollkostenbasis

zu a)

Planbezugsgröße: geplante Fertigungszeit
Fertigungsstunden x_{plan} = 230 · 8 = 1.840

zu b)

Istbeschäftigung: x_{ist} = 230 · 8 - 276 = 1.564 (85%)

zu c)

Fixe, variable Kosten:

$$K_f = K_{plan} - \frac{Variator \cdot K_{plan}}{10} = 92.000 - \frac{6}{10} \cdot 92.000 = 36.800,- €$$

$$K_v = \frac{Variator \cdot K_{plan}}{10} = \frac{6}{10} \cdot 92.000 = \qquad 55.200,- €$$

zu d)

Kostenfunktion:

$$K = K_f + \frac{K_v}{x_{plan}} \cdot x = 36.800 + \frac{55.200}{1.840} \cdot x$$
$$K = 36.800 + 30 \cdot x$$

zu e)

Sollkosten: K_{soll} = 36.800 + 30 · 1.564 =   83.720,- €

Verrechnete Plankosten: K_{vp} = 0,85 · K_{plan} =   78.200,- €

zu f)

Abweichungsanalyse:

Beschäftigungsabweichung:
K_{soll} - K_{vp} = 83.720 - 78.200 =   5.520,- €

Verbrauchsabweichung:
K_{ist} - K_{soll} = 88.070 - 83.720 =   4.350,- €

Budgetbezogene Abweichung:
K_{plan} - K_{soll} = 92.000 - 83.720 =   8.280,- €

Aufgabe 2.1.2.8: Abweichungsanalyse auf Vollkostenbasis

zu a)

$$\text{Variator: } v = \frac{\text{variable Kosten}}{\text{Gesamtkosten}} \cdot 10 = \frac{156.000}{250.000} \cdot 10 = 6,24$$

zu b)

Löhne:	$K_1 = 38,5 \cdot x$
Material:	$K_2 = 11.000 + 22 \cdot x$
Hilfs- und Betriebsstoffe:	$K_3 = 9.000 + 10,5 \cdot x$
Kalk. Abschreibungen:	$K_4 = 20.000 + 2,5 \cdot x$
Meistergehälter:	$K_5 = 18.000$
Instandhaltung:	$K_6 = 6.000 + 4,5 \cdot x$
Kalk. Zinsen:	$K_7 = 30.000$

Kostenfunktion:	$K = 94.000 + 78 \cdot x$

zu c)

$K_{plan} = 250.000,- €$

$K_{ist} = 310.000,- €$

$K_{soll} = 94.000 + 78 \cdot 2.500 = 289.000,- €$

$K_{vp} = \dfrac{250.000}{2.000} \cdot 2.500 = 312.500,- €$

Verbrauchsabweichung: **21.000,- €**

Beschäftigungsabweichung: **-23.500,- €**

Gesamtabweichung: **-2.500,- €**

Die negative Beschäftigungsabweichung ist ein Zeichen für die Überbeschäftigung in der Periode. Der proportionalisierte Fixkostenanteil an den Stückkosten nimmt ab.

Aufgabe 2.1.2.9:   Abweichungsanalyse auf Vollkostenbasis

zu a)

K_{plan} = 150.000,- €
K =   60.000 + 30 · x
x_{plan} =   3.000
x_{ist} =   3.600
K_{ist} = 175.000,- €

zu b)

K_{soll} = 60.000 + 30 · 3.600 = 168.000,- €

$$K_{vp} = \frac{150.000}{3.000} \cdot 3.600 = \quad 180.000,-\ €$$

Verbrauchsabweichung: $K_{ist} - K_{soll}$ =   7.000,- €
Beschäftigungsabweichung: $K_{soll} - K_{vp}$ =   -12.000,- €
Gesamtabweichung: $K_{ist} - K_{vp}$ =   -5.000,- €

zu c)

Der verrechnete Fixkostenanteil pro Stück sinkt, weil die Beschäftigung über dem geplanten Beschäftigungsgrad liegt. Dadurch übersteigen die verrechneten Nutzkosten die Fixkosten, was die Überbeanspruchung der Kapazität zum Ausdruck bringt.

zu d)

Teilkostenrechnung:

Fixkosten werden nicht berücksichtigt. Daher entfällt der Ausweis einer Beschäftigungsabweichung

Aufgabe 2.1.2.10: Abweichungsanalyse auf Vollkostenbasis

zu a)

(1) K_{plan} =   10.000,- € K_f =   2.500,- € v_1 =   7,5

(2) K_{plan} =   3.500,- € $= K_f$ v_2 =   0

(3) K_{plan} =   4.500,- € K_f =   0,- € v_3 =   10

(4) K_{plan} =   5.000,- € K_f =   500,- € v_4 =   9

(5) $K_{plan} =$ 5.000,- € $K_f = \begin{cases} 3.500 \\ 3.200 \end{cases}$ $v_5 = \begin{cases} 3 & \text{für } x \leq 150 \\ 3,6 & \text{für } x > 150 \end{cases}$

zu b)

Beschäftigung von 80%   x = 120 h

Summe K_{plan} über alle fünf Kostenarten =	28.000,- €
Sollkosten bei x = 120:	24.400,- €
Istkosten:	30.000,- €
Verrechnete Plankosten:	0,8 · 28.000 = 22.400,- €
Leerkosten:	20% · 10.000 = 2.000,- €
Nutzkosten:	80% · 10.000 = 8.000,- €

Verbrauchsabweichung:

Istkosten - Sollkosten = 30.000 - 24.400,- =   5.600,- €

Beschäftigungsabweichung:

Sollkosten - verrechnete Plankosten = 24.400 - 22.400 =   2.000,- €

zu c)

- Ursachen der Abweichung werden sichtbar.
- Die Plangrößen werden im nachhinein auf Genauigkeit überprüft.
- Kontrolle der Kostenstellen in Bezug auf Ineffizienzen

Aufgabe 2.1.2.11: Abweichungsanalyse mit Effizienzabweichung

zu a)

$x_i = 230$ Stück

$K_{plan} = 34.000$

$VA = K_{ist} - K_{soll} = 38.000 - 34.600 = 3400$

$BA = K_{soll} - K_{vp} = 34.600 - 39.100 = -4.500$

$MA = -1.100$

(Budgetabweichung = $K_{plan} - K_{soll} = 34.000 - 34.600 = -600$)

zu b)

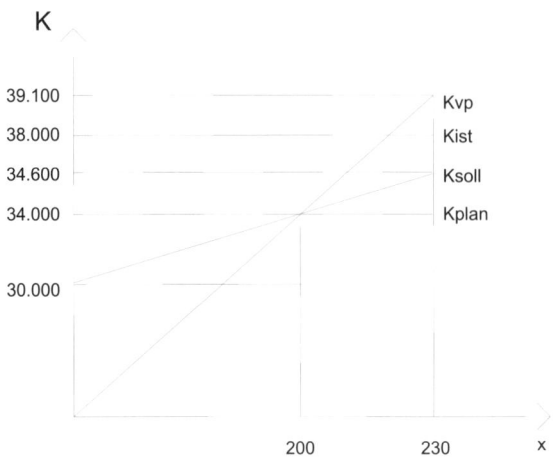

zu c)

Steigung von K_{soll} wird kleiner (durch 2), Abszissenwerte verdoppeln sich

zu d)

Tatsächliche Fertigungszeit je Stück = 460/200 = 2,3

VEV = (30.000 + 10 · 2,3 · 200) - (30.000 + 10 · 2 · 200) = 600

TEV = (34.000 · 200 · 2,3 : 200 : 2) - (34.000 · 200 · 2 : 200 : 2) = 5.100

Aufgabe 2.1.2.12: Spezielle Verbrauchsabweichung

zu a)

Fertigungskosten bei planmäßiger Bedienungsrelation:

$$K_{soll} = \frac{3\frac{min}{m}}{3\,Maschinen} \cdot 1.000\,m \cdot 5\frac{€}{min} = 5.000,\text{-}\ €$$

zu b)

Fertigungskosten bei tatsächlicher Bedienungsrelation:

$$K_{ist} = \frac{3}{2} \cdot 1.000 \cdot 5 = 7.500,\text{-}\ €$$

zu c) Abweichung: 2.500,- €

Aufgabe 2.1.2.13: Abweichungsanalyse mit Effizienzabweichung

zu a)

Verbrauchsabweichung:

$K_{ist} - K_{soll} = 4.400 - 3.900 =$ 500,- €

Beschäftigungsabweichung:

$K_{soll} - K_{vp} = (1.500 + 1.200 \cdot 2) - \dfrac{4.500}{1.500} \cdot 1.200 =$ 300,- €

Gesamtabweichung = 300 + 500 = 800,- €

zu b)

Verbrauchsabweichung: $K_{ist} - K_{soll} = 4.600 - (1.500 + 1.280 \cdot 2) = 540,- €$

Zusätzlich lässt sich jetzt eine Effizienzabweichung ausweisen, die auf eine Veränderung der Intensität gegenüber Plan zurückzuführen ist.

Überprüfung der Intensität:

$$d_{soll} = \frac{1\,\text{Stück}}{15\,\text{Stunden}} = \frac{80\,\text{Stück}}{1.200\,\text{Stunden}} = 0,0667$$

$$d_{ist} = \frac{80\,\text{Stück}}{1.280\,\text{Stunden}} = \qquad 0,0625$$

$d_{ist} < d_{soll}$

1. Lösungsmöglichkeit:

Variable Effizienzabweichung:
=Sollkosten bei Istfertigungszeit - Sollkosten bei Standardfertigungszeit
$= 4.060 - (1.500 + 15 \cdot 80 \cdot 2) = 160,- €$

Beschäftigungsabweichung:
= Sollkosten bei Standardfertigungszeit - verrechnete Plankosten bei Standardfertigungszeit
$= 3.900 - \dfrac{4.500}{1.500} \cdot 1.200 = 300,- €$

2. Lösungsmöglichkeit (Amerikanisches Verfahren):

Verbrauchsabweichung: $K_{ist} - K_{soll} =$ 540,- €

Beschäftigungsabweichung: $K_{soll} - K_{vp} = 4.060 - 3 \cdot 1.280 =$ 220,- €

Total Efficiency Variance:
Verrechnete Plankosten bei Istfertigungszeit - verrechnete Plankosten bei Standardfertigungszeit $= 3 \cdot 1.280 - 3 \cdot 1.200 = 240,- €$

zu c)

$$\text{Variator} = \frac{\text{variable Gesamtkosten}}{\text{Gesamtkosten}} \cdot 10 = \frac{3.000}{4.500} \cdot 10 = 6\frac{2}{3}$$

Der Variator gibt den Anteil der variablen Kosten an den Gesamtkosten bei einer bestimmten Beschäftigung an.

Vorteil: Einfachheit

Nachteil: Variator muss für jeden Planbeschäftigungsgrad neu ermittelt werden.

$v = 0$ alle Kosten sind Fixkosten;
$v = 10$ alle Kosten sind variabel.

Aufgabe 2.1.2.14: Abweichungsanalyse mit Effizienzabweichung

zu a)

Plankosten: $K_{Plan} = 108 + 2{,}10 \cdot 540 = 1.242\ €$

Sollkosten: $K_{Soll} = 108 + 2{,}10 \cdot 500 = 1.158\ €$

Verrechnete Plankosten:

$$K_{VP} = \frac{K_{Plan}}{x_{Plan}} \cdot x_{Ist} = \frac{1.242}{540} \cdot 500 = 2{,}30 \cdot 500 = 1.150\ €$$

1. Verbrauchsabweichung:
   $K_{Ist} - K_{Soll}$ $= 1.180 - 1.158\ = \mathbf{22{,}\text{-}\ €}$

2. Beschäftigungsabweichung:
   $K_{Soll} - K_{VP}$ $= 1.158 - 1.150\ = \mathbf{8{,}\text{-}\ €}$

3. Gesamtabweichung:
   $\Delta B + \Delta V$ $= 22 + 8$ $= \mathbf{30{,}\text{-}\ €}$

4. Budgetbezogene Abweichung:
   $K_{Plan} - K_{Soll}$ $= 1.242 - 1.158\ = \mathbf{84{,}\text{-}\ €}$

Graphische Darstellung:

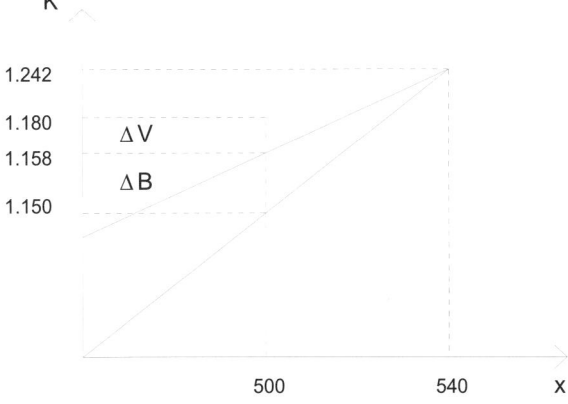

zu b)

Berechnung der Fertigungstage:

$$t_p = \frac{K_p}{d_p} = \frac{1024}{32^{1,2}} = 16 \text{ Tage}$$

$$t_i = \frac{K_i}{d_i} = \frac{1400,61}{36^{1,2}} = 19 \text{ Tage}$$

Graphische Abgrenzung der einzelnen Abweichungsarten:

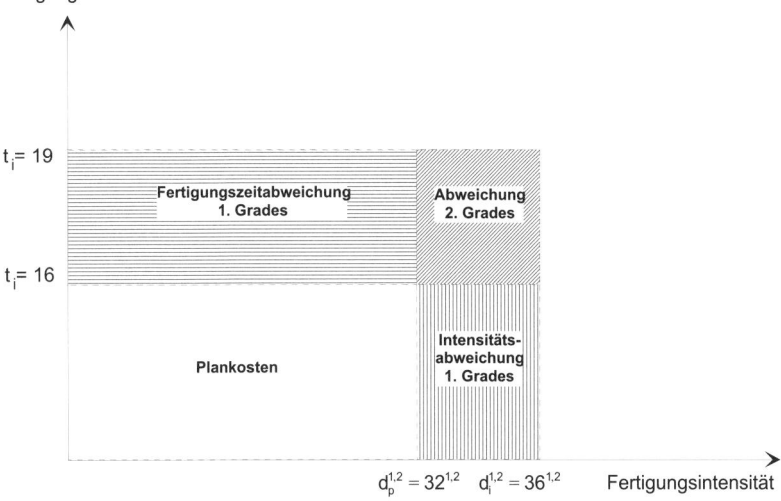

Berechnung der Abweichungen:

Fertigungszeitabweichung: $\Delta K_F = \Delta t \cdot d_p^{1,2} = 3 \cdot 32^{1,2} = 192,00$ €

Intensitätsabweichung: $\Delta K_I = t \cdot \Delta\left(d^{1,2}\right) = 16 \cdot \left(36^{1,2} - 32^{1,2}\right) = 155,46$ €

Abweichung 2. Grades: $\Delta K_2 = \Delta t \cdot \Delta\left(d^{1,2}\right) = 3 \cdot \left(36^{1,2} - 32^{1,2}\right) = 29,15$ €

Gesamtabweichung: $= 376,61$ €

Aufgabe 2.1.2.15: Äquivalenzziffernrechnung und Abweichungsanalyse

zu a)

Äquivalenzziffernrechnung:

Sorte	Äquivalenz-ziffer	Produktions-menge [t]	Schlüsselzahl	Stückkosten je Tonne [€/t]	Gesamtkosten je Sorte [€]
I	0,5	10.000	5.000	7,50	75.000
II	1	24.000	24.000	15,00	360.000
III	1,6	8.000	12.800	24,00	192.000

Sorte II:

Schlüsselzahl = $1 \cdot 24.000 = 24.000$

Stückkosten/Tonne: $\dfrac{360.000€}{24.000t} = 15€/t$

Kosten je Schlüsseleinheit (RE) [€]: $\dfrac{GK}{\sum RE} = \dfrac{\text{Stückkosten}/\text{Tonne}}{\ddot{A}Z} = 15€/RE$

Sorte II: $\dfrac{15€/t}{1} = \dfrac{627.000€}{\sum RE}$

$\sum RE = \dfrac{627.000€}{15€/t} = 41.800$

Sorte III:

Schlüsselzahl = $41.800 - 5.000 - 24.000 = 12.800$

$$\text{ÄZ} = \frac{\text{Stückkosten / Tonne}}{\text{Kosten je RE}} = \frac{24}{15} = 1,6$$

$$\text{PM} = \frac{SZ}{\text{ÄZ}} = 8.000t$$

$$\text{GK} = \text{PM} \cdot \text{Stückkosten / Tonne} = 8.000t \cdot 24€ / t = 192.000€$$

Sorte I:

$$\text{ÄZ} = \frac{7,5}{15} = 0,5$$

$$\text{PM} = \frac{SZ}{\text{ÄZ}} = \frac{5.000}{0,5} = 10.000t$$

$$\text{GK} = 10.000t \cdot 7,5€ / t = 75.000€$$

$$\text{Kosten je Schlüsseleinheit:} \quad \frac{627.000€}{41.800RE} = 15€ / RE$$

zu b)

Planbeschäftigung: x = 160 h

Summe der proportionalen Kosten: 50 €/h · 160 h = 8.000 €

Fixkosten: 12.000 € - 8.000 € = 4.000 €

Nutzkosten: 4.000 €

Leerkosten: 0 €

Verrechnete Plankosten: 12.000 €

zu c)

Istbeschäftigung: 0,8 · 160 = 128 h

Istkosten: 0,95 · 12.000 = 11.400 €

Sollkosten: 10.400 €

Nutzkosten: 3.200 €

Leerkosten: 800 €

Verrechnete Plankosten: 9.600 €

Beschäftigungsabweichung = Sollkosten - verrechnete Plankosten
= 10.400 - 9.600 = 800 €

Verbrauchsabweichung = Istkosten - Sollkosten = 11.400 - 10.400 = 1.000 €

Mengenabweichung = Beschäftigungsabweichung + Verbrauchsabweichung
= 800 + 1.000 = 1.800 €

zu d)

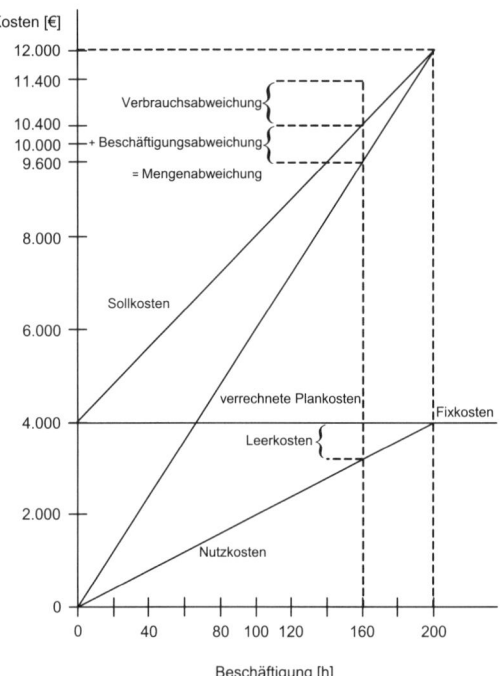

Aufgabe 2.1.2.16: Abweichungsanalyse

zu a)

1. alternative Abweichungsanalyse:

$\Delta K_{Preis} = q_{ist} \cdot r_{plan} - q_{plan} \cdot r_{plan} = 0,45 \cdot 1.000 - 0,40 \cdot 1.000 = 50,- €$

$\Delta K_{Menge} = q_{plan} \cdot r_{ist} - q_{plan} \cdot r_{plan} = 0,40 \cdot 1.200 - 0,40 \cdot 1.000 = 80,- €$

Gesamt = 130,- €

2. kumulative Abweichungsanalyse:

$\Delta K_{Preis} = q_{ist} \cdot r_{ist} - q_{plan} \cdot r_{ist} = 0,45 \cdot 1.200 - 0,40 \cdot 1.200 = 60,- €$

$\Delta K_{Preis} = q_{plan} \cdot r_{ist} - q_{plan} \cdot r_{plan} = 0,40 \cdot 1.200 - 0,40 \cdot 1.000 = 80,- €$

Gesamt = 140,- €

Berechnung in umgekehrter Reihenfolge:

ΔK_{Preis} = 90,- €

ΔK_{Preis} = 50,- €

Gesamt = 140,- €

3. differenziert kumulative Abweichung

$\Delta K_{Preis} = \Delta q \cdot r_{plan} = 0{,}05 \cdot 1.000 = 50{,}\text{-} €$

$\Delta K_{Menge} = q_{plan} \cdot \Delta r = 0{,}40 \cdot 200 = 80{,}\text{-} €$

$\Delta K_{M,P} = \Delta q \cdot \Delta r = 0{,}05 \cdot 200 = 10{,}\text{-} €$

Gesamt = 140,- €

zu b)

Verbrauchsabweichung:

$VA = K_{ist} - K_{soll} = 17.500 - (5.000 + 24.000 \cdot 0{,}50) = 500{,}\text{-} €$

Beschäftigungsabweichung:

$BA = K_{soll} - K_{vp} = 17.000 - \left(\dfrac{15.000}{20.000} \cdot 24.000 \right) = -1.000{,}\text{-} €$

Gesamtabweichung = 500,- EUR + (-1.000,- EUR) = -500,- €

zu c)

Die Beschäftigungsabweichung ist aufgrund der höheren Produktionsmenge entstanden. Sie ist nicht vom Leiter zu verantworten. Die Verbrauchsabweichung ist hingegen durch einen überplanmäßigen Verbrauch entstanden. Daher ist sie dem Leiter zuzurechnen.

zu d)

Verbrauchsabweichung:

$VA = K_{ist} - K_{soll} = 20.000 - (5.000 + 22.000 \cdot 0{,}50) = 4.000{,}\text{-} €$

1. Lösungsmöglichkeit:

Variable Efficiency Variance:

$VEV = = (5.000 + 22.000 \cdot 0{,}5) - (5.000 + 24.000 \cdot 0{,}50) = -1.000{,}\text{-} €$

Beschäftigungsabweichung:

$$BA = 17.000 - \left(\frac{15.000}{20.000} \cdot 24.000\right) = -1.000,- €$$

Gesamtabweichung = 4.000,- € + (-1.000,- €) + (-1.000,- €) = 2.000,- €

2. Lösungsmöglichkeit:

Total Efficiency Variance:

$$TEV = = \left(\frac{15.000}{20.000} \cdot 22.000\right) - \left(\frac{15.000}{20.000} \cdot 24.000\right) = -1.500,- €$$

Beschäftigungsabweichung:

$$BA = K_{soll} - K_{vp} = (5.000 + 22.000 \cdot 2) - \left(\frac{15.000}{20.000} \cdot 22.000\right) = -500,- €$$

Gesamtabweichung = 4.000,- € + (-1.500,- €) + (-500,- €) = 2.000,- €

Aufgabe 2.1.2.17: Preis- und Mengenabweichung

zu a)

q   Preis
r   Menge
ΔK_{Preis} Preisabweichung
ΔK_{Menge} Mengenabweichung
$\Delta K_{M,P}$ Abweichung höheren Grades

Soll-Ist-Vergleich auf Ist-Bezugsbasis:

1. alternative Abweichungsanalyse:

$\Delta K_{Preis} = q_{plan} \cdot r_{ist} - q_{ist} \cdot r_{ist} = 2,00 \cdot 6.000 - 2,20 \cdot 6.000 =$ **-1.200,- €**

$\Delta K_{Menge} = q_{ist} \cdot r_{plan} - q_{ist} \cdot r_{ist} = 2,20 \cdot 5.000 - 2,20 \cdot 6.000 =$ **-2.200,- €**

Gesamt = **-3.400,- €**

2. kumulative Abweichungsanalyse:

$\Delta K_{Preis} = q_{plan} \cdot r_{plan} - q_{ist} \cdot r_{plan} = 2,00 \cdot 5.000 - 2,20 \cdot 5.000 =$ **-1.000,- €**

$\Delta K_{Menge} = q_{ist} \cdot r_{plan} - q_{ist} \cdot r_{ist} = 2,20 \cdot 5.000 - 2,20 \cdot 6.000 =$ **-2.200,- €**

Gesamt = **-3.200,- €**

3. differenziert kumulative Abweichungsanalyse:

$\Delta K_{Preis} = \Delta q \cdot r_{ist} = -0,2 \cdot 6.000 =$ **-1.200,- €**

$\Delta K_{Menge} = q_{ist} \cdot \Delta r = 2{,}20 \cdot -1.000 = \mathbf{-2.200,- €}$

$\Delta K_{M,P} = \Delta q \cdot \Delta r = -0{,}2 \cdot -1.000 = \mathbf{200,- €}$

Gesamt = **-3.200,- €**

Bei 1. fällt die Gesamtabweichung zu hoch aus. Die Abweichung 2. Grades wird nicht gesondert berechnet. Bei 2. ist die Gesamtabweichung richtig. Die Abweichung 2. Grades wird der Mengenabweichung zugeschlagen und damit nicht gesondert berechnet. Bei 3. wird die Abweichung höheren Grades gesondert ausgewiesen. Die Gesamtabweichung ist richtig.

zu b)

Ist-Soll Vergleich auf Plan-Bezugsbasis:

1. alternative Abweichungsanalyse:

$\Delta K_{Preis} = q_{ist} \cdot r_{plan} - q_{plan} \cdot r_{plan} = 2{,}20 \cdot 5.000 - 2{,}00 \cdot 5.000 = \mathbf{1.000,- €}$

$\Delta K_{Menge} = q_{plan} \cdot r_{ist} - q_{plan} \cdot r_{plan} = 2{,}00 \cdot 6.000 - 2{,}00 \cdot 5.000 = \mathbf{2.000,- €}$

Gesamt = **3.000,- €**

2. kumulative Abweichungsanalyse:

$\Delta K_{Preis} = q_{ist} \cdot r_{ist} - q_{plan} \cdot r_{ist} = 2{,}20 \cdot 6.000 - 2{,}00 \cdot 6.000 = \mathbf{1.200,- €}$

$\Delta K_{Menge} = q_{plan} \cdot r_{ist} - q_{plan} \cdot r_{plan} = 2{,}00 \cdot 6.000 - 2{,}00 \cdot 5.000 = \mathbf{2.000,- €}$

Gesamt = **3.200,- €**

3. differenziert kumulative Abweichungsanalyse

$\Delta K_{Preis} = \Delta q \cdot r_{plan} = 0{,}2 \cdot 5.000 = \mathbf{1.000,- €}$

$\Delta K_{Menge} = q_{plan} \cdot \Delta r = 2{,}00 \cdot 1.000 = \mathbf{2.000,- €}$

$\Delta K_{M,P} = \Delta q \cdot \Delta r = 0{,}2 \cdot 1.000 = \mathbf{200,- €}$

Gesamt = **3.200,- €**

zu c)

alternative Abweichungsanalyse: Eine Kosteneinflussgröße wird jeweils im Vergleich zu den anderen abweichend auf Plan (Ist) gesetzt, die restlichen Kosteneinflussgrößen bleiben Ist- (Plan-) Werte. Die Abweichung 2. Grades wird nicht gesondert erfasst.

kumulative Abweichungsanalyse: Alle Kosteneinflussgrößen werden sukzessive auf Plan (Ist) gesetzt. Damit ist die Reihenfolge der Teilabweichungen entscheidend. Ihre Summe entspricht der Gesamtabweichung.

differenziert kumulative Abweichungsanalyse: Die Abweichung 2. Grades wird getrennt ausgewiesen. Die Summe der Teilabweichungen entspricht der Gesamtabweichung. Die Reihenfolge der Bestimmung ist unerheblich.

Aufgabe 2.1.2.18: Preis- und Mengenabweichung

zu a)

Gesamtabweichung: $2 \cdot 2.000 - 3 \cdot 1.000 =$ **1.000 €**

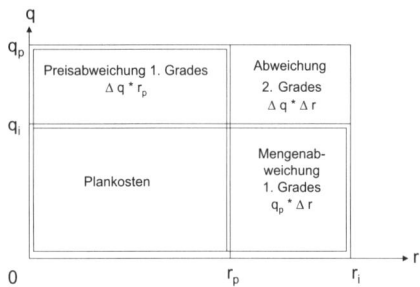

zu b)

Ist-Plan Vergleich auf Plan-Bezugsbasis:

alternative Abweichungsanalyse:

$\Delta K_{Preis} = q_{ist} \cdot r_{plan} - q_{plan} \cdot r_{plan} = 2 \cdot 1.000 - 3 \cdot 1.000 = -$ **1.000,- €**

$\Delta K_{Menge} = q_{plan} \cdot r_{ist} - q_{plan} \cdot r_{plan} = 3 \cdot 2.000 - 3 \cdot 1.000 =$ **3.000,- €**

Gesamt = **2.000,- €**

kumulative Abweichungsanalyse:

$\Delta K_{Preis} = q_{ist} \cdot r_{ist} - q_{plan} \cdot r_{ist} = 2 \cdot 2.000 - 3 \cdot 2.000 = -$ **2.000,- €**

$\Delta K_{Menge} = q_{plan} \cdot r_{ist} - q_{plan} \cdot r_{plan} = 3 \cdot 2.000 - 3 \cdot 1.000 =$ **3.000,- €**

Gesamt = **1.000,- €**

differenziert kumulative Abweichungsanalyse

$\Delta K_{Preis} = \Delta q \cdot r_{plan} = (-1) \cdot 1.000 = -$ **1.000,- €**

$\Delta K_{Menge} = q_{plan} \cdot \Delta r = 3 \cdot 1.000 =$ **3.000,- €**

$\Delta K_{M,P} = \Delta q \cdot \Delta r = (-1) \cdot 1.000 =$ **-1.000,- €**

Gesamt = **1.000,- €**

zu c)

alternative Abweichungsanalyse: Die Gesamtabweichung fällt zu hoch aus. Die Abweichung 2. Grades wird nicht gesondert herausgerechnet.

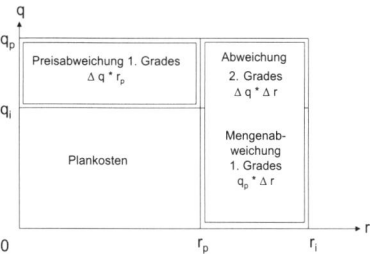

kumulative Abweichungsanalyse: Alle Einflussgrößen werden sukzessive auf Plan (Ist) gesetzt. Damit ist die Reihenfolge der Teilabweichungen entscheidend. Die Gesamtabweichung ist richtig. Die Abweichung 2. Grades wird nicht gesondert herausgerechnet.

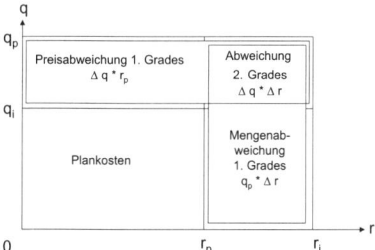

differenziert kumulative Abweichungsanalyse: Die Reihenfolge der Abweichungsbestimmung ist unerheblich. Die Gesamtabweichung ist richtig. Die Abweichung 2. Grades wird getrennt ausgewiesen.

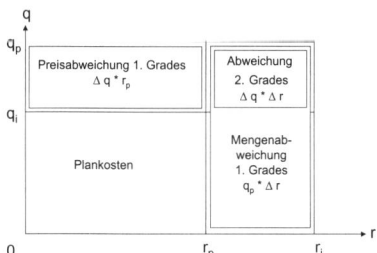

zu d)

Plan-Ist-Vergleich auf Plan-Bezugsbasis:
alternative Abweichungsanalyse: Vorzeichen drehen sich um.
differenziert kumulative Abweichungsanalyse: Die Abweichung 2. Grades muss abgezogen werden

Aufgabe 2.1.3.1: Erlös- und Deckungsbeitragsabweichung mit Markteinfluss

zu a)

Erlösabweichung:

	Weizen	Märzen	Pils
E_i	360.000,-	280.000,-	450.000,-
E_p	400.000,-	350.000,-	400.000,-
ΔE	-40.000,-	-70.000,-	50.000,-
Gesamt	-60.000,-		

Preisabweichung:

	Weizen	Märzen	Pils
p_i	300,-	350,-	150,-
p_p	400,-	350,-	200,-
Δp	-100.000,-	0,-	-100.000,-
Gesamt	-200.000,-		

Mengenabweichung:

	Weizen	Märzen	Pils
x_i	1.200,-	800,-	3.000,-
x_p	1.000,-	1.000,-	2.000,-
Δx	80.000,-	-70.000,-	200.000,-
Gesamt	210.000,-		

Abweichung 2. Grades:

Für alle Produkte: $\Delta p \cdot \Delta x = -70.000$
Gesamtabweichung: $\Delta p + \Delta x + \Delta p \cdot \Delta x = -60.000$

zu b)

Gesamtabweichung der variablen Kosten:

	Weizen	Märzen	Pils
k_{vi}	250,-	375,-	100,-
k_{vp}	250,-	300,-	100,-
ΔK_v	0,-	75.000,-	0,-
Gesamt	75.000,-		

Gesamtdeckungsbeitragsabweichung (ΔDB):

	Weizen	Märzen	Pils
DB_i	60.000,-	-20.000,-	150.000,-
DB_p	150.000,-	50.000,-	200.000,-
ΔDB	-90.000,-	-70.000,-	-50.000,-
Gesamt	-210.000,-		

Gesamte Stückdeckungsbeitragsabweichung (Δsd):

	Weizen	Märzen	Pils
sd_i	50,-	-25,-	50,-
sd_p	150,-	50,-	100,-
$\Delta sd \cdot x_p$	-100.000,-	-75.000,-	-100.000,-
Gesamt	-275.000,-		

Absatzmengenabweichung:
Gesamt: $\Delta x \cdot sd_p = (200 \cdot 150) + ((-200) \cdot 50) + (1.000 \cdot 100) = \textbf{120.000,-} \, €$

Abweichung 2. Grades:
Gesamt: $\Delta x \cdot \Delta sd$
$= 200 \cdot (-100) + (-200) \cdot (-75) + 1.000 \cdot (-50) = \textbf{-55.000,-} \, €$

Summe der Abweichungen:

	Weizen	Märzen	Pils
Δsd	-100.000,-	-75.000,-	-100.000,-
Mengenabweichung	30.000,-	-10.000,-	100.000,-
Abweichung 2. Grades	-20.000,-	15.000,-	-50.000,-
Gesamt		-210.000,-	

zu c)

Absatzstrukturabweichung:

$$\frac{150 \cdot 1.200 + 50 \cdot 800 + 100 \cdot 3.000}{5.000} \cdot 4.000 = 104 \cdot 4.000 = \quad \mathbf{416.000,- \text{€}}$$

$$\frac{150 \cdot 1.000 + 50 \cdot 1.000 + 100 \cdot 2.000}{4.000} \cdot 4.000 = 100 \cdot 4.000 = \quad \mathbf{400.000,- \text{€}}$$

$$\Sigma \quad \mathbf{16.000,- \text{€}}$$

Absatzstrukturabweichung 2. Grades:

$$(104 - 100) \cdot (5.000 - 4.000) = 4.000,- \text{€}$$

zu d)

Marktvolumensabweichung:

$$\frac{4.000}{40.000} \cdot [35.000 - 40.000] \cdot \frac{400.000}{4.000} = \mathbf{-50.000,- \text{€}}$$

Marktanteilsabweichung:

$$\left[\frac{5.000}{35.000} - \frac{4.000}{40.000} \right] \cdot 40.000 \cdot 100 = \mathbf{171.429,- \text{€}}$$

Die Marktanteilsabweichung gibt an, wie sich der Gesamtdeckungsbeitrag allein dadurch verändert, dass der Ist-Marktanteil vom geplanten Marktanteil abweicht. Dabei wird davon ausgegangen, alle anderen Einflussgrößen (Marktvolumen, geplanter durchschnittlicher Deckungsbeitrag je Einheit) würden sich wie geplant einstellen.

zu e)

Exogene Faktoren --> Gesamtmarkt:
- Veränderung des Preisniveaus --> Branchenpreis
- Veränderung des Marktvolumens

Endogene Faktoren:
- Planabweichung (unvorhersehbare Ereignisse)
- Veränderung der Effektivität der Preispolitik
- Veränderung der Effektivität des übrigen Marketing-Mix

	Istwerte	Sollwerte
Relativer Preis	0,8572	1
Marktanteil	0,08	0,05
Branchenpreis	350	400
Marktvolumen	15.000	20.000
Gesamterlös-abweichung	-39.976	

- Wertmäßiger Marktanteilseffekt:
  $(0,8572 \cdot 0,08 - 1 \cdot 0,05) \cdot 400 \cdot 20.000 = \mathbf{148.608{,}\text{-}\ €}$

- Wertmäßiger Marktvolumenseffekt:
  $(15.000 \cdot 350 - 20.000 \cdot 400) \cdot 1 \cdot 0,05 = \mathbf{-137.500{,}\text{-}\ €}$

- Interaktionseffekt:
  $(0,8572 \cdot 0,08 - 1 \cdot 0,05) \cdot (15.000 \cdot 350 - 20.000 \cdot 400) = \mathbf{-51.084{,}\text{-}\ €}$

Gesamtabweichung:

Exogen:	-137.500,- €
Endogen:	148.608,- €
Interaktion:	-51.084,- €
Summe:	-39.976,- €

Exogen bedingte Abweichungsursachen:

Branchenpreisabweichung:	-50.000,- €
Marktvolumensabweichung:	-100.000,- €
Interaktionsabweichung:	12.500,- €
Gesamte exogen bedingte Abweichung:	**-137.500,- €**

Aufgabe 2.1.3.2: Erlösabweichung mit Markteinfluss

zu a)

	Munichburger	Hendlburger	Radiburger
$\Delta x \cdot p(plan)$	-3.500	3.800	-1.500
$\Delta p \cdot x(plan)$	-2.500	1.000	1.500
$\Delta p \times \Delta x$ (2. Grad)	500	200	-500
Summe	-5.500	5.000	-500
Gesamt		-1.000	

zu b)

Marktvolumensabweichung:

$$\left[\text{Marktvolumen}_{Ist} - \text{Marktvolumen}_{Plan}\right] \times \text{Marktanteil}_{Plan} \times \varnothing - \text{Erlöse}_{Plan} =$$

$$(150.000 - 130.000) \times 0,10 \times \underbrace{\frac{41.000}{13.000}}_{\approx\, 3,15} = 6.300$$

Marktanteilsabweichung:

$$\left[\text{Marktanteil}_{Ist} - \text{Marktanteil}_{Plan}\right] \times \text{Marktvolumen}_{Plan} \times \varnothing - \text{Erlöse}_{Plan} =$$

$$(0,08 - 0,10) \times 130.000 \times 3,15 = -8.190$$

zu c)

Der Munichburger (MB) wird bspw. in unterschiedlichen Regionen zu unterschiedlichen Preisen abgesetzt. Der Planerlös/Stück = 3,50 Euro ist der Durchschnittserlös zu Planmengen und Planpreisen der jeweiligen Region:

$$\frac{Plangesamterlös\,MB}{Plangesamtmenge\,MB} = \frac{3 \cdot 2.500 + 5 \cdot 1.500 + 2,5 \cdot 1000}{2.500 + 1.500 + 1.000} = \frac{17.500}{5.000} = 3,50\,€$$

Im Vergleich zu den Planmengen pro Region verändert sich die Absatzmengenstruktur (Absatzmengen der Regionen relativ zueinander) (bspw. Verschiebung von Bayern (mit 3 € Planstückerlös) nach Rest-Dtld. (mit 5 € Planstückerlös). Zu Berechnen ist der Effekt der Verschiebung: Es liegt eine Absatzstrukturabweichung vor.

Absatzstrukturabweichung (Mengeneffekt) zu Planpreisen:

Plan-Struktur (zu Planmengen):
$Erlöse = 3,50 \cdot 5.000 = 17.500$

Ist-Struktur (zu Planmengen):
$$Erlöse = \frac{3 \cdot 1.000 + 5 \cdot 2.000 + 2,5 \cdot 1.000}{4.000} \cdot 5.000 = \frac{15.000}{4.000} \cdot 5.000$$
$$= 3,874 \cdot 5.000 = 19.375$$

Der durchschnittliche Erlös (3,875 €) ist höher, weil ein größerer Anteil der Produkte in höherpreisigen Regionen verkauft wurde als bei Planabsatzstruktur.

Absatzstrukturabw. 1. Grades: 19.375 – 17.500 = 1.875 €

Absatzstrukturabw. 2. Grades: (3,875 – 3,50) · (4.000 – 5.000) = – 375 €

Summe der Absatzstrukturabw. zu Planmengen 1. und 2. Grades = 1.500 €

Dies entspricht der Absatzstrukturabweichung zu Istmengen:

(3,875 – 3,50) · 4.000 = 1.500 €

Aufgabe 2.1.3.3:   Erlösabweichung mit Markteinfluss

zu a)

Ist-Soll-Vergleich auf Planbezugsbasis

Gesamt-Erlösabweichung:

	Said	Dieter
Ist-Erlös	280.000	345.000
Plan-Erlös	315.000	336.000
Differenz	-35.000	9.000
Gesamtdifferenz	-26.000	

Aufgespaltet in:

Preisabweichung:

	Said	Dieter
Ist-Preis	100	230
Plan-Preis	140	210
Preisdifferenz	-40	20
Einzelabweichungen	-90.000	32.000
Preisabweichung	-58.000	

Mengenabweichung:

	Said	Dieter
Ist-Menge	2.800	1.500
Plan-Menge	2.250	1.600
Mengendifferenz	550	-100
Einzelabweichungen	77.000	-21.000
Mengenabweichung	56.000	

Abweichung 2. Grades

	Said	Dieter
Preisdifferenz	-40	20
Mengendifferenz	550	-100
Einzelabweichungen	-22.000	-2.000
Abw. 2. Grades	-24.000	

Gesamtabweichung:

Preisabweichung	-58.000
Mengenabweichung	+56.000
Abweichung 2. Grades	-24.000
Gesamtabweichung	-26.000

zu b)

	Ist	Plan
Branchenpreis	125	200
Marktvolumen	40.000	45.000
Relativer Preis	0,8	0,7
Marktanteil	0,07	0,05
Gesamterlösabweichung:	-35000	

Wertmäßiger Marktanteilseffekt (endogen):	189.000
Wertmäßiger Marktvolumenseffekt (exogen):	-140.000
Interaktionseffekt	-84.000
Gesamtabweichung:	-35.000

Exogene	Branchenpreisabweichung:	-118.125
	Marktvolumenabweichung:	-35.000
	Interaktionsabweichung:	13.125
	Gesamtabweichung:	-140.000

Aufgabe 2.2.1:   Prozesskostenrechnung

zu a) und b)

	Plan-prozess menge	Gesamt-kosten der Prozess-menge	Plan-prozess-kosten-satz (lmi)	Umlage-satz*	Gesamt-prozess-kosten-satz	Ausbrin-gungs-mengen-abhän-gige Prozess-menge	Varian-tenzahl-abhän-gige Prozess-menge
Rech-nungs-prüfung (lmi)	1.000	20.000	20,-	10,-	30,-	90%	10%
Warenein-gang (lmi)	3.000	6.000	2,-	1,-	3,-	100%	0%
Einlage-rungen (lmi)	200	40.000	200,-	100,-	300,-	20%	80%
Leitung (lmn)		33.000					

* $\dfrac{33.000}{(20.000 + 6.000 + 40.000)} = 0,5 \rightarrow$ jeweils multipliziert mit Plan - prozesskostensatz

zu c)
Variantenstückkosten:

Prozess	Ausbringungsab-hängige Prozesskosten pro Einheit	Variantenabhängige Prozesskosten pro Einheit	
		Variante A	Variante B
Rechnungs-prüfung	$\dfrac{1.000 \cdot 0,9 \cdot 20}{4.000} = 4,50$	$\dfrac{1.000 \cdot 0,10 \cdot 20}{2 \cdot 2.500} = 0,4$	$\dfrac{1.000 \cdot 0,10 \cdot 20}{2 \cdot 1.500} = 0,67$
Warenein-gangskontrolle	$\dfrac{3.000 \cdot 1,0 \cdot 2}{4.000} = 1,50$	$\dfrac{3.000 \cdot 0 \cdot 2}{5.000} = 0$	$\dfrac{3.000 \cdot 0 \cdot 2}{3.000} = 0$
Einlagerungen	$\dfrac{200 \cdot 0,2 \cdot 200}{4.000} = 2,00$	$\dfrac{200 \cdot 0,8 \cdot 200}{5.000} = 6,4$	$\dfrac{200 \cdot 0,8 \cdot 200}{3.000} = 10,67$

Variante A: 2.500 Einheiten   Variante B: 1.500 Einheiten

Variante A:			Variante B:		
4,50 + 0,40	=	4,90	4,50 + 0,67	=	5,17
1,50 + 0	=	1,50	1,50 + 0	=	1,50
2,00 + 6,40	=	8,40	2,00 + 10,67	=	12,67
Σ		**14,80**	Σ		**19,34**

Aufgabe 2.2.2: Prozesskostenrechnung

zu a)

	Gesamtbetrachtung		Stückbetrachtung	
	Variante A [€]	Variante B [€]	Variante A [€]	Variante B [€]
Material-EK	200.000,-	2.800.000,-	100,-	350,-
Material-GK	100.000,-	1.400.000,-	50,-	175,-
Fertigungs-GK	1.600.000,-	6.400.000,-	800,-	800,-
Herstellkosten	**1.900.000,-**	**10.600.000,-**	**950,-**	**1325,-**
Verwaltungs-GK	361.000,-	2.014.000,-	180,50	251,75
Vertriebs-GK	180.500,-	1.007.000.-	90,25	125,87
Selbstkosten	**2.441.500,-**	**13.621.000,-**	**1.220,75**	**1.702,62**

Material-GK-Zuschlagssatz:

$$\frac{1.500.000}{200.000 + 2.800.000} = 50\%$$

Fertigungs-GK:

Maschinenstunden Variante A: $2.000 \cdot \frac{200}{100} = 4.000$

Maschinenstunden Variante B: $8.000 \cdot \frac{200}{100} = 16.000$

=> 8.000.000,- € im Verhältnis 1:4 verteilen.

Vw-GK-Zuschlagssatz:

$$\frac{2.375.000}{12.500.000} = 19\%$$

Vt-GK-Zuschlagssatz:

$$\frac{1.187.500}{12.500.000} = 9,50\%$$

zu b)

allgemein: Prozesskostensatz $= \dfrac{\text{Plangemeinkosten}}{\text{Planprozessmenge}}$

Kostenstelle	lmi	lmn	gesamt
Einkauf	65,-	50,-	115,-
Wareneingang	32,50	37,50	70,-
Fertigung	360,-	40,-	400,-
Vertrieb	3.987,50	1.950,-	5.937,50

zu c)

[€]	Gesamtbetrachtung		Stückbetrachtung	
	Variante A	Variante B	Variante A	Variante B
Material-EK	200.000,-	2.800.000,-	100,-	350,-
Einkaufskosten	276.000,-	552.000,-	138,-	69,-
Wareneingang	224.000,-	448.000,-	112,-	56,-
Fertigungs-GK	1.600.000,-	6.400.000,-	800,-	800,-
Herstellkosten	**2.300.000,-**	**10.200.000,-**	**1.150,-**	**1.275,-**
Verwaltungs-GK	437.000,-	1.938.000,-	218,50	242,25
Vertriebs-GK	712.500,-	475.000,-	356,25	59,38
Selbstkosten	**3.449.500,-**	**12.613.000,-**	**1.724,75**	**1.576,63**

zu d)

Gesamte Plan-GK der Fertigung (lmi):   7.200.000,- €

Je Prozess: $\dfrac{7.200.000}{20.000} = 360,- €$

Ausbringungsabhängige Prozesskosten A und B (80%):

$$\frac{360 \cdot 0,8 \cdot 20.000}{20.000} = 288,- €/h \text{, d.h. } 576,- € \,/ \text{Stück}$$

Variantenzahlabhängige Prozesskosten (20%):

Variante A: $\dfrac{360 \cdot 0,2 \cdot 20.000}{2 \cdot 2.000} = 360,- €/\text{Stück}$

Variante B: 90,- €/Stück

Gesamtprozesskostensatz:

Variante A:	576,- + 360,-	=	936,- €
Variante B:	576,- + 90,-	=	666,- €

Aufgabe 2.2.3: Zuschlags- versus prozesskostenorientierte Kalkulation

zu a)

	City [€]	Mountain [€]
Materialeinzelkosten 1	13,-	
Materialeinzelkosten 2	13,-	
Materialeinzelkosten 3	24,-	
Materialeinzelkosten 4	20,-	
Materialeinzelkosten 5	50,-	
Materialeinzelkosten 6		40,-
Materialeinzelkosten 7		80,-
Σ Materialeinzelkosten	**120,-**	**120,-**
Materialgemeinkosten	14,40	14,40
Fertigungskosten 1	30,-	30,-
Fertigungskosten 2	28,-	28,-
Herstellkosten pro Stück	**192,40**	**192,40**

MGK-Zuschlagssatz:

$$\frac{880 + 2.000}{24.000} = 12\%$$

Maschinenstundensatz Fertigungsstelle 1:

$$\frac{90.000}{1.500} = 60,- \text{€/h}$$

Maschinenstundensatz Fertigungsstelle 2:

$$\frac{350.000}{2.500} = 140,- \text{€/h}$$

zu b)

[€]	City	Mountain
Materialeinzelkosten	120,-	120,-
Materialgemeinkosten Einkauf	6,60	2,20
Materialgemeinkosten Wareneingang	16,-	4,-
Fertigungskosten 1 und 2	58,-	58,-
Herstellkosten pro Stück	**200,60**	**184,20**

Prozesskostensatz Einkauf:

$$\frac{880}{40} = 22,- \text{ €/Prozess}$$

Prozesskostensatz Wareneingang:

$$\frac{2.000}{100} = 20,- \text{ €/Prozess}$$

Aufgabe 2.2.4:   Prozesskosten- und Grenzplankosten- rechnung

zu a)

Deckungsbeitrags- rechnung [€]	Kettensäge	Blechschere
Erlöse	120.000,-	100.000,-
Material-EK	20.000,-	40.000,-
Material-GK (10%)	2.000,-	4.000,-
Fertigungs-EK	70.000,-	50.000,-
Fertigungs-GK (20%)	14.000,-	10.000,-
Deckungsbeiträge	**14.000,-**	**-4.000,-**
Vertriebs- und Verwaltungs-GK	8.000,-	
Nettogewinn	**2.000,-**	

zu b)

Teilprozess Materialstelle	Bezugs- größe	Menge	Kostenzu- rechnung	Imi	Imn	PKS Imi	PKS gesamt
Bestellung	Auftrags- zahl	25	0,25	1.500	500	60,-	80,-
Eingangslogistik	Bauteile	2.500	0,50	3.000	1.000	1,20	1,60

Teilprozess Fertigungsstelle	Bezugs- größe	Menge	Kostenzu- rechnung	Imi	Imn	PKS Imi	PKS gesamt
Fertigungs- steuerung	Auftrags- zahl	25	0,20	4.800	1.200	192,-	240,-
Qualitäts- sicherung	Bauteile	2.500	0,60	14.400	3.600	5,76	7,20

Hauptprozess	Prozesskosten [€/Bezugsgröße]
Auftragsabwicklung	80,- + 240,- = 320,-
Produkterstellung	1,60 + 7,20 = 8,80

Zusatzauftrag:

Deckungsbeitragsrechnung	Kosten [€]
Erlöse	20.000,-
Materialeinzelkosten	$\dfrac{40.000}{100} \times 20 = 8.000,-$
Fertigungseinzelkosten	$\dfrac{50.000}{100} \times 20 = 10.000,-$
Auftragsabwicklung	320,-
Produkterstellung	$8,80 \cdot 20 \cdot 4 = 704,-$
Deckungsbeitrag	**976,-**

Im Gegensatz zu a) hat der Zusatzauftrag nach der Prozesskostenrechnung einen positiven Deckungsbeitrag und wird jetzt angenommen.

Aufgabe 2.2.5: Zuschlags- versus prozesskostenorientierte Kalkulation

zu a) und b)

Kalkulation	V1	V2	V3
M1	2,40	10,00	6,80
M2	40,00	20,00	80,00
MEK [Stück]	42,40	30,00	86,80
MEK [ges.]	29.680,00	9.000,00	86.800,00
MGK	18,92	13,39	38,74
FI-EK [Stück]	24,00	12,00	48,00
FI-EK [ges.]	16.800,00	3.600,00	48.000,00
FI-GK	7,02	3,51	14,04
FII-EK [Stück]	32,00	48,00	64,00
FII-EK [ges.]	22.400,00	14.400,00	64.000,00
FII-GK	4,13	6,19	8,25
SEKF	-	-	32,00
HK/Stück	**128,47**	**113,09**	**291,83**
HK [ges.]	89.926,95	33.926,35	291.826,70
VwK	9,46	8,32	21,48
VtGK	5,88	9,21	5,13
SK/Stück	**143,80**	**130,62**	**318,43**

Gemeinkosten-Zuschlagssätze: Material 0,45; Fertig. I 0,29; Fertig. II 0,13

zu b)

Gemeinkosten-Zuschlagssatz Verwaltung: 0,07

Kalkulation der Vertriebskosten nach Prozesskostenrechnung

Bestimmung der produktionsmengenabhängigen Kosten:

Rahmenverträge	50,00 * 30,00 * 0,80	/ 2.000,00	=	**0,60**
Einzelbestellungen	400,00 * 20,00 * 0,60	/ 2.000,00	=	**2,40**
Warenausgang	250,00 * 10,00 * 0,30	/ 2.000,00	=	**0,38**

Bestimmung der variantenzahlabhängigen Kosten:

```
Rahmenverträge              Anz. Var je Var.
1.500,00 * 0,20 =    300,00 / 3,00 =    100,00
                            A      /    700,00 =   0,14
                            B      /    300,00 =   0,33
                            C      /  1.000,00 =   0,10

Einzelbestellungen
8.000,00 * 0,40 = 3.200,00 / 3,00 =  1.066,67
                            A      /    700,00 =   1,52
                            B      /    300,00 =   3,56
                            C      /  1.000,00 =   1,07

Warenausgang
2.500,00 * 0,70 = 1.750,00 / 3,00 =    583,33
                            A      /    700,00 =   0,83
                            B      /    300,00 =   1,94
                            C      /  1.000,00 =   0,58
```

Summierung:

Kalkulation	V1			V2			V3		
	maKo	vaKo	**ges**	maKo	vaKo	**ges**	maKo	vaKo	**ges**
Rahmenverträge	0,60	0,14	**0,74**	0,60	0,33	**0,93**	0,60	0,10	**0,70**
Einzelbestellungen	2,40	1,52	**3,92**	2,40	3,56	**5,96**	2,40	1,07	**3,47**
Warenausgang	0,38	0,83	**1,21**	0,38	1,94	**2,32**	0,38	0,58	**0,96**
Gesamt			**5,88**			**9,21**			**5,13**

Aufgabe 2.2.6:   Prozess- versus Grenzplankostenrechnung

zu a)

Prozesse	Prozesskostensatz lmi	Prozesskostensatz lmn	Gesamtprozess-kostensatz
Angebote einholen	420,00	64,76	484,76
Bestellungen einholen	75,00	11,56	86,56
Reklamationen bearbeiten	500,00	77,09	577,09
Rechnungen prüfen	185,00	28,52	213,52

zu b)

- Grenzplankostenrechnung differenziert die Kosten in variable und fixe Kosten, die Prozesskostenrechnung in lmi- und lmn-Kosten
- bei der Grenzplankostenrechnung werden nur die variablen Gemeinkosten verteilt, bei der Prozesskostenrechnung hingegen alle Kosten
- bei der Grenzplankostenrechnung dienen die Bezugsgrößen (z.B. im Einkauf) der Kostenkontrolle (Kontrollfunktion der Bezugsgrößen)
- bei der Prozesskostenrechnung werden die Kosten auf den Kostenträger verrechnet (Kalkulationsfunktion der Bezugsgrößen)
- bei der Grenzplankostenrechnung liegt eine Kostenstellenorientierung, bei der Prozesskostenrechnung eine Prozessorientierung vor.

zu c)

Prozesse	Variante A		Variante B		Variante C	
	meng.ab.	var.ab.	meng.ab.	var.ab.	meng.ab.	var.ab.
Angebote einholen	2,52	5,60	2,52	11,20	2,52	33,60
Bestellungen einholen	0,00	5,33	0,00	10,67	0,00	32,00
Reklamationen bearb.	1,00	0,00	1,00	0,00	1,00	0,00
Rechnungen prüfen	15,54	3,70	15,54	7,40	15,54	22,20
Summe	33,69		48,33		106,86	

zu d)

Prozesse	Variante A		Variante B	
	meng.ab.	var.ab.	meng.ab.	var.ab.
Angebote einholen	2,52	4,80	2,52	11,20
Bestellungen einholen	0,00	4,57	0,00	10,67
Reklamationen bearb.	1,00	0,00	1,00	0,00
Rechnungen prüfen	15,54	3,17	15,54	7,40
Summe	31,60		48,33	

zu e)

- Variantenkalkulation wird in Grenzplankostenrechnung nicht durchgeführt
- bei der Grenzplankostenrechnung werden dem Kostenträger nur variable Kosten belastet
- kleine Varianten werden in der Prozesskostenrechnung mit sehr hohen Kosten belastet, in der Grenzplankostenrechnung wird diesen Varianten u.U. nur ein geringer GK-Teil belastet (wertmäßige Zuschlagsbasis)

Aufgabe 2.2.7: Prozesskostenrechnung

zu a)

Prozess	Prozesskostensatz lmi	Prozesskostensatz lmn	Gesamtprozess-kostensatz
Angebote einholen	105,00	21,55	126,55
Bestellungen aufgeben	18,75	3,85	22,60
Reklamationen bearbeiten	800,00	164,22	964,22
Rechnungen prüfen	185,00	37,98	222,98

Zuschlag lmn = 350.000,- / 1.705.000,- = 20,53%

zu b)

Variante A		Variante B	
1,26	4,20	1,26	6,30
0,00	4,00	0,00	6,00
0,80	0,00	0,80	0,00
15,54	5,55	15,54	8,325
31,35		38,225	

zu c)

Variante A		Variante B		Variante C	
1,26	6,30	1,26	6,30	1,26	12,60
0,00	6,00	0,00	6,00	0,00	12,00
0,80	0,00	0,80	0,00	0,80	0,00
15,54	8,325	15,54	8,325	15,54	16,65
38,225		38,225		58,85	

**Aufgabe 2.2.8:   Deckungsbeitrags- und Prozesskosten-
rechnung**

zu a)

	A	B	C
Erlöse	300.000	760.000	1.306.700
Mat.-EK	106.000	280.000	584.000
Fert.-EK	44.000	48.000	109.500
SEK Fert.	50.000	50.000	
variable Mat.-GK	80.365,48	212.286,19	442.768,33
variable Fert.-GK	30.800	33.600	76.650
DB	-11.165	136.114	93.782
fixe Verw.- und Vertr.-GK		213.500	
Unternehmensfixkosten		10.000	
Gewinn		-4.770	

zu b)

	Prozesskostensätze
Bestellprozesse	34
Wareneingansbuchungen	46
Vollständigkeitsprüfungen	82
Maschinenstunden	14
Vertr./Verw.: Auftragsbearbeitung	700

	A	B	C
Erlöse	300.000	760.000	1.306.700
Mat.-EK	106.000	280.000	584.000
Fert.-EK	44.000	48.000	109.500
SEK Fert.	50.000	50.000	
Bestellkosten	13.600	13.600	99.280
Wareneingangsbuchungskosten	27.600	92.000	167.900
Vollständigkeitsprüfungskosten	16.400	65.600	239.440
variable Fert.-GK	30.800	33.600	76.650
DB I	11.600	177.200	29.930
fixe Verw.- und Vertr.-GK	70.000	84.000	59.500
DB II	-58.400	93.200	-29.570
Unternehmensfixkosten		10.000	
Gewinn		-4.770	

zu c)

In Teilaufgabe b) erfolgt eine Schlüsselung der fixen Verwaltungs- und Vertriebsgemeinkosten. Die entstandene mehrstufige DB-Rechnung beinhaltet dadurch detailliertere Informationen. Da von Variante A weniger Prozesse in Anspruch genommen werden, wird unter Verwendung der Prozesskostenrechung in b) ein höherer positiver DB (I) ausgewiesen. Dass Variante C nach Abzug der Verwaltungs- und Vertriebskosten einen negativen DB (II) erwirtschaftet, ist in Teilaufgabe a) nicht aufgefallen.

Alle drei Varianten realisieren einen positiven DB (I). Daher sind alle Varianten zunächst herzustellen. Langfristig muss aber geprüft werden, welche tatsächlichen Einsparpotentiale – insbesondere im Bereich Verwaltung und Vertrieb – bestehen, wenn die Varianten A und C eingestellt werden.

zu d)

Positiv:

- Verknüpfung mit Grenzplankostenrechnung möglich

- Höhere Verursachungsgerechtigkeit

- Bessere Entscheidungsgrundlage als Vollkostenrechnung

- Berücksichtigung weiterer Kosteneinflussgrößen neben der Beschäftigung

- Ausgangspunkt einer „Prozessanalyse"

Negativ:

- Vollkostencharakter

- Aufwand durch Ermittlung der Prozesskostensätze

Aufgabe 2.2.9:   Prozesskostenrechnung

zu a)

$$\text{Angebote} \quad : \frac{360.000}{3.000} = 120,-$$

$$\text{Bestellungen} : \frac{252.000}{14.000} = 18,-$$

$$\text{Reklamation} : \frac{1.080.000}{6.000} = 180,-$$

zu b)

Mengen: A: 40.000, B: 20.000

Prozess	Planprozess-menge	Ausbringungs-abhängig	Varianten-abhängig
Angebote	3.000	$3.000 \cdot 0,3 = 900$	$3.000 \cdot 0,7 = 2.100$
Bestellungen	14.000	0	14.000
Reklamationen	6.000	$6.000 \cdot 0,6 = 3.600$	$6.000 \cdot 0,4 = 2.400$

Kostenaufteilung:

Prozess	Mengenabhängig	Variante A	Variante B
Angebote	$\dfrac{900 \cdot 120}{60.000} = 1,8$	$\dfrac{2.100 \cdot 120}{2 \cdot 40.000} = 3,15$	$\dfrac{2.100 \cdot 120}{2 \cdot 20.000} = 6,3$
Bestellungen	$\dfrac{0 \cdot 18}{60.000} = 0$	$\dfrac{14.000 \cdot 18}{2 \cdot 40.000} = 3,15$	$\dfrac{14.000 \cdot 18}{2 \cdot 20.000} = 6,3$
Reklamationen	$\dfrac{3.600 \cdot 180}{60.000} = 10,8$	$\dfrac{2.400 \cdot 180}{2 \cdot 40.000} = 5,4$	$\dfrac{2.400 \cdot 180}{2 \cdot 20.000} = 10,8$

Stückkosten Variante A = 24,3; Variante B = 36,0

zu c)

Neue Mengen: A = 30.000, B = 20.000, C = 10.000

Neuberechnung der variantenzahlabhängigen Prozessmengen nötig:

Prozess	Alte Menge bei 2 Varianten	Neue Menge bei 3 Varianten
Angebote	2.100	$\dfrac{2.100}{2} \cdot 3 = 3.150$
Bestellungen	14.000	$\dfrac{14.000}{2} \cdot 3 = 21.000$
Reklamationen	2.400	$\dfrac{2.400}{2} \cdot 3 = 3.600$

Neuberechnung der Kosten, wobei die mengenabhängigen Kosten gleich bleiben, da die Gesamtmenge immer noch bei 60.000 Stück liegt:

Prozess	Mengen-abhängig	Variante A	Variante B	Variante C
Angebote	1,8	$\dfrac{3.150 \cdot 120}{3 \cdot 30.000} = 4,2$	$\dfrac{3.150 \cdot 120}{3 \cdot 20.000} = 6,3$	$\dfrac{3.150 \cdot 120}{3 \cdot 10.000} = 12,6$
Bestellungen	0	$\dfrac{21.000 \cdot 18}{3 \cdot 30.000} = 4,2$	$\dfrac{21.000 \cdot 18}{3 \cdot 20.000} = 6,3$	$\dfrac{21.000 \cdot 18}{3 \cdot 10.000} = 12,6$
Reklamationen	10,8	$\dfrac{3.600 \cdot 180}{3 \cdot 30.000} = 7,2$	$\dfrac{3.600 \cdot 180}{3 \cdot 20.000} = 10,8$	$\dfrac{3.600 \cdot 180}{3 \cdot 10.000} = 21,6$

Stückkosten Variante A = 28,2; Variante B = 36,0; Variante C = 59,4

Aufgabe 3.1.1.1: Kurzfristige Erfolgsrechnung und Programmplanung

zu a)

Umsatzkostenverfahren (Vollkostenrechnung) [€]

Selbstkosten der abgesetzten Produkte:		Periodenerlöse:	
A:	40.000	A:	50.000
B:	72.000	B:	54.000
C:	36.000	C:	45.000
D:	48.000	D:	56.000
E:	40.000	E:	36.000
Betriebsgewinn:	**5.000**		
	241.000		241.000

zu b)

Gesamtkostenverfahren [€]

Einzelkosten	Periodenerlöse
Fertigungslöhne	
Fertigungsmaterial	
Gemeinkosten	
Herstellkosten von Bestandsminderungen	Herstellkosten von Bestandsmehrungen

Zusätzlich benötigte Informationen bei der Anwendung des Gesamtkostenverfahrens:

• Gliederung der Gesamtkosten nach Kostenarten
• Bestandsänderungen von Halb- und Fertigerzeugnissen

zu c)

	Produkt A	Produkt B	Produkt C	Produkt D	Produkt E	
Stück-DB [€]	4,-	- 1,-	6,-	2,-	5,-	
K$_f$ je Produktart [€]	10.000,-	12.000,-	9.000,-	8.000,-	14.000,-	Σ 53.000,-
DB je Produktart [€]	20.000,-	--	18.000,-	16.000,-	10.000,-	Σ 64.000,-
Gewinn [€]						**11.000,-**

zu d)

	Produkt A	Produkt B	Produkt C	Produkt D	Produkt E
Kapazitätsbe-anspruchung	0,02	0,018	0,06	0,004	0,0125
Relativer Stück-DB	$\dfrac{4}{0,02}=200$	--	$\dfrac{6}{0,06}=100$	$\dfrac{2}{0,004}=500$	$\dfrac{5}{0,0125}=400$
Rang	3	--	4	1	2

Gewinnmaximales Produktionsprogramm:
Kapazitätsbeanspruchung 155 h

Produkt D:	$8.000 \cdot 0,004 =$	32 h	Produkt D	8.000 Stück
Produkt E:	$2.000 \cdot 0,0125 =$	25 h	Produkt E	2.000 Stück
Rest:		98 h		
Produkt A:		98 h	Produkt A	4.900 Stück

Deckungsbeitrag: **45.600,- €**   Erfolg: **- 7.400,- €**

zu e)

Da nicht alle Produkte mit positivem Deckungsbeitrag in das Produktionsprogramm aufgenommen werden konnten, sind Maßnahmen zur Ausweitung der Maschinenkapazität einzuleiten (z.B. Überstunden, Sonderschichten, Mehrschichtbetrieb).

Aufgabe 3.1.1.2: Programmplanung und Preisuntergrenze

zu a) bis d)

Pro-dukt	Erlöse [€/St]	K_v [€/St]	DB [€/St]	Kapazitätsbedarf			relativer DB [€/St/h]	Rang-folge	Prod. Menge [St]	Gesamt-DB [€]
				St. I	St. II	St. III				
A	90,-	70,-	20,-	7.000	6.000	8.000	2,5	3	1.000	20.000,-
B	42,-	32,-	10,-	3.000	3.000	2.000	5,-	1	1.000	10.000,-
C	56,-	40,-	16,-	5.000	6.000	4.000	4,-	2	1.000	16.000,-
D	22,-	12,-	10,-	4.000	2.000	5.000	2,-	4	200	2.000,-
benötigte Kapazität [h]				19.000	17.000	19.000				48.000,-
verfügbare Kapazität [h]				20.000	21.000	15.000		- fixe Kosten		40.000,-
Kapazitätsüberschreitung [h]				-	-	4.000		Periodenerfolg		8.000,-

zu b)

Absolute Preisuntergrenze: vgl. Spalte k_v in der Tabelle.

zu c)

Gewinnmaximales Produktionsprogramm: vgl. Spalte Prod.Menge in der Tabelle. Das optimale Produktionsprogramm wurde anhand der relativen Deckungsbeiträge (DB je Zeiteinheit der Stufe III) ermittelt, da nur ein Engpass in der Stelle III vorliegt.

zu e)

Ein LP-Ansatz ist jetzt notwendig, da mehrere Engpässe vorliegen. In diesem speziellen Beispiel weist jede der drei Fertigungsstufen einen Engpass auf. Mit folgendem LP-Modell lässt sich das optimale Produktionsprogramm ermitteln:

Zielfunktion:

$$20x_A + 10x_B + 16x_C + 10x_D = Max!$$

Nebenbedingungen:

Dreherei (I):	$7x_A + 3x_B + 5x_C + 4x_D$	$\leq 15.000\ [h]$
Fräserei (II):	$6x_A + 3x_B + 6x_C + 2x_D$	$\leq 15.000\ [h]$
Montage (III):	$8x_A + 2x_B + 4x_C + 5x_D$	$\leq 15.000\ [h]$
	x_A	$\leq\ 1.000\ [Stück]$
	x_B	$\leq\ 1.000\ [Stück]$
	x_C	$\leq\ 1.000\ [Stück]$
	x_D	$\leq\ 1.000\ [Stück]$

Aufgabe 3.1.1.3:   Programmplanung

zu a)

Deckungsbeitragsrechnung, da die Fixkosten Periodenkosten und damit mengenunabhängig sind; gegebenenfalls mehrstufige Deckungsbeitragsrechnung, da hier der Fixkostenblock aufgeteilt werden kann.

zu b)

• **Lösungsmöglichkeit I:**

Produkt	Variable Kosten pro Stück [€/Stück]	absoluter DB pro Stück [€/Stück]	Bearbeitungszeit [h]		Produzierte Menge [Stück]
			Abt. 1	Abt. 2	
A	81,-	- 1,-	-	-	-
B	50,-	20,-	4.000	2.000	400
C	45,-	5,-	2.000	1.000	500
D	80,-	40,-	500	250	100
			6.500	3.250	
		Kapazität:	4.750	2.400	

Deckungsbeitrag pro Engpasseinheit: (relativer Deckungsbeitrag):

Produkt	relativer DB [€]		Rangfolge
	Abteilung 1	Abteilung 2	
B	2,-	4,-	2
C	1,25	2,50	3
D	8,-	16,-	1

Produkt	produzierte Menge [Stück]	Benötigte Kapazität [h]		DB je Produktart [€]
		Abt. 1	Abt. 2	
B	400	4.000	2.000	8.000,-
D	100	500	250	4.000,-
		4.500	2.250	12.000,-
		- K_f [€]		7.000,-
		Gewinn [€]		**5.000,-**

- **Lösungsmöglichkeit II:**

Produkt	Variable Kosten [€/Stück]	Absoluter DB [€/Stück]	Produzierte Menge [Stück]	DB gesamt [€]	Fixkosten [€]
A	81,-	- 1,-	-	-	-
B	50,-	20,-	400	8.000,-	5.000,-
C	45,-	5,-	500	2.500,-	7.500,-
D	80,-	40,-	100	4.000,-	2.000,-

Produkt	Bearbeitungszeit [h]	
	Abteilung 1	Abteilung 2
A	-	-
B	4.000	2.000
C	-	-
D	500	250
Σ	4.500	2.250
Kapazität	4.750	2.400

Das Produkt A wird aus dem Programm gestrichen, da der Deckungsbeitrag negativ ist. Produkt C wird aus dem Programm gestrichen, da der Deckungsbeitrag kleiner als die abbaufähigen Fixkosten ist.

Gewinn   = $DB_B + DB_D - K_f(B) - K_f(D)$ =
              = 8.000 + 4.000 - 5.000 - 2.000 = **5.000,- €**

Aufgabe 3.1.1.4:   Programmplanung

zu a) und b)

Produkt	DB je Engpasseinheit Z
C	4
E	4,67

Produkt	gesamte variable Kosten [€/Stück]	Stück-DB [€]	Produktions- menge [Stück]	Kapazitätsbeanspruchung [min]			DB je Produkt [€]
				X	Y	Z	
A	180,-	20,-	1.333	--	39.990	--	26.660,-
B	240,-	-40,-	1.000	30.000	10.000	--	-40.000,-
C	180,-	120,-	1.666	--	--	49.980	199.920,-
D	350,-	150,-	1.000	12.000	10.000	10.000	150.000,-
E	130,-	70,-	2.000	--	--	30.000	140.000,-
beanspruchte Kapazität [min]				42.000	59.990	89.980	
verfügbare Kapazität [min]				42.000	60.000	90.000	
$-K_f$				403.280,-			
Gewinn:				**73.300,-**			

Aufgabe 3.1.1.5: Programmplanung

zu a)

Auslastung der beiden Maschinen [h] durch die Produktion der maximalen Absatzmengen aller vier Produkte:

Produkt	maximale Absatzmenge	Kapazitätsbeanspruchung [h] auf	
		Maschine 1	Maschine 2
A	200	400	200
B	200	600	100
C	500	350	100
D	300	90	240
benötigte Kapazität		1.440	640
Periodenkapazität		1.000	800

=> Maschine 1 bildet einen Produktionsengpass.

zu b)

	A	B	C	D
Deckungsbeitrag [€/ME]	100,-	240,-	90,-	30,-
Kapazitätsbeanspruchung auf Maschine 1 [h/ME]	2	3	0,7	0,3
Relativer Deckungsbeitrag auf Maschine 1 [€/h]	50,-	80,-	128,57	100,-
Rang	4	3	1	2

=> optimales Produktionsprogramm:

Produkt	Produktionsmenge [ME]	Beanspruchung von Maschine 1 [h]
C	500	350
D	300	90
B	186	558
Periodenkapazität von Maschine 1 [h]		1.000

Deckungsbeitrag: $500 \cdot 90 + 300 \cdot 30 + 186 \cdot 240 = $ **98.640,- €.**

Erfolg   = Deckungsbeitrag - Fixkosten
          = 98.640 - 130.000 =   **-31.360,- € (Verlust)**

Das in der Lösung ermittelte optimale Produktionsprogramm benötigt 998 von 1000 h Maschinenkapazität. Theoretisch könnte (bei Unteilbarkeit von B) zusätzlich eine ME von A produziert werden, um die restlichen 2 h Maschinenkapazität auszuschöpfen. Der Deckungsbeitrag als auch der Erfolg würden sich dadurch um 100,- € erhöhen. In der Praxis würde sich die Produktion und der Absatz einer einzelnen Einheit aber wohl nicht lohnen, da Kosten für die Umrüstung der Maschine anfallen, die in der Aufgabe aber nicht berücksichtigt werden.

Aufgabe 3.1.1.6: Programmplanung

zu a)

<u>Nähmaschinen</u>

Benötigte Maschinenstd.: $60 \cdot 4$ Std. $+ 140 \cdot 2$ Std. $+ 300 \cdot 2$ Std. $= 1.120$ Std.

Maschinenkapazität: 750 Std. < 1.120 Std. $\rightarrow$ Engpass

<u>Leder</u>

Benötigte m² an Leder: $60 \cdot 1 \,\text{m}^2 + 140 \cdot 1{,}5 \,\text{m}^2 + 300 \cdot 2{,}5 \,\text{m}^2 = 1.020 \,\text{m}^2$

Verfügbare m² an Leder: $1.200 \,\text{m}^2 > 1.020 \,\text{m}^2$ $\rightarrow$ kein Engpass

Rang der Produkte gemäß relativem Deckungsbeitrag:

	x_D	x_A	x_S
Stückerlös	450	290	230
Var. Stückkosten	250	130	90
Stückdeckungsbeitrag	200	160	140
Produktionskoeffizient	4	2	2
Rel. Stückdeckungsbeitrag	50	80	70
Rang	3	1	2
Absatzhöchstmenge	60	140	300

<u>Produktion von x_A:</u>

Verbrauchte Kapazität bei Absatzhöchstmenge: $140 \cdot 2$ Std. $= 280$ Std.

Verbleibende Kapazität: 750 Std. $-$ 280 Std. $= 470$ Std.

<u>Produktion von x_S:</u>

Maximal mögliche Produktion von x_S:
470 Std. $\div$ 2 Std./Stk. $= 235$ Stk. < 300 Stk.

$\rightarrow$ Maschinenkapazität bereits voll ausgeschöpft, d. h. $x_D = 0$

Produktionsprogramm: $(x_A, x_S, x_D) = (140, 235, 0)$

Gewinn: $140 \cdot 160$ € $+ 235 \cdot 140$ € $- 25.000$ € $= 30.300$ €

zu b)

Mit der neuen Kapazität von 1.500 Std. besteht kein Engpass mehr, da die benötigte Maschinenkapazität bei Produktion der Absatzhöchstmengen 1.120 Std. beträgt. Daher sollten alle drei Produktarten mit ihrer maximalen Absatzmenge produziert werden.

Neuer Gewinn: $60 \cdot 200$ € $+ 140 \cdot 160$ € $+ 300 \cdot 140$ € $- 47.000$ € $= 29.400$ €

Da dieser Gewinn kleiner ist als der Gewinn ohne Investition, sollte die Maschinenkapazität nicht erhöht werden.

Aufgabe 3.1.1.7: Programmplanung und langfristige Preisuntergrenze

zu a)

Produkt	Verkaufs-preis [€/Stück]	Variable Kosten [€/Stück]	DB [€]	Maximale Produktions-menge [Stück]	Fert.abt 1 [h]	Fert.abt 2 [h]
A	80,-	90,-	-10,-	-	-	-
B	95,-	75,-	20,-	400	2.000	8.000
C	90,-	75,-	15,-	500	500	250
D	105,-	95,-	10,-	100	1.000	500
					3.500	8.750
					< 3.600	> 8.250
						→ Engpass

Pro-dukt	Fertigungs-zeiten von Stelle 2 [h]	relativer Deckungs-beitrag [€/h]	optimale Produktions-mengen [Stück]	Deckungs-beiträge gesamt [€]	Fixkosten gesamt [€]	Netto-gewinn [€]
A	25,00	-	-	-	2.000,-	
B	20,00	1,-	375	7.500,-	0,00	
C	0,50	30,-	500	7.500,-	2.500,-	
D	5,00	2,-	100	1.000,-	500,-	
				16.000,-	5.000,-	11.000,-

zu b)

Produkt	DB [€]	Maximale Produktions- menge [Stück]	Fert.abt 1 [h]	Fert.abt 2 [h]
B	20,-	350	1.750	7.000
C	15,-	500	500	250
CZ	3,-	500	500	250
D	10,-	100	850	500
			3.750 > 3.600	8.000 < 8.250

→ Engpass

Pro- dukt	Fertigungs- zeiten von Stelle 1 [h]	relativer Deckungs beitrag [€/h]	optimale Produktions- mengen [Stück]	Deckungs- beiträge gesamt [€]	Fixkosten gesamt [€]	Netto- gewinn [€]
A	-	-	-	-	2.000,-	
B	5	4,-	350	7.000,-	0,00	
C	1	15,-	500	7.500,-	2.500,-	
CZ	1	3,-	500	1.500,-	–	
D	10	1,-	85	850,-	500,-	
				16.850,-	5.000,-	11.850,-

Hinweis: Die Fixkosten müssen nicht neu berechnet werden, da das Produkt, dessen Absatzmenge gesunken ist, keine Fixkosten aufweist bzw. der Deckungsbeitrag je Stück gleich bleibt.

=> Annahme des Zusatzauftrags, Verbesserung Gewinn um € 850,-

zu c)

Es sollte weiterproduziert werden, wenn der monatliche Deckungsbeitrag mindestens die (bei Nicht-Produktion) einsparbaren Fixkosten abzüglich der auf den Monat bezogenen Wiederanlaufkosten übersteigt:

Entscheidungsregel kritische Preisuntergrenze:

$$x \cdot (PUG - k_{var}) \geq K_{fix} - \frac{WAK + wak \cdot m}{m}$$

Ergibt für die Preisuntergrenze:

$$PUG = k_{var} + \frac{K_{fix}}{x} - \frac{WAK + wak \cdot m}{x \cdot m}$$

$$= 100 + \frac{30.000}{300} - \frac{90.000 + 15.000 \cdot 4}{300 \cdot 4}$$

$$= 75$$

zu d)

Entscheidungsregel kritische Stillstandsdauer:

$$m_{krit} = \frac{WAK}{-(p - k_{var}) \cdot x + K_{fix} - wak}$$

$$= \frac{90.000}{-(70 - 100) \cdot 300 + 30.000 - 15.000}$$

$$= 3,75$$

Aufgabe 3.1.1.8:   Eigenfertigung/Fremdbezug

zu a)

Eigenfertigung:

Produkt	Variable Stück-kosten [€]	Stück-DB [€]	DB je Engpass-einheit [€]	**Rangfolge**
A	5,60	12,40	1,55	**2**
B	13,-	12,-	0,80	**5**
C	3,50	11,50	2,30	**1**
D	7,-	13,-	1,30	**4**
S	9,-	14,-	1,40	**3**

	Produktionsmenge [Stück]	Beanspruchte Kapazität	DB [€/Produkt]
A	500	4.000	6.200,-
B	--	--	--
C	600	3.000	6.900,-
D	250	2.500	3.250,-
S	700	7.000	--
Σ		16.500	16.350,-
-K_f [€]			17.450,-
-K für S [€]	6.300,-		
Verlust [€]	-7.400,-		

Zukauf:

	beanspruchte Kapazität	Stück-DB [€]	DB [€/Produkt]
A	4.000	12,40	6.200,-
B	6.000	12,-	4.800,-
C	3.000	11,50	6.900,-
D	3.500	13,-	4.550,-
Σ	16.500		22.450,-
-K_f [€]			17.450,-
Beschaffungs-kosten S [€]	16.100,-		
Verlust [€]	-11.100,-		

Bei Eigenfertigung verringert sich der Verlust gegenüber dem ursprünglichen Programm (mit Zukauf) um € 3.700,-.

zu b)

Der Zukauf würde sich nicht mehr lohnen, wenn der bei Eigenfertigung des Zusatzteils S erzielte relative Deckungsbeitrag geringer wäre als der von Produkt B. Das Zusatzteil würde dann nämlich auf den fünften Rang "abrutschen" und aufgrund der Kapazitätsbeschränkung in der Dreherei nicht mehr produziert werden.

Der Preis, bei dem sich die Entscheidung umkehren würde (d.h. S zugekauft und nicht mehr von uns selbst gefertigt würde), errechnet sich damit wie folgt:

$$p < 0{,}80 \cdot \underbrace{10}_{\substack{\text{rel.DB} \\ \text{von B}}} + \underbrace{9{,}-}_{\substack{\text{Fertigungs-} \\ \text{zeit von S}}} = 17{,}-$$

Aufgabe 3.1.1.9: Programmplanung und Abweichungsanalyse

zu a)

Deckungsbeitragsrechnung:

Stuhlvarianten	Variable Kosten [€/Stück]	Stück-DB [€]	Produktionsmenge [Stück]	DB je Produktart [€]
Antik	54,-	6,-	200	1.200,-
Robust	32,-	4,-	200	800,-
Komfort	65,-	20,-	300	6.000,-
- Fixkosten	5.000,-			
Nettogewinn [€]	3.000,-			

Kapazitätsprüfung:

	Kap-Bedarf I	Kap-Bedarf II
Antik	400	600
Robust	200	100
Komfort	1200	1200
Summe	1800	1900

Es werden alle Stuhlvarianten mit einem positiven Deckungsbeitrag gefertigt. Also werden von allen drei Stuhlvarianten ihre maximalen Absatzmengen produziert.

$K_f = K - K_v$

$K_f = (12.500 + 7.000 + 22.200) - (200 * 54 + 200 * 32 + 300 * 65) = 5.000,- €$

zu b)

Stuhlvariante	Stück-DB [€]	DB je Eng-passeinheit [€]	Rangfolge	Produktions-menge [Stück]	Gesamt-DB je Stuhlvariante [€]
Antik	6,-	2,-	(3)	90	540,-
Robust	4,-	8,-	1	200	800,-
Komfort	20-	5,-	2	270	5.400,-
				- Fixkosten [€]	5.000,-
				Nettogewinn [€]	1.740,-

Produktionsmenge von „Komfort": $\dfrac{1.450 - 90 \cdot 3 - 200 \cdot 0{,}5}{4} = \dfrac{1.080}{4} = 270$

zu c)

Variable Gemeinkosten bei Planbeschäftigung: $98,- \cdot 7 \cdot 160 = 109.760,-$

Fixe Gemeinkosten: $128.000,- - 109.760,- = 18.240,-$

Verbrauchsabweichung: $131.500,- - (18.240,- + 980 \cdot 98,-) = 17.220,-$

Beschäftigungsabweichung: $114.280,- - ((128.000,- : 1.120) \cdot 980) = 2.280,-$

Gesamtabweichung: $17.220,- + 2.280,- = 19.500,-$

zu d)

Verbrauchsabweichung: z.B. bedingt durch Fehler in der Produktion, Unwirtschaftlichkeiten im Materialverbrauch → vom Leiter der Fertigungsabteilung zu vertreten

Beschäftigungsabweichung: Leerkosten, nicht ausgelastete Fixkosten aufgrund zu geringen Absatzes, kann auf Mängel im Marketing oder auf schlechte konjunkturelle Lage zurückgeführt werden → vom Leiter der Fertigungsabteilung nicht zu vertreten

Aufgabe 3.1.1.10: Programmplanung und Abweichungs-analyse

zu a)

	A	B	C	D
rel. db	60	40	50	80
Rangfolge	2	4	3	1
opt. Produktionsmenge	20	5*	5	10
ben. Kapazität	1.000	1.000	500	500

$$*Rest = \frac{3.000 - 2.000}{200} = 5$$

zu b)

Verdrängung	freie Kapazität	max. Menge E	spez. DB	„marginale" PUG
B	1.000	10	40	20.000 + 100 · 40 = 24.000
C	500	5	50	20.000 + 100 · 50 = 25.000
A	1.000	10	60	20.000 + 100 · 60 = 26.000
D	500	5	80	20.000 + 100 · 80 = 28.000

Menge q	Gesamt PUG [€]	PUG je Stück [€]
0...10	24.000 · q	24.000
11...15	240.000 + (q−10) · 25.000	$25.000 - \dfrac{10.000}{q}$
16...25	240.000 + 125.000 + (q−15) · 26.000	$26.000 - \dfrac{25.000}{q}$
26...30	240.000 + 125.000 + 260.000 + (q−25) · 28.000	$28.000 - \dfrac{75.000}{q}$

zu c)

Preisuntergrenze für 20 Roboter: $26.000 - \dfrac{25.000}{20} = 24.750 < 24.900$

→ Annahme des Auftrags

Änderung des Periodenerfolgs: $(24.900 - 24.750) \cdot 20 = 3.000$

zu d)

Alternative 1:

$db_D^{neu} = 6.000$ → rel.$db_D^{neu} = 120$ → Rang 1

Der Nachfragerückgang $q_D{}^* = 6$ setzt $4 \cdot 50h = 200h$ frei, die für die Produktion einer zusätzlichen Einheit des Produkts B genutzt werden (bei Produkt A und C wird schon die gesamte Auftragslage berücksichtigt).

→ $q_B^{neu} = 6$

→ +8.000 DB

Änderung des Periodenerfolgs: $\underbrace{6 \cdot 6.000 - 10 \cdot 4.000}_{\text{Produkt D}} + \underbrace{8.000}_{\text{Produkt B}} = 4.000$

Alternative 2:

$db_D^{neu} = 2.750$ → rel. $db_D^{neu} = 55$ → Rang 2

Zusätzlicher Kapazitätsbedarf durch q_D^{neu}: $20 \cdot 50h = 1.000h$

Freisetzung der Kapazität durch $q_B^{neu} = 0$ → $5 \cdot 200h = 1.000h$

→ $q_D{}^* = 30$; $q_B{}^* = 0$

Änderung des Periodenerfolgs: $\underbrace{30 \cdot 2.750 - 10 \cdot 4.000}_{\text{Produkt D}} - \underbrace{5 \cdot 8.000}_{\text{Produkt B}} = 2.500$

→ Empfehlung: Entscheidung für A1!

Aufgabe 3.1.1.11: Variatorrechnung und kurzfristige Erfolgsrechnung

zu a)

Inputfaktoren:

Fertigungsminuten x

Arbeit: $K_A = 2.500 + 0,2 \cdot x$

Maschinenleistung: $K_M = 8.000 + 0,1 \cdot x$

Rohstoffe: $K_R = 0,12 \cdot x$

Variator: $v = \dfrac{K_v}{K} \cdot 10$

$$v_A = \frac{0,2 \cdot 72.000}{2.500 + 0,2 \cdot 72.000} \cdot 10 = 8,52$$

$$v_M = \frac{7.200}{15.200} \cdot 10 = 4,74$$

$$v_R = \frac{8.640}{8.640} \cdot 10 = 10$$

zu b)

Gesamtkostenfunktion: $K = 10.500 + 0,42\ x$

Variator: $v = \dfrac{30.240}{40.740} \cdot 10 = 7,42$

Stufenplan	80 %	90 %	110 %	125 %
Beschäftigung	57.600	64.800	79.200	90.000
Fixkosten	10.500	10.500	10.500	10.500
Variable Kosten	24.192	27.216	33.264	37.800
Gesamtkosten	34.692	37.716	43.764	48.300

zu c)

Variator von Schlaumeier: $v = 8$

Planbeschäftigung:

$$v = \frac{K_v}{K} \cdot 10 = \frac{K_v}{K_v + K_f} \cdot 10 = \frac{k_v \cdot x}{k_v \cdot x + 10.500} \cdot 10 = 8$$

→ $2 \cdot 0,42 \cdot x = 84.000$ → $x = 100.000$

zu d)

Stück-Selbstkosten:

Materialeinzelkosten	25
Materialgemeinkosten	5 (25 · 20 %)
Fertigungseinzelkosten	6
Fertigungsgemeinkosten	1,5 (6 · 25 %)
Maschinenkosten	12
Maschinengemeinkosten	3,6 (12 · 30 %)
Herstellkosten	53,10
Vertriebsgemeinkosten	$25,92 = \left(\dfrac{324.000}{50.000 \cdot 0,25} \right)$
Selbstkosten	79,02

zu e)

Gesamtkostenverfahren:

GUV

Fertigungsmaterial	1.250.000	Erlös „Chancentod"	1.000.000
Fertigungslöhne	300.000	BVÄ „Chancentod"	1.991.250
Maschinenkosten	600.000		
Gemeinkosten	829.000		
Betriebsgewinn	12.250		
	2.991.250		2.991.250

Umsatzkostenverfahren:

GUV

SK „Chancentod"	987.750	Erlös „Chancentod"	1.000.000
Betriebsgewinn	300.000		
	1.000.000		1.000.000

Aufgabe 3.1.1.12: Produktionsprogrammplanung

zu a)

	Travel	Fly	Groß	Klein	Spezial (A/B)
Absatzmenge	1.000	2.000	800	3.100	2.000 / 1.600
Preis	160	90	250	50	100 / 90
Variable Kosten	100	60	160	30	120 / 110
Stück-DB	60	30	90	20	-20 / -25
DB I	60.000	60.000	72.000	62.000	-40.000
Fixkosten	50.000		100.000		
DB II	70.000		-6.000 (**34.000** ohne Spezial)		
Gewinn	64.000 (**104.000** ohne Spezial)				

zu b)

	Maschine A	Maschine B	Maschine C
Travel	5.000	2.000	1.000
Fly	22.000	8.000	6.000
Groß	1.600	1.600	1.200
Klein	6.200	3.100	1.240
Benötigte Kapazität	34.800	14.700	9.440
Maximale Kapazität	44.640	12.000	9.600

Die Kapazität von Maschine B ist überschritten. Die geplante Menge kann nicht produziert werden.

zu c)

	Stück-DB	Rel. Stück-DB	Rang	Menge	Minuten	DB
Travel	60	30	2	1.000	2.000	60.000
Fly	30	7,5	4	1.325	5.300	39.750
Groß	90	45	1	800	1.600	72.000
Klein	20	20	3	3.100	3.100	62.000

Gewinn = 60.000 + 39.750 + 72.000 + 62.000 − 150.000 = 83.750 €

zu d)

Durch die Ausweitung der Maschinenlaufzeit um 3 Stunden pro Tag mehr wird der bestehende Engpass aufgehoben (13·20·60 = 15.600 Minuten). Somit können die restlichen 675 Stück von Fly produziert werden. Der Deckungsbeitrag steigt um 30·675 = 20.250 €. Maximal können demzufolge 20.250 € zusätzliche Fixkosten entstehen.

Aufgabe 3.1.2.1: Deckungsbeitragsrechnung

zu a)

	Erlös [€/Stück]	Kosten [€/Stück]	Gewinn [€/ Stück]	Gewinn [€/Sorte]
A	33,-	26,-	7,-	42.000,-
B	32,-	31,80	0,20	3.200,-
C	26,-	22,80	3,20	40.000,-
	Gesamtgewinn [€]:			**85.200,-**

zu b)

	Menge [Stück/Periode]	Erlös [€/Stück]	Kosten [€/Stück]	Gewinn [€/Stück]	Gewinn [€/Sorte]
A	5.400	33,-	26,60	6,40	34.560,-
B	14.400	32,-	33,20	- 1,20	- 17.280,-
C	11.250	26,-	23,20	2,80	31.500,-
			Gesamtgewinn [€]:		48.780,-

zu c)

Das Ansteigen der Stückkosten bei zurückgehender Ausbringungsmenge deutet auf die Existenz fixer Kosten hin. (Die Deckungsbeitragssumme verringert sich bei gleich bleibenden Fixkosten.)

zu d)

A: $k_v = \dfrac{156.000 - 143.640}{6.000 - 5.400} =$ **20,60 €**

B: $k_v = \dfrac{508.800 - 478.080}{16.000 - 14.400} =$ **19,20 €**

C: $k_v = \dfrac{285.000 - 261.000}{12.500 - 11.250} =$ **19,20 €**

$DB_A = 33 - 20,60 = 12,40$ € $K_f = 143.640 - 20,60 \cdot 5.400 =$ **32.400,- €**

$DB_B = 32 - 19,20 = 12,80$ € $K_f = 478.080 - 19,20 \cdot 14.400 =$ **201.600,- €**

$DB_C = 26 - 19,20 = 6,80$ € $K_f = 261.000 - 19,20 \cdot 11.250 =$ **45.000,- €**

gesamte $K_f =$ **279.000,- €**

Wenn die Produktion von Produkt B eingestellt wird, wird die KG einen Periodenverlust aufweisen, da auf einen positiven Deckungsbeitrag verzichtet wird:

$G = DB_A + DB_C - K_f = 12,40 \cdot 5.400 + 6,80 \cdot 11.250 - 279.000$

$= 66.960 + 76.500 - 279.000 =$ **- 135.540,- € (Verlust)**

zu e)

Maßgebend für den Verbleib oder das Ausscheiden aus dem Produktionsprogramm ist allein der Deckungsbeitrag; solange er positiv ist, sollte die Sorte B unbedingt produziert werden, da kein Engpass vorliegt. Der Vorschlag der Geschäftsleitung wird somit abgelehnt.

Aufgabe 3.1.2.2: Einfach und mehrfach gestufte Deckungsbeitragsrechnung

zu a)

	Export	Pils	Alt	Weizen
Fertigungslöhne [€]	7,50	10,-	8,50	7,50
Fertigungsmaterial [€]	5,-	5,-	6,-	6,-
Variable FGK u. MGK [€]	12,50	15,-	13,50	15,50
Variable HK [€]	25,-	30,-	28,-	29,-
Variable Vw- u. VtGK [€]	6,-	7,-	5,-	6,-
Variable SEKVt [€]	4,-	3,-	4,-	5,-
Variable SK [€/hl]	**35,-**	**40,-**	**37,-**	**40,-**
Deckungsbeitrag [€/hl]	**25,-**	**50,-**	**43,-**	**30,-**

zu b)

Einfach gestufte Deckungsbeitragsrechnung:

	Export	Pils	Alt	Weizen
Erlöse [€]	1.200.000,-	1.620.000,-	800.000,-	630.000,-
Variable Kosten [€]	700.000,-	720.000,-	370.000,-	360.000,-
DB pro Sorte [€]	500.000,-	900.000,-	430.000,-	270.000,-
DB gesamt [€]	**2.100.000,-**			
Fixe Kosten [€]	1.130.000,-			
Periodenerfolg [€]	**970.000,-**			

Mehrfach gestufte Deckungsbeitragsrechnung:

	Export	Pils	Alt	Weizen
Erlöse [€]	1.200.000,-	1.620.000,-	800.000,-	630.000,-
- Variable Kosten K_V	700.000,-	720.000,-	370.000,-	360.000,-
Deckungsbeitrag I je Erzeugnis über die variablen Kosten [€]	**500.000,-**	**900.000,-**	**430.000,-**	**270.000,-**
- Erzeugnisfixkosten [€]	200.000,-	150.000,-	100.000,-	80.000,-
Deckungsbeitrag II je Erzeugnis über die Erzeugniskosten [€]	**300.000,-**	**750.000,-**	**330.000,-**	**190.000,-**
Summen der DB II [€]	1.050.000,-		520.000,-	
- Erzeugnisgruppenfixkosten [€]	160.000,-		80.000,-	
Deckungsbeitrag III je Erzeugnisgruppe [€]	**890.000,-**		**440.000,-**	
Summen der DB III [€]	1.330.000,-			
- Unternehmensfixkosten [€]	360.000,-			
Periodenerfolg [€]	**970.000,-**			

Aufgabe 3.1.2.3: Mehrfach gestufte Deckungsbeitragsrechnung

zu a)

Zerlegungskriterien:

- Aufspaltung des Fixkostenblocks nach Produkten und Abrechnungsbezirken:
  - Produktarten, -gruppen
  - Kostenstellen, -bereiche
  - Werken
  - Unternehmung
- Aufspaltung nach Fristigkeit (dynamische Grenzplankostenrechnung)

zu b)

Kostenstelle	I			II
Maschine	Maschine 1		Maschine 2	
Produkt	A	B	C	D
Verkaufserlöse [€]	38.400,-	20.000,-	21.000,-	31.500,-
Fertigungslöhne [€]	4.000,-	3.500,-	3.350,-	4.050,-
Variable FGK [€]	2.850,-	1.000,-	2.000,-	2.300,-
FM [€]	8.000,-	4.000,-	4.000,-	12.000,-
Variable MGK [€]	300,-	150,-	150,-	450,-
Variable HK der hergestellten Produkte [€]	15.150,-	8.650,-	9.500,-	18.800,-
Variable HK der abgesetzten Produkte [€]	18.180,-	6.920,-	9.500,-	19.740,-
Variable Vw- u. Vt [€]	909,-	346,-	475,-	987,-
SEKVt [€]	990,-	437,-	345,-	826,-
Variable Kosten [€]	20.079,-	7.703,-	10.320,-	21.553,-
DB I [€]	18.321,-	12.297,-	10.680,-	9.947,-
Erzeugnisfixkosten [€]	1.350,-	--	2.200,-	1.350,-
DB II [€]	16.971,-	12.297,-	8.480,-	8.597,-
Maschinenfixkosten [€]	1.700,-	1.250,-		---
DB III [€]	15.271,-	19.527,-		8.597,-
Kostenstellenfixkosten [€]	16.500,-			11.000,-
DB IV [€]	18.298,-			-2.403,-
Unternehmensfixe Kosten [€]	17.050,-			
Nettoerfolg [€]	-1.155,-			

MGK = **1.050,- €**

$$\text{variable MGK}_B = \frac{1.050}{28.000} \cdot 4.000 = \quad\textbf{150,- €}$$

variable HK$_B$ hergestellte Produkte = **8.650,- €**

variable HK$_B$ abgesetzte Produkte = 8.650 · 160/200 = **6.920,- €**

$$\text{variable Vw- u. VtGK} = 2.717 \cdot \frac{6.920}{54.340} = \quad\textbf{346,- €}$$

zu c)

Je nachdem, ob die fixen Kosten abgebaut werden können, ist es sinnvoll, Produkt D aus dem Sortiment zu nehmen. Produkt D eliminieren => Erfolg steigt (2.403,- €). Die Absatzseite darf nicht vernachlässigt werden, da unter Umständen Verbundbeziehungen bestehen. Die Fixkosten sollten kurz- bis mittelfristig abgebaut (langfristig keine Fixkosten) oder die Verkaufserlöse erhöht werden.

zu d)

Analysemerkmale	Gesichtspunkte
Verursachungsprinzip	Keine Schlüsselung
Verwendbarkeit für Planung	Programmpolitik (DB) Absatzpolitik (Preisuntergrenze) Investitionspolitik (eventuell Hinweis auf Desinvestition)
Verwendbarkeit für Kontrolle	Erfolgskontrolle von Produkten, Produktgruppen, Bereichen
Wirtschaftlichkeit	Fixkostenspaltung aufwendig Nutzen abhängig von Informationsverwendung
Anpassungsfähigkeit	Grundlage für zusätzliche Informationsgewinnung Basis für entscheidungsorientiertes Rechnungswesen

Aufgabe 3.1.2.4: Mehrfach gestufte Deckungsbeitragsrechnung

	A	B	C	D
Bruttoerlöse [€]	50.000,-	40.000,-	40.000,-	30.000,-
- Variable Vertriebskosten [€]	1.000,-	500,-	1.500,-	800,-
Nettoerlöse [€]	49.000,-	39.500,-	38.500,-	29.200,-
- Übrige variable Kosten [€]	10.000,-	20.000,-	10.000,-	10.000,-
	6.000,-	12.000,-	5.000,-	5.000,-
	1.000,-	2.000,-	1.000,-	1.000,-
Deckungsbeitrag I [€]	**32.000,-**	**5.500,-**	**22.500,-**	**13.200,-**
- Erzeugnisfixkosten [€]	500,-	-	10.000,-	8.000,-
Deckungsbeitrag II [€]	**31.500,-**	**5.500,-**	**12.500,-**	**5.200,-**
Summen der DB II [€]	37.000,-		17.700,-	
- Kostenstellenfixkosten [€]	8.100,-		15.000,-	
Deckungsbeitrag III [€]	**28.900,-**		**2.700,-**	
Summe der DB III [€]	31.600,-			
- Bereichsfixkosten [€]	5.000,-			
Deckungsbeitrag IV [€]	**26.600,-**			
- Unternehmensfixkosten [€]	10.000,-			
Nettogewinn [€]	**16.600,-**			

Aufgabe 3.1.2.5: Mehrfach gestufte Deckungsbeitragsrechnung und Preisuntergrenze

zu a)

Erzeugnis	Seife		Waschmittel	
	fein	extra fein	sauber	extra sauber
Fertigungslöhne [€]	2,50	2,50	0,75	0,75
Fertigungsmaterial [€]	1,40	1,60	0,85	1,-
Variable Gemeinkosten [€]	1,10	1,40	0,60	0,85
Variable Fertigungskosten [€]	5,-	5,50	2,20	2,60
SEKVt [€]	2,50	5,-	2,-	2,-
Absolute Preisuntergrenze [€]	**7,50**	**10,50**	**4,20**	**4,60**

zu b)

Erzeugnis	Seife		Waschmittel	
	Fein	extra fein	sauber	extra sauber
Verkaufspreis [€/Stück]	8,-	12,-	6,-	9,-
x Menge [Stück]	1.600	1.600	2.600	1.500
Bruttoerlöse [€]	12.800,-	19.200,-	15.600,-	13.500,-
- SEKVt [€]	4.000,-	8.000,-	5.200,-	3.000,-
Nettoerlöse [€]	8.800,-	11.200,-	10.400,-	10.500,-
- Variable FK [€]	8.000,-	8.800,-	5720,-	3.900,-
Deckungsbeitrag I [€]	**800,-**	**2.400,-**	**4.680,-**	**6.600,-**
- Erzeugnisfixkosten [€]	1.200,-	640,-	3.600,-	3.600,-
Deckungsbeitrag II [€]	**- 400,-**	**1.760,-**	**1.080,-**	**3.000,-**
Summe der DB II [€]	1.360,-		4.080,-	
- Erzeugnisgruppenfixkosten [€]	500,-		1.200,-	
Deckungsbeitrag III [€]	**860,-**		**2.880,-**	
Summe der DB III [€]	3.740,-			
- Unternehmensfixkosten [€]	2.000,-			
Nettoerfolg [€]	**1.740,-**			

Aufgabe 3.1.2.6: **Mehrfach gestufte Deckungsbeitragsrechnung und Preisuntergrenze, Riebel**

zu a)

	A	B	C	D
Erlös [€]	50.000,-	60.000,-	30.000,-	30.000,-
Variable Herstellkosten [€]	10.000,-	20.000,-	10.000,-	10.000,-
Werkstatt Variable Herstellkosten [€]	6.000,-	12.000,-	6.000,-	6.000,-
Variable Vertriebskosten [€]	1.000,-	500,-	1.500,-	800,-
Variable Kosten der Unternehmensführung [€] Verteilungsbasis 50.000,- €	1.000,-	2.000,-	1.000,-	1.000,-
DB I	**32.000,-**	**25.500,-**	**11.500,-**	**12.200,-**
Fixe Herstellkosten [€]	20.500,-	15.000,-	12.000,-	2.200,-
DB II	**11.500,-**	**10.500,-**	**-500,-**	**10.000,-**
Fixe Herstellkosten [€]	20.000,-		1.500,-	
DB III	**2.000,-**		**8.000,-**	
Fixe Herstellkosten der Produktion [€]	5.000,-			
Fixe Kosten der Unternehmensführung	10.000,-			
Gewinn/Verlust [€]	**- 5.000,-**			

zu b)

	A	B	C	D
Σ variable Kosten [€]	18.000,-	34.500,-	18.500,-	17.800,-
Absolute Preisuntergrenze [€]	1,80	1,725	3,70	0,593

zu c)

Könnte man Produkt C aus dem Programm nehmen (weil Deckungsbeitrag II negativ), so würde der Gewinn um 500,- € zunehmen.

zu d)

Bei der einstufigen Deckungsbeitragsrechnung wäre eine Antwort zu c) nicht möglich, da die Fixkosten als undifferenenzierter Block zuletzt abgezogen würden. Deckungsbeitrag I war aber noch positiv.

zu e)

- Bei Riebel würden die variablen Herstellkosten der Werkstätten und die variablen Kosten der Unternehmensführung nicht auf die Produkte verteilt, da sie nicht direkt zurechenbar sind und geschlüsselt werden müssen.

- Die absolute Preisuntergrenze enthielte nur die direkt zurechenbaren Kosten.

- Das Produkt C behielte einen positiven Deckungsbeitrag II, so dass es nicht zur Disposition stehen würde.

Aufgabe 3.1.2.7: Mehrdimensionale Deckungsbeitragsrechnung

zu a)

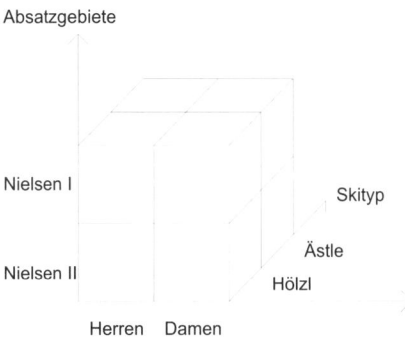

zu b)   **1. Hierarchie:**

Absatz-gebiete	Nielsen I				Nielsen II			
Kunden-gruppen	Herren		Damen		Herren		Damen	
Produkt-gruppe	Hölzl	Ästle	Hölzl	Ästle	Hölzl	Ästle	Hölzl	Ästle
Umsatz [€]	149.800,-	59.900,-	74.900,-	23.960,-	74.900,-	59.900,-	14.980,-	5.990,-
Variable Kosten [€]	74.000,-	30.000,-	37.000,-	12.000,-	37.000,-	30.000,-	7.400,-	3.000,-
Versand EK [€]	1.800,-	1.900,-	900,-	760,-	900,-	1.900,-	180,-	190,-
DB I [€]	**74.000,-**	**28.000,-**	**37.000,-**	**11.200,-**	**37.000,-**	**28.000,-**	**7.400,-**	**2.800,-**
Fixkosten [€]	10.000,-		5.000,-		10.000,-		12.000,-	
DB II [€]	**92.000,-**		**43.200,-**		**55.000,-**		**-1.800,-**	
Agentu-ren [€]	10.000,-				8.000,-			
Verkaufs-sachbe-arbeiter [€]	110.000,-				45.000,-			
DB III [€]	**15.200,-**				**200,-**			
Montage [€]	14.700,-							
Untern. fixe Kos-ten [€]	15.000,-							
Gewinn/ Verlust [€]	**-14.300,-**							

zu b) **2. Hierarchie:**

Produkt-gruppe	Hölzl				Ästle			
Absatz-gebiet	Nielsen I		Nielsen II		Nielsen I		Nielsen II	
Kunden-gruppe	Herren	Damen	Herren	Damen	Herren	Damen	Herren	Damen
Umsatz [€]	149.800	74.900,-	74.900,-	14.980,-	59.900,-	23.960,-	59.900,-	5.990,-
Variable Kosten [€]	74.000,-	37.000,-	37.000,-	7.400,-	30.000,-	12.000,-	30.000,-	3.000,-
Versand EK [€]	1.800,-	900,-	900,-	180,-	1.900,-	760,-	1.900,-	190,-
DB I [€]	**74.000,-**	**37.000,-**	**37.000,-**	**7.400,-**	**28.000,-**	**11.200,-**	**28.000,-**	**2.800,-**
Verkauf	70.000,-		20.000,-		40.000,-		25.000,-	
DB II [€]	**41.000,-**		**24.400,-**		**-800,-**		**5.800,-**	
Mon-tage [€]	7.800,-				6.900,-			
DB III [€]	**57.600,-**				**-1.900,-**			
Versand [€]	18.000,-							
Bera-tung [€]	37.000,-							
Untern. fixe Kosten [€]	15.000,-							
Ge-winn/Ve rlust [€]	**-14.300,-**							

zu c)

Empfehlungen:

- 1. Hierarchie: DB I alle positiv; DB II negativ bei Damen im Gebiet Nielsen II; DB III alle positiv;
  Falls Kosten der Kundenberatung nicht abbaubar --> Marktsegment verlassen, bzw. Maßnahmen zur Erhöhung des Deckungsbeitrags einleiten;
- 2. Hierarchie: negative DB II und III bei Ästle im Gebiet Nielsen I; falls Fixkosten nicht abbaubar --> Marktsegment verlassen.

Aufgabe 3.1.2.8: Mehrfach gestufte Deckungsbeitragsrechnung

zu a)

Interessierende Hierarchie: Kostenstelle/Produkt/Land

	Kostenstelle I				Kostenstelle II	
	Vergaser		Einspritzpumpe		Wasserpumpe	
	D	F	D	F	D	F
Erlöse	330.000,-	240.000,-	840.000,-	500.000,-	360.000,-	260.000,-
- Provisionen	9.900,-	12.000,-	100.800,-	60.000,-	-,-	10.400,-
Nettoerlöse	**320.100,-**	**228.000,-**	**739.200,-**	**440.000,-**	**360.000,-**	**249.600,-**
Fert.material	60.000,-	40.000,-	160.000,-	80.000,-	90.000,-	60.000,-
Fert.löhne	210.000,-	140.000,-	440.000,-	220.000,-	240.000,-	160.000,-
K.stell.kosten	24.000,-	16.000,-	16.000,-	8.000,-	18.000,-	12.000,-
Variable HK	294.000,-	196.000,-	616.000,-	308.000,-	348.000,-	232.000,-
SEK Vertrieb	15.000,-	10.000,-	48.000,-	24.000,-	30.000,-	20.000,-
Variable SK	**309.000,-**	**206.000,-**	**664.000,-**	**332.000,-**	**378.000,-**	**252.000,-**
DB I	**11.100,-**	**22.000,-**	**75.200,-**	**108.000,-**	**- 18.000,-**	**- 2.400,-**
- Kostenstellen-fixkosten	60.000,-				40.000,-	
DB II	**156.300,-**				**- 60.400,-**	
- Handels-fixkosten	40.000,-					
- Unternehmensfixkosten	83.840,-					
Gewinn/ Verlust	**- 27.940,-**					

Verteilung der Kostenstellenkosten nach der Fertigungszeit:

gesamte Fertigungszeit für Kostenstelle I:

5000 Stück · 2 Std + 6000 Stück ·1 Std = 16.000 Std

Kosten pro Stunde: 64.000 € : 16.000 Std = 4 €/Std

z.B.: Vergaser für D: 3000 Stück · 2 Std · 4€/Std = 24.000,- €

zu b)

Maßnahmen:
Für das Produkt "Wasserpumpe" wird in beiden Absatzgebieten ein negativer Deckungsbeitrag ausgewiesen. Deshalb ist zu prüfen, ob auf die Erzeugung verzichtet werden kann. Der Unternehmenserfolg würde sich dadurch kurzfristig um € 20.400,- und nach Abbau der Fixkosten (von Kostenstelle II) um weitere € 60.400,- erhöhen. Bei einer Streichung sind jedoch negative Verbundeffekte auf dem Absatzmarkt zu berücksichtigen. Alternative Maßnahmen könnten eine Preiserhöhung oder Einsparungen bei den variablen Selbstkosten der Wasserpumpen sein.

Aufgabe 3.1.2.9: Fixkostendeckungsrechnung

zu a)

Produktarten	A	B	C	D	E
Deckungskostenbeitrag I je Produktart	4.701,-	3.503,-	4.522,-	4.819,-	5.009,-
- Produktfixkosten [€]	-	-	100,- (2,21%)	-	-
Deckungsbeitrag II [€]	**4.701,-**	**3.503,-**	**4.422,-**	**4.819,-**	**5.009,-**
Produktgruppen	I		II	III	
Deckungsbeitrag III [€]	8.204,-		4.422,-	9.828,-	
- Produktgruppenfixkosten [€]	150,- (1,83%)		-	250,- (2,54%)	
Deckungsbeitrag IV [€]	8.054,-		4.422,-	9.578,-	
Kostenstellenbereiche	1			2	
Deckungsbeitrag V [€]	12.476,-			9.578,-	
- Bereichsfixkosten [€]	4.295,- (34,43%)			4.795,- (50,06%)	
Deckungsbeitrag VI [€]	8.181,-			4.783,-	
Deckungsbeitrag VII [€]	12.964,-				
- Unternehmungsfixkosten [€]	690,- (5,32%)				
Kalkulatorischer Periodenerfolg	12.274,-				

zu b)

Produkt	A (retrograd)		A (progressiv)		AA (progressiv)	
Nettoerlös [€]		34,-		34,-		40,-
Variable Stückkosten [€]		23,32		23,32		27,98
	DB	10,68	k_V	23,32	k_V	27,98
Produktgruppenfixkosten	- 1,828%	- 0,20	+0,858%	+ 0,20	+0,858%	+ 0,24
		10,48		23,52		28,22
Bereichsfixkosten	- 34,43%	- 3,61	+15,35%	+ 3,61	+15,35%	+ 4,33
		6,87		27,13		32,55
Unternehmensfixkosten	- 5,32%	- 0,37	+1,364%	+ 0,37	+1,364%	+ 0,44
		6,50		27,50		32,99
Nettogewinn pro Stück [€]:		**6,50**		**6,50**		**7,01**

Hinweis:
Die Absolutbeträge der geschlüsselten Fixkosten werden in der retrograden Rechnung ermittelt. Die Prozentsätze in der progressiven Rechnung ergeben sich durch Inbeziehungsetzen zu den variablen Kosten.

zu c)
Der Fixkostendeckungsrechnung liegt das Tragfähigkeitsprinzip zugrunde.

Aufgabe 3.1.2.10: Deckungsbeitragsrechnung

zu a)

Ermittlung der Absatzmengen für China:

Absatzmenge PC = (gesamte produzierte Menge PCs) – (in Deutschland abgesetzte Menge PCs) = 8.500 – 3.500 = **5.000 [Stück]**

Absatzmenge WS = (gesamte produzierte Menge WS) – (in Deutschland abgesetzte Menge WS) = 11.500 – 10.000 = **1.500 [Stück]**

Ermittlung der Verkaufserlöse je Stück in China:

Stückerlös je PC = (Gesamtverkaufserlöse für PCs in China) / (Absatzmenge PCs in China) = 3.810.000,00 [€] / 5.000 [Stück] = **762,00 [Euro/Stück]**

Stückerlös je WS = (Gesamtverkaufserlöse für WS in China) / (Absatzmenge WS in China) = 4.500.000,00 [€] / 1.500 [Stück] = **3.000 [Euro/Stück])**

Ermittlung der Erlöse aus Serviceverträgen (SV) je Stück in China:

Erlös SV je PC = (Gesamterlöse aus SV für PCs in China) / (Absatzmenge PCs in China) = 1.750.000,00 [€] / 5.000 [Stück] = **350 [Euro/Stück]**

Erlös SV je WS = (Gesamterlöse aus SV für WS in China) / (Absatzmenge WS in China) = 1.050.000,00 [€] / 1.500 [Stück] = **700 [Euro/Stück]**

Ermittlung der gesamten Stückerlöse in China:

Gesamterlös je PC = 762,00 + 350,00 = **1.112,00 [Euro/Stück]**

Gesamterlös je WS = 3.000,00 + 700,00 = **3.700,00 [Euro/Stück]**

Zusammenfassung:

China	Verkaufserlös je Stück [€]	Erlös aus Servicevertrag je Stück [€]	Gesamterlös je Stück [€]	Absatzmengen
PC	762,00	350,00	1.112,00	5.000
WS	3.000,00	700,00	3.700,00	1.500

Ermittlung der variablen Selbstkosten je Stück:

	China		Deutschland	
	PC	WS	PC	WS
Fertigungsmaterial [€]	400,00	600,00	400,00	600,00
Fertigungslöhne [€]	500,00	1.000,00	500,00	1.000,00
SEKVt [€]	210,00	925,00	85,00	264,00
Variable SK je Stück [€]	1.110,00	2.525,00	985,00	1.864,00

Ermittlung der Stück-Deckungsbeiträge:

	China		Deutschland	
	PC	WS	PC	WS
Verkaufserlös je Stück [€]	762,00	3.000,00	1.200,00	2.500,00
Erlös aus Servicevertrag je Stück [€]	350,00	700,00	500,00	800,00
Gesamterlös je Stück [€]	1.112,00	3.700,00	1.700,00	3.300,00
Fertigungsmaterial [€]	400,00	600,00	400,00	600,00
Fertigungslöhne [€]	500,00	1.000,00	500,00	1.000,00
SEKVt [€]	210,00	925,00	85,00	264,00
Variable Selbstkosten je Stück [€]	1.110,00	2.525,00	985,00	1.864,00
Stück-DB [€]	2,00	1.175,00	715,00	1.436,00

zu b)

Absatzgebiete	China		Deutschland	
Produktgruppe	PCs	WS	PCs	WS
Verkaufserlöse [€]	3.810.000,00	4.500.000,00	4.200.000,00	25.000.000,00
Erlöse aus Serviceverträgen [€]	1.750.000,00	1.050.000,00	1.750.000,00	8.000.000,00
Gesamterlöse [€]	5.560.000,00	5.550.000,00	5.950.000,00	33.000.000,00
Fertigungsmaterial [€]	2.000.000,00	900.000,00	1.400.000,00	6.000.000,00
Fertigungslöhne [€]	2.500.000,00	1.500.000,00	1.750.000,00	10.000.000,00
SEKVt [€]	1.050.000,00	1.387.500,00	297.500,00	2.640.000,00
Variable Selbstkosten [€]	5.550.000,00	3.787.500,00	3.447.500,00	18.640.000,00
DB I [€]	10.000,00	1.762.500,00	2.502.500,00	14.360.000,0
Fixe Gemeinkosten für Wartung & Service [€]	225.000,00	400.000,00	325.000,00	700.000,00
DB II [€]	-215.000,00	1.362.500,00	2.177.500,00	13.660.000,00
Fixe Vertriebsgemeinkosten [€]	500.000,00 €		6.000.000,00	
DB III [€]	647.500,00 €		9.837.500,00	
Werksfixkosten [€]	5.000.000,00 €			
Unternehmensfixkosten [€]	3.500.000,00 €			
Periodenerfolg [€]	1.985.000,00 €			

zu c)

Interpretation/Empfehlung:

− DB I überall positiv ⇒ kurzfristig Mengen wie geplant produzieren

− DB II bei PC in China negativ: nähere Analyse der Fixkosten für Wartung & Service ⇒ Bei Abbaufähigkeit der Fixkosten Produktion einstellen.

− Auf der Absatzseite sind jedoch mögliche Verbundeffekte zu berücksichtigen. Beispiel: Möglicherweise werden die PC in China von Firmenkunden gekauft, welche die gesamte Informationstechnologie „aus einer Hand" kaufen wollen.

− Möglicherweise ist ein Verzicht auf den Abschluss von Wartungs- und Serviceverträgen für PCs in China und ein Abbau der damit verbundenen Fixkosten sinnvoll.

zu d)

Ausbau:

– Weitere Differenzierung nach Kundengruppen (z.B. Privat- und Firmenkunden)

– Ausbau zur mehrdimensionalen DBR

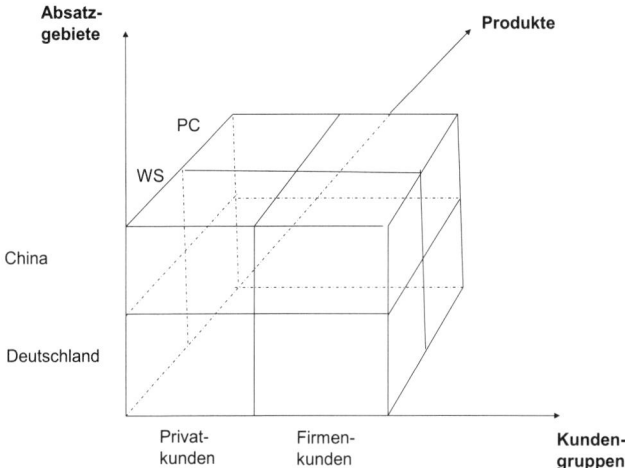

Aufgabe 3.2.1:   Relative Einzelkosten- und Deckungsbeitragsrechnung

zu a)

Identitätsprinzip:

- Sämtliche Kosten werden als Einzelkosten zugeordnet, relative Einzelkostenrechnung bezüglich des Zurechnungsobjektes möglich.

- Zweckneutrale Grundrechnung: Zahlen werden zunächst ohne Auswertung und Schlüsselung gesammelt $\Rightarrow$ Auswertungsrechnungen

- Verhinderung von Datenredundanzen

- Auf Schlüsselung wird völlig verzichtet.

- Auswertung für Kennzahlen, relevante Deckungsbeiträge, ...

- Deckungsbudgets für Zwecke der Praxis (Zugeständnis an Kritiker) $\Rightarrow$ Schlüsselung für Plankosten

- Gliederung der Kosten nach Kostenkategorien: Bereitschaftskosten, Leistungskosten

zu b)

- *Leistungskosten:*
  von Beschaffungs-, Fertigungs- und Absatzprogramm abhängig

- *Bereitschaftskosten:*
  entstehen, um die institutionellen und technischen Voraussetzungen für die Realisierung des Leistungsprogramms zu schaffen

- *Kritik:*
  alle Kosten dienen der Herstellung
  einzig mögliches Kriterium: Fristigkeitsgrad

zu c)

	Kilger	Riebel
Ausrichtung auf *Entscheidung und Kontrolle*	Ja	Ja
Zuordnung der Gesamtkosten auf mehrere Bezugsgrößen	Ja, mehrfach gestufte DB-Rechnung	Ja, bereits in der Grundrechnung
Kostenbegriff	Wertmäßig	Pagatorisch
Beschäftigungsmaßstab	Bezugsgrößen(-system)	strenge Form des Verursachungsprinzips ⇒ Leistungsbezogenheit
Lohnkosten, Abschreibungen	Löhne: voll variabel (alternative Verwendbarkeit von Arbeitskräften als Prämisse) Abschreibungen: z.T. variabel (Gebrauchsverschleiß) z.T. fix	Löhne und Abschreibungen kurzfristig nicht veränderbar ⇒ Bereitschaftskosten
Zuordnung *echter, variabler Gemeinkosten*	Schlüsselung	Keine Schlüsselung
Kosteneinflussgrößen	Eindimensionale Kosten-Abhängigkeiten, da Beschäftigung als zentrale Kostenbezugsgröße	Mehrdimensionalität, da von der Entscheidung abhängig
Kostentheoretische Fundierung	Mehrvariablige lineare Kostenfunktionen	Keine Aussage

Aufgabe 3.2.2: Relative Einzelkosten- und Deckungsbeitragsrechnung

zu a)

Kostenkategorie	Zurechnungsobjekte		Produkt 1	2	3	Fertigungsstelle 1	2	3	2/3	Verwaltungsstelle	Vertriebsstelle	Unternehmen
absatzabhängig	umsatzwertabhängig	Provision	22.500	28.000	15.600							
	auftragsabhängig	Verpackung Fracht	10.000	10.500	3.000							
erzeugnisabhängig		Material	75.000	70.000	65.000							
		Lizenzen			1.000							
		Hilfsstoffe				7.600	3.500	3.800				
		Energie				2.000	1.000	2.000				
geschlossene Periode	ohne zeitliche Bindung	Energie Überstundenlöhne				3.000	1.800	1.000		3.000	2.000	
	monatliche Bindung					15.000	10.000	7.500				
	1/4-jährliche Bindung					10.000	5.000	7.500		12.000	16.500	
	1/2-jährliche Bindung								16.000			
	jährliche Bindung											8.250
offene Periode	aktivierungspflichtig							25.000		20.000		
	nicht aktivierungspflichtig											

zu b)

- *Grundrechnung:*
  - zweckneutral
  - keine innerbetriebliche Leistungsverrechnung
  - spezielle Auswertungsrechnung

  Drei Grundregeln:
  - keine heterogenen Elemente zusammenfassen (keine Verdichtung)
  - keine Schlüsselung
  - es wird immer dem speziellen Klassifikationsobjekt zugerechnet

  Auswertungsrechnungen:
  - Planung und Kontrolle (Soll/Ist)

- *Betriebsabrechnungsbogen:*
  - zunächst zweckneutrale Verrechnung der Primärkosten, aber dann innerbetriebliche Leistungsverrechnung (z.B. Stufenleiterverfahren)

zu c)

Geschäftsjahr				2003						
Monat	Jan	...	Jul	Aug			Sep	Okt	Nov	Dez
Produkte				1	2	3				
Erlöse				225,0	280,0	130,0				
./. Provisionen				22,5	28,0	15,6				
./. Verpackungskosten				10,0	10,5	3,0				
./. Materialkosten				75,0	70,0	65,0				
./. Lizenzen						1,0				
= DB I				117,5	171,5	45,4				
./. Hilfsstoffe				7,6	3,5	3,8				
./. Energie (Erz.abh.)				2,0	1,0	2,0				
= DB II				107,9	167,0	39,6				
./. Überstundenlöhne				3,0	1,8					
./. Energie (Erz.unabh.)						1,0				
= DB III				104,9	165,2	38,6				
./. Löhne (mtl. Kündigungsfrist)				15,0	10,0	7,5				
= DB IV ("Monatsbeitrag je Fert.KS")				89,9	155,2	31,1				
= Gesamt					276,2					
./. Kosten der Vw (Erz.unabh.)					3,0					
./. Kosten des Vertriebs					2,0					
= DB V ("Monatsbeitrag")					271,2					
./. Gehälter (1/4 jährl. Kündigungsfrist)					153,0					
= DB VI ("Quartalsbeitrag")					118,2					
./. Miete (1/2 jährl. Kündigungsfrist)							96,0			
= DB VII ("Halbjahresbeitrag")							22,2			
./. Vermögenssteuer			8,25							
= DB VIII ("Jahresbeitrag")			13,95							
./. Kosten offene Periode			45,0							
= DB IX ("Beitrag der offenen Periode")			-31,05							

Hinweis: In diesem Beispiel wird angenommen, dass alle anderen Monate keinen Beitrag zum Periodenerfolg leisten.

zu d)

Deckungsbudget Kostenstelle I:

Erlöse	225.000,00
- *Sollgewinnbeitrag KoSt I*	*68.393,05*
Deckungslast für GK KoSt I	156.606,95
- anteilige VwGK	5.111,11
Personal (= 12.000 : 3)	4.000,00
Energie (= 3.000 : 3)	1.000,00
Abschreibungen (= 20.000 : 5 : 3 : 12)	111,11
- anteilige VtGK	6.166,67
Personal (= 16.500 : 3)	5.500,00
Energie (= 2.000 : 3)	666,67
- anteilige VSt. (= 8.250 : 12 : 3)	229,17
Bereitschaftskosten geschlossene Periode KoSt I	145.100,00
- Gehalt (1/4 jährl. Kündigung)	10.000,00
Leistungsunabhängige Periodenkosten KoSt I	135.100,00
- Löhne (mtl. Kündigung)	15.000,00
- Überstundenlöhne	3.000,00
Leistungskosten KoSt I	117.100,00
- Provisionen	22.500,00
- Verpackung	10.000,00
- Material	75.000,00
- Hilfsstoffe	7.600,00
- Energie (erzeugnisabhängig)	2.000,00

Aufgabe 3.2.3:   **Deckungsbeitragsrechnung in der Grenzplankostenrechnung und relative Einzel-
kosten- und Deckungsbeitragsrechnung**

zu a)

Deckungsbeitragsrechnung in der GPKR:

	A	B	C
Erlöse	200.000	100.000	180.000
Provisionen	20.000	10.000	18.000
MEK	140.000	80.000	96.000
Fert.löhne	24.000	16.000	30.000
Energie	0	0	5.000
DB I	**16.000**	**-6.000**	**31.000**
Mieten Fertigung	30.000		20.000
DB II	**-20.000**		**11.000**
Mieten Verw./Vertrieb	20.000		
Gehälter Verw./Vertrieb	5.000		
DB III (Monatsgewinn)	**-34.000**		

zu b)

Maßnahmen für Januar auf Basis der DB-Rechnung in der GPKR: Negativer
DB I bei Produkt B -> Nicht einmal die variablen Kosten können gedeckt
werden -> Produktion von B sofort stoppen (Verbundeffekte beachten).

zu c)

Deckungsbeitragsrechnung nach Riebel

	Januar			Februar	März
	A	B	C		
Erlöse	200.000	100.000	180.000		
Provisionen	20.000	10.000	18.000		
MEK	140.000	80.000	96.000		
DB I	**40.000**	**10.000**	**66.000**		
Energie F 2			5.000		
DB II	**40.000**	**10.000**	**61.000**		
Mieten Fertigung	30.000		20.000		
DB III	**20.000**		**41.000**		
Mieten Verw./Vertrieb	20.000				
DB IV (Monatsbeitrag)	**41.000**			**41.000**	**41.000**
Fert.löhne	210.000				
Gehälter	15.000				
DB V (Quartalsbeitrag)	**-102.000**				

zu d)

Maßnahmen für Januar auf Basis der DB-Rechnung nach Riebel:
Hier sollte Produkt B im Januar produziert werden, da der DB I positiv ist. Nach Riebel sollen nur die Kosten betrachtet werden, die als Einzelkosten zugeordnet werden können. Die Löhne sind Gemeinkosten und werden dem einzelnen Produkt daher nicht zugeordnet. Da die Löhne zusätzlich nicht vor drei Monaten abgebaut werden können, wären die Lohnkosten nicht von Entscheidung bzgl. der Streichung des Produkts B aus dem Januar-Programm betroffen. Es besteht kein Entscheidungsbezug.

Aufgabe 3.3.1:   Betriebsplankosten- und -erlösrechnung

zu a)

Mathematisch-statistisch, deterministisch oder stochastisch. Wesentlich ist, dass Kosten durch zahlreiche Einflussgrößen, nicht nur Beschäftigungsgradänderungen, determiniert werden.

Technisch begründete Funktionen werden vor allem mit der einfachen oder mehrfachen linearen Regressionsrechnung aus empirischen Daten der näheren Vergangenheit hergeleitet. Korrelationsanalysen arbeiten die maßgebenden Einflussgrößen heraus.

Kostentheoretische Fundierung: mehrvariablige lineare Kostenfunktion.

zu b)

Zielgröße ist der Periodenerfolg bzw. periodenbezogene Grenzerfolge. Leistungsbezogene Grenzkosten/Grenzerlöse, insbesondere auf die einzelne Produkteinheit bezogen, treten in den Hintergrund.

- *Planung:*
Auf diese Weise werden Alternativüberlegungen im Planungsprozess je Monat/Quartal/Jahr entwickelt.

- *Betriebsüberwachung und Kontrolle:*
Zielgröße ist die Abweichung zwischen Planerfolg und Isterfolg der Periode.

zu c)

	Betriebsplankosten- und -erlösrechnung
Basisgrößen	• Ausgaben, z.T. kalkulatorische Kosten; • Bewertete Mengen
Rechnungsziele	• Planung, insbesondere Prognose; • Kontrolle
Zugrunde liegende Kostenfunktion	• Mehrvariablig linear
Grundprinzipien der Kostenzurechnung	• Näherungsweise Zurechnung über Regressionsanalyse; • Korrelationsanalyse
Kostenverteilung	• Zurechnung auf Einflussgrößen; • Zweckabhängige Verteilung

zu d)

1. Klasse: **rein technologisch begründete Funktionen:**
nicht disponierbar

1.1 Kostengüter-Einflussgrößen-Funktion:

$$r_i = a_i + \sum_{j=1}^{n} b_{ij} \cdot e_j \qquad a_i := \text{fixer Verbrauch}$$

Matrix : $\vec{r} = \vec{B} \cdot \vec{e}$ $\qquad e_j := \text{Einflußgrößenvektor}$

$b_{ij} := \text{Einflußgrößenkoeffizient}$

$r_i := \text{Einsatzmenge}$

1.2 Einflussgrößen-Erzeugnisprogramm-Funktion:

$$e_j = \sum_{n=1}^{p} c_{jn} \cdot x_{jn} + c_{jp+1} \cdot x_{jp+1} + c_{jp+2} \cdot x_{jp+2}$$

Matrix : $\vec{e} = \vec{c} \cdot \vec{x}$

1.3 Produktionsfunktion:

$$\vec{r} = \vec{B} \cdot \vec{c} \cdot \vec{x}$$

2. Klasse: **dispositionsbestimmte Funktionen:**

Erfassen den Einfluss von innerbetrieblichen Entscheidungen auf die Einsatzgüter (Belegschaftspläne, Arbeitsanweisungen, ...)

Ermittlung: Regression, empirisch

3. Klasse: **kalkulatorisch festgelegte Funktionen:** *Kostenfunktionen*

Bewertung der Einsatzmengen zu Einstandspreisen
(Einstandspreisvektor q^l):
$$\vec{K} = \vec{q}^l \cdot \vec{r} = \vec{q}^l \cdot \vec{B} \cdot \vec{c} \cdot \vec{x}$$

Nebenbedingungen können die Einflussgrößen beschränken (z.B. Absatzhöchstmenge, Produktionskapazität, ...)

Ermittlung des Periodengewinns (Absatzpreisvektor $\vec{p}^l$):
$$\vec{G} = \vec{p}^l \cdot \vec{x} - \vec{q}^l \cdot \vec{r}$$
d.h. Einflussgrößenfunktion der Erlöse abzüglich Kostenfunktion = Gewinn.

zu e)

- Betriebplankosten- und -erlösrechnung vermeidet ebenfalls die Schlüsselung von Fixkosten
- Kilger: Einflussgröße ist immer die Beschäftigung (ausgedrückt durch ein System von Bezugsgrößen)
- Betriebsplankosten- und -erlösrechnung hat zahlreiche Einflussgrößen zusätzlich (Monatsfaktoren, saisonale Einflüsse, d.h. zeitbezogene Größen; Absolutglieder)
- Betriebsplankosten- und -erlösrechnung ist keine stückbezogene Rechnung; Steuerung über Periodenerfolg
- Betriebsplankosten- und -erlösrechnung: in den ersten Schritten sowie in der Abweichungsanalyse wird rein mengenmäßig, d.h. produktionstheoretisch vorgegangen. Kilger verfährt dagegen kostentheoretisch und bewertet Einflussgrößen unmittelbar mit Festpreisen.

zu f)

- vornehmlich dort geeignet, wo technologische Prozesse den Produktionsablauf bestimmen
- hoher Aufwand der Datenerfassung und -verarbeitung (relativiert durch Datenverarbeitung)
- schwierige Erfassung der Zusammenhänge der Einflussgrößen
- ungeeignet bei langfristiger Einzelfertigung, wo stück- oder auftragsbezogene Informationen benötigt werden
- geeignet für kurzfristige Sorten- und Serienfertigung
- Bestandsbewertung schwer einbaubar
- nicht im Dienstleistungsbereich bzw. der Verwaltung anwendbar
- Gefahr des Informationsüberflusses.

Aufgabe 3.3.2: Betriebsplankosten- und -erlösrechnung mit Abweichungsanalyse

zu a)

1. Kostengüter-Einflussgrößen-Funktion:

			Einflussgrößen-Koeffizient						Einflussgrößenvektor	
Arbeit	r_1		1.000	4,3	0	0	0		1	Rechenwert
Gas	r_2		10.000	2,3	1,0	0	0		e_1	Schmelzzeit
Heizöl	r_3	$=$	25.000	25	10	0	750	$\bullet$	e_2	Kochzeit
Inst.	r_4		60	0,05	0	$-0,2$	0		e_3	Anzahl Schmelzen
kalk. Kat.	r_5		5.000	20	0	0	0		e_4	Monatsfaktor

2. Einflussgrößen-Erzeugnisprogramm-Funktion:

Erzeugnisprogramm-Koeffizient   Erzeugnisprogrammvektor   Einflussgrößenvektor

$$
\begin{vmatrix} 1 \\ e_1 \\ e_2 \\ e_3 \\ e_4 \end{vmatrix}
=
\begin{vmatrix} 1 & 0 & 0 & 0 & 0 & 0 \\ 0 & 2 & 5 & 1 & 0 & 0 \\ 0 & 3 & 10 & 7 & 0 & 0 \\ 0 & 0 & 0 & 0 & 0 & 1 \\ 0 & 0 & 0 & 0 & 1 & 0 \end{vmatrix}
\bullet
\begin{vmatrix} 1 & \text{Rechenwert} \\ 1.000 & x_1 \\ 2.000 & x_2 \\ 1.500 & x_3 \\ 20 & \text{Monatsfaktor} \\ 40 & \text{Anzahl Schmelzen} \end{vmatrix}
=
\begin{vmatrix} 1 \\ 13.500 \\ 33.500 \\ 40 \\ 20 \end{vmatrix}
$$

3. Produktionsfunktion:

$$
\begin{vmatrix} r_1 \\ r_2 \\ r_3 \\ r_4 \\ r_5 \end{vmatrix}
=
\begin{vmatrix} 1.000 & 4,3 & 0 & 0 & 0 \\ 10.000 & 2,3 & 1,0 & 0 & 0 \\ 25.000 & 25 & 10 & 0 & 750 \\ 60 & 0,05 & 0 & -0,2 & 0 \\ 5.000 & 20 & 0 & 0 & 0 \end{vmatrix}
\bullet
\begin{vmatrix} 1 \\ 13.500 \\ 33.500 \\ 40 \\ 20 \end{vmatrix}
=
\begin{vmatrix} 59.050 \\ 74.550 \\ 712.500 \\ 727 \\ 275.000 \end{vmatrix}
$$

4. Kostenfunktion:

$$
K = (48; 23; 0,68; 49; 1,50) \cdot \begin{vmatrix} 59.050 \\ 74.550 \\ 712.500 \\ 727 \\ 275.000 \end{vmatrix}
$$

$$
\begin{aligned}
K &= 2.834.400 + 1.714.650 + 484.500 + 35.623 + 412.500 \\
&= \mathbf{5.481.673}
\end{aligned}
$$

5. Erlös gegeben: $E_p = 5.900.000$

6. Periodenerfolg (Plan):

$$G_p = E_p - K_p = 5.900.000 - 5.481.673 = \mathbf{418.327}$$

zu b)

Ermittlung der Erzeugnisprogrammabweichung (entscheidungsbedingt)

Ermittlung der Richtgröße (Sollvorgabe) entsprechend $x_1 = 1.020$.

2. *Einflussgrößen-Erzeugnisprogramm-Funktion:*

$$
\begin{vmatrix}
1 & 0 & 0 & 0 & 0 & 0 \\
0 & 2 & 5 & 1 & 0 & 0 \\
0 & 3 & 10 & 7 & 0 & 0 \\
0 & 0 & 0 & 0 & 0 & 1 \\
0 & 0 & 0 & 0 & 1 & 0
\end{vmatrix}
\cdot
\begin{vmatrix}
1 \\
1.020 \\
2.000 \\
1.500 \\
20 \\
40
\end{vmatrix}
=
\begin{vmatrix}
1 \\
13.540 \\
33.560 \\
40 \\
20
\end{vmatrix}
$$

1. *Kostengüter-Einflussgrößen-Funktion bzw. Produktionsfunktion:*

r_1	1.000	4,3	0	0	0	1	59.222
r_2	10.000	2,3	1,0	0	0	13.540	74.702
r_3	25.000	25	10	0	750	33.560	714.100
r_4	60	0,05	0	-0,2	0	40	729
r_5	5.000	20	0	0	0	20	275.800

Kostenfunktion (Soll)

$$
K = (48\ \ 23\ \ 0{,}68\ \ 49\ \ 1{,}50) \cdot
\begin{vmatrix}
59.222 \\
74.702 \\
714.100 \\
729 \\
275.800
\end{vmatrix}
= \mathbf{5.495.811}
$$

Erzeugnisprogrammabweichung = Soll - Plan = **14.138**

Ermittlung der Preisabweichung 1. Grades, d.h. mit Planmengen:

Kostenfunktion (Istpreis, Planmengen):

$$
K = (48\ \ 23\ \ 0{,}70\ \ 49\ \ 1{,}50) \cdot
\begin{vmatrix}
59.050 \\
74.550 \\
712.500 \\
727 \\
275.000
\end{vmatrix}
= \mathbf{5.495.923}
$$

Preisabweichung 1. Grades $= K(p_i, r_p) - K(p_p, r_p)\ \ = 5.495.923 - 5.481.673$

$$= \mathbf{14.250}$$

oder: Preissteigerung Heizöl · Planmenge $= 0{,}02 \cdot 712.500 = \mathbf{14.250}$

Ermittlung der Leistungsabweichung: Ist - Soll

Ermittlung Ist:

1	0	0	0	0	0	1	1
0	2,5	5	1	0	0	*1.020*	*14.050*
0	3	10	7	0	0	2.000	33.560
0	0	0	0	0	1	1.500	40
0	0	0	0	1	0	20	20
						40	

Produktionsfunktion:

1.000	4,3	0	0	0	1	61.415
10.000	2,3	1,0	0	0	14.050	75.875
25.000	25	10	0	750	33.560	726.850
60	0,05	0	-0,2	0	40	754,5
5.000	20	0	0	0	20	286.000

Kostenfunktion (Festpreis, ohne Preisabweichung):

$$K = (48 \; 23 \; 0,68 \; 49 \; 1,50) \cdot \begin{vmatrix} 61.415 \\ 75.875 \\ 726.850 \\ 754,5 \\ 286.000 \end{vmatrix} = \mathbf{5.653.273,50}$$

Leistungsabweichung = Ist - Soll = **157.462,50**

Ermittlung der Abweichung 2. Grades:

$(p_i - p_p) \cdot (r_i - r_p)$

$$K_{ist} = (0 \; 0 \; (0,70 - 0,68) \; 0 \; 0) \cdot \begin{vmatrix} 61.415 - 59.050 \\ 75.875 - 74.550 \\ 726.850 - 712.500 \\ 754,5 - 727 \\ 286.000 - 275.000 \end{vmatrix} = \mathbf{287}$$

Gesamtabweichung

= 5.667.810,50 - 5.481.673 = **186.137,50**

Sie setzt sich zusammen aus:

Erzeugnisabweichung	14.138,- €
Preisabweichung 1. Grades	14.250,- €
Abweichung 2. Grades	287,- €
Leistungsabweichung	157.462,50 €

186.137,50 €

Ermittlung des Ist-Periodenerfolges:

Mengen r_j aus Leistungsabweichungsbestimmung übernehmen und mit Istkosten bewerten.

$$K_{ist} = (48 \quad 23 \quad 0{,}70 \quad 49 \quad 1{,}50) \cdot \begin{vmatrix} 61.415 \\ 75.875 \\ 726.850 \\ 754{,}5 \\ 286.000 \end{vmatrix} = \mathbf{5.667.810,50}$$

Ist-Periodenerfolg:

G_{ist} = 6.001.143,83 - 5.667.810,50 = **333.333,33**

Aufgabe 3.3.3: Betriebsplankosten- und -erlösrechnung mit Abweichungsanalyse

zu a)

1. Kostengüter-Einflussgrößen-Funktion

Arbeitsstd.	r_1		500	3	7	0		1	Rechenwert
Strom	r_2	=	1.000	2	25	30	·	e_1	Heizdauer
Gas	r_3		0	2	0	16		e_2	Walzvorgang
kalk. Kosten	r_4		5.000	0	260	0		e_3	Monatsfaktor

2. Einflussgrößen-Erzeugnisprogramm-Funktion

$$
\begin{vmatrix} 1 \\ e_1 \\ {} \\ e_2 \\ e_3 \end{vmatrix} = \begin{vmatrix} 1 & 0 & 0 & 0 & 0 \\ 0 & 0,5 & & 0 & 0 \\ & & 0,8 & & \\ 0 & 0 & 0 & 1 & 0 \\ 0 & 0 & 0 & 0 & 1 \end{vmatrix} \cdot \begin{vmatrix} 1 \\ 1.000 \\ 800 \\ 210 \\ 21 \end{vmatrix} \begin{matrix} \text{Rechenwert} \\ x_1 \\ x_2 \\ \text{Walzvorgänge} \\ \text{Monatsfaktor} \end{matrix} = \begin{vmatrix} 1 \\ 1.140 \\ {} \\ 210 \\ 21 \end{vmatrix}
$$

3. Produktionsfunktion

$$
\begin{vmatrix} r_1 \\ r_2 \\ r_3 \\ r_4 \end{vmatrix} = \begin{vmatrix} 500 & 3 & 7 & 0 \\ 1.000 & 2 & 25 & 30 \\ 0 & 2 & 0 & 16 \\ 5.000 & 0 & 260 & 0 \end{vmatrix} \cdot \begin{vmatrix} 1 \\ 1.140 \\ 210 \\ 21 \end{vmatrix} = \begin{vmatrix} 5.390 \\ 9.160 \\ 2.616 \\ 59.600 \end{vmatrix}
$$

4. Plan-Kostenfunktion (Planpreise · Planmengen)

$$
K_{plan} = \begin{vmatrix} 34 \\ 0.08 \\ 1,2 \\ 1 \end{vmatrix} \cdot \begin{vmatrix} 5.390 \\ 9.160 \\ 2.616 \\ 59.600 \end{vmatrix}
$$

$$K_p = 246.732,- €$$

5. Plan-Erlös $E_p = 280.000,- €$

6. Plan-Periodenerfolg $G_p = E_p - K_P = 280.000 - 246.732 = \mathbf{33.268,- €}$

zu b)

Ermittlung der Erzeugnisprogrammabweichung

1. Kostengüter-Einflussgrößen-Funktion

vgl. Teil a)

2. Einflussgrößen-Erzeugnisprogramm-Funktion

1		1	0	0	0	0		1	Rechenwert		1
e_1		0	0,5		0	0		1000	x_1		**1180**
	$=$			0,8			$\cdot$	850	x_2	$=$	
e_2		0	0	0	1	0		210	Walzvorgänge		210
e_3		0	0	0	0	1		21	Monatsfaktor		21

3. Produktionsfunktion

r_1		500	3	7	0		1		5510
r_2	$=$	1000	2	25	30	$\cdot$	**1180**	$=$	**9240**
r_3		0	2	0	16		210		**2696**
r_4		5000	0	260	0		21		59600

4. Soll-Kostenfunktion (Planpreise · Istmengen)

$$K = \begin{vmatrix} 34 \\ 0.08 \\ 1,2 \\ 1 \end{vmatrix} \cdot \begin{vmatrix} 5510 \\ 9240 \\ 2696 \\ 59600 \end{vmatrix}$$

K_{soll} = **250.914,40 €**

5. Erzeugnisprogrammabweichung

= Sollkosten - Plankosten

= 250.914,40 - 246.732,– = **4.182,40 €**

Preisabweichung

= Preisveränderung · Planmengen

= -3,40 · 5.390 = **-18.326,- €**

Abweichung 2. Grades

= Preisveränderung · Mengenveränderung

= -3,40 · (5.510 - 5.390) = **-408,- €**

Gesamtabweichung

   1. Möglichkeit:

    = Erzeugnisprogrammabweichung
     + Preisabweichung
     + Abweichung 2. Grades

    = 4.182 + (-18.326) + (-408) = **-14.551,60 €**

   2. Möglichkeit:

    = Istkosten - Plankosten

    Ist-Kostenfunktion = Istmengen · Istpreise

$$K = \begin{vmatrix} \mathbf{30,60} \\ 0.08 \\ 1,2 \\ 1 \end{vmatrix} \cdot \begin{vmatrix} 5510 \\ 9240 \\ 2696 \\ 59600 \end{vmatrix}$$

K_{Ist} = 232.180,40 €

Istkosten - Plankosten = 232.180,40 - 246.732 = **-14.551,60 €**

Aufgabe 3.3.4:   **Periodische Planerfolgsrechnung mit Abweichungsanalyse**

zu a)

Berechnung der Erlöse:

Sorte 1: 2000 t · 390 € = 780.000 €

Sorte 2: 1700 t · 360 € = 612.000 €

Gesamterlöse: 1.392.000 €

Gesamtkosten = 1.392.000 + 269.958,50 = 1.661.958,50 €

Gesucht: Vektor der gesamten Kostengütermengen

unbekannt: Einheiten an kWh Strom (r_2)

42 · 23.900 + 0,12 · r_2 + 1,75 · 9.470 + 1,20 · 530.000 = 1.661.958,50

                 0,12 · r_2 = 5.586

                     r_2 = 46.550

Produktionsfunktion:

$$
\begin{vmatrix} 300 & 4 & 9 & 0 \\ 800 & 10 & 5 & 30 \\ 20 & 2 & 0 & 50 \\ 0 & 100 & 150 & 0 \end{vmatrix} \cdot \begin{vmatrix} 1 \\ e_1 \\ e_2 \\ e_3 \end{vmatrix} = \begin{vmatrix} 23.900 \\ 46.550 \\ 9.470 \\ 530.000 \end{vmatrix}
$$

→ unbekannt: e_1, e_2, e_3

(I)	$300 + 4e_1 + 9e_2$	$= 23.900$
(II)	$800 + 10e_1 + 5e_2 + 30e_3$	$= 46.550$
(III)	$20 + 2e_1 + 50e_3$	$= 9.470$
(IV)	$100e_1 + 150e_2$	$= 530.000$

aus (I): $e_1 = 5.900 - 2,25\, e_2$

in (IV): $e_2 = 800$ → $e_1 = 4.100$

in (III): $e_3 = 25$

Einflussgrößen-Erzeugnisprogramm-Funktion:

$$
\begin{vmatrix} 1 & 0 & 0 & 0 & 0 \\ 0 & C_{22} & C_{23} & 0 & 0 \\ 0 & 0 & 0 & 1 & 0 \\ 0 & 0 & 0 & 0 & 1 \end{vmatrix} \cdot \begin{vmatrix} 1 \\ 2.000 \\ 1.700 \\ 800 \\ 25 \end{vmatrix} = \begin{vmatrix} 1 \\ 4.100 \\ 800 \\ 25 \end{vmatrix}
$$

$2.000\, C_{22} + 1.700\, C_{23} = 4.100$　　　　　mit $C_{22} = 1,2 \cdot C_{23}$

$2.000 \cdot 1,2 \cdot C_{23} + 1.700\, C_{23} = 4.100$

$2.400\, C_{23} + 1.700\, C_{23} = 4.100$

$4.100\, C_{23} = 4.100$

→ $C_{23} = 1$ → $C_{22} = 1,2$

zu b)

Erzeugnisprogrammabweichung:

$$\begin{vmatrix} 1 & 0 & 0 & 0 & 0 \\ 0 & 1{,}2 & 1 & 0 & 0 \\ 0 & 0 & 0 & 1 & 0 \\ 0 & 0 & 0 & 0 & 1 \end{vmatrix} \cdot \begin{vmatrix} 1 \\ 1.900 \\ 1.500 \\ 800 \\ 25 \end{vmatrix} = \begin{vmatrix} 1 \\ 3.780 \\ 800 \\ 25 \end{vmatrix}$$

$$\begin{vmatrix} 300 & 4 & 9 & 0 \\ 800 & 10 & 5 & 30 \\ 20 & 2 & 0 & 50 \\ 0 & 100 & 150 & 0 \end{vmatrix} \cdot \begin{vmatrix} 1 \\ 3.780 \\ 800 \\ 25 \end{vmatrix} = \begin{vmatrix} 22.620 \\ 43.350 \\ 8.830 \\ 498.000 \end{vmatrix}$$

$$K_{Soll} = (42;\ 0{,}12;\ 1{,}75;\ 1{,}20) \cdot \begin{vmatrix} 22.620 \\ 43.350 \\ 8.830 \\ 498.000 \end{vmatrix} = 1.568.294{,}50$$

Abweichung = Sollkosten - Plankosten

= 1.568.294,50 - 1.661.958,50 = -93.664 €

Preisabweichung:

Preisveränderung · Planmengen

= 0,07 · 9.470 - 0,15 · 530.000 = -78.837,10 €

Abweichung 2. Grades:

Preisveränderung · Mengenveränderung

$$= (0;\ 0;\ 0{,}07;\ -0{,}15) \cdot \begin{vmatrix} 22.620 - 23.900 \\ 43.350 - 46.550 \\ 8.830 - 9.470 \\ 498.000 - 530.000 \end{vmatrix} = 4.755{,}20\ €$$

Gesamtabweichung

1. Möglichkeit:

-93.664,00 €

-78.837,10 €

+ 4.755,20 €

= **-167.745,90 €**

2. Möglichkeit: Istkosten - Plankosten

$$= (42;\ 0,12;\ 1,82;\ 1,05) \cdot \begin{vmatrix} 22.620 \\ 43.350 \\ 8.830 \\ 498.000 \end{vmatrix} - 1.661.958,50$$

= 1.494.212.60 − 1.661.958,50 = **-167.745,90 €**

Aufgabe 4.1.1:   Standardkostenrechnung

zu a)

Ausbringungsmenge [Stück]	Gesamtkosten [€]	Stückkosten [€]
0	2.650,-	--
100	3.101,-	31,01
200	3.552,-	17,76
300	4.003,-	13,34
400	4.454,-	11,14
500	4.905,-	9,81
600	5.480,-	9,13
700	6.305,-	9,01
800	7.380,-	9,23
900	8.705,-	9,67
1.000	10.280,-	10,28

zu b)

Gesamtkosten:

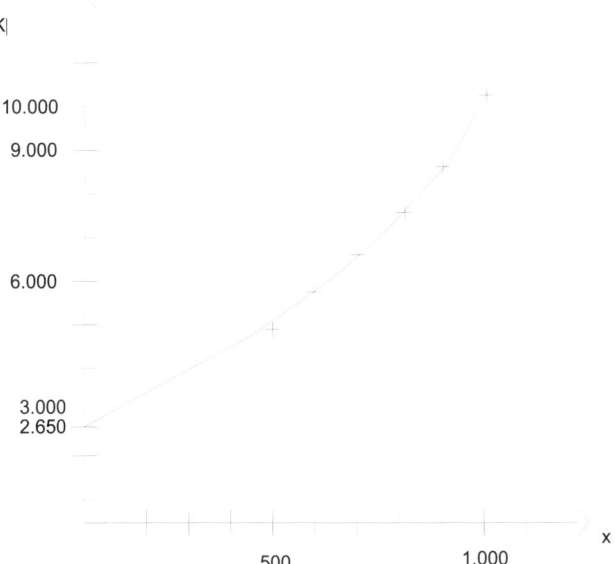

Stückkosten:

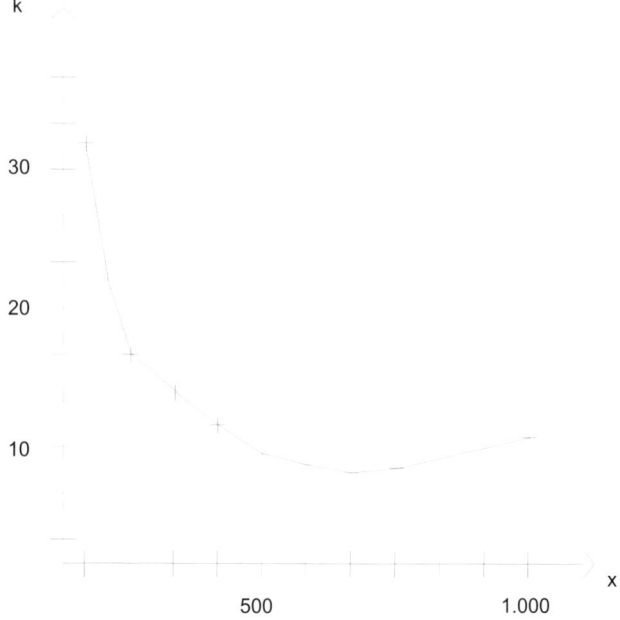

zu c)

Die Optimalbeschäftigung liegt dort, wo die Stückkosten ihr Minimum besitzen. Das Stückkostenminimum ist mit Hilfe der Differentialrechnung zu bestimmen.

$$\frac{\partial k}{\partial x} = \begin{cases} -\dfrac{2.650}{x^2} & \text{für } 0 \leq x \leq 500 \\ \dfrac{1}{80} - \dfrac{5.780}{x^2} & \text{für } \quad x \geq 500 \end{cases}$$

Das Minimum der Stückkostenkurve in $0 \leq x \leq 500$ liegt bei 500 Stück, wobei sich Stückkosten in Höhe von 9,81 € ergeben. Das Minimum der Stückkostenkurve für $x > 500$ liegt an der Stelle $x = \sqrt{80 \cdot 5.780} = 680$, wobei sich Stückkosten in Höhe von 9,- € ergeben.

Damit liegen Stückkostenminimum und Optimalbeschäftigung bei der Ausbringungsmenge $x = 680$.

Der vorzugebende Plankostenbetrag beläuft sich auf:
$K_{plan} = 680 \cdot 9 =$ **6.120,- €**

Aufgabe 4.1.2:   Standard- und Prognosekostenrechnung

zu a)

Optimalbeschäftigung beim Minimum der Stückkosten

$$k = \frac{K}{x}$$

$$k_1 = 2 + \frac{700}{x}$$

$$k_2 = \frac{1}{300} \cdot x + \frac{1.000}{x}$$

$$k_1' = \frac{-700}{x^2} = 0$$

Keine Lösung; Stückkosten-Minimum liegt an der Kapazitätsgrenze.

$$k_1 = 2 + \frac{700}{300} = 4,33 \; €$$

$$k_2' = \frac{1}{300} - \frac{1.000}{x^2} = 0$$

$$x = +\sqrt{300.000} = 547,72$$

Optimalbeschäftigung: x = 548

$$k_2 = \frac{1}{300} \cdot 548 + \frac{1.000}{548} = \quad 3,65 \; € < k_1$$

Plankosten: $3,65 \cdot 548 =$ **2.000,20 €**

zu b)

60% Kapazitätsauslastung: $700 \cdot 0,6 = 420$

$$K\,(420) = \frac{1}{300} \cdot 420^2 + 1.000 = \mathbf{1.588,\text{-} \; €}$$

zu c)

Während der Kostenplanung in der Prognosekostenrechnung die erwartete Beschäftigung zugrunde gelegt wird, geht man in der Standardkostenrechnung von der technischen Optimalkapazität aus.

Aufgabe 4.1.3:   Kostenplanung in der Standard- und Prognosekostenrechnung

zu a)

Flexible Plankostenrechnung auf Vollkostenbasis.

zu b)

Kosten-arten	Plankosten [€]	Variator	Fixkosten [€]	Variable Kosten bei 100% [€]	Kosten bei 80% [€]	Kosten bei 90% [€]
Hilfslöhne	95.000,-	10	0	95.000,-	76.000,-	85.500,-
Sozialauf-wand	48.000,-	3	33.600,-	14.400,-	45.120,-	46.560,-
Instand-haltungs-material	14.000,-	7	4.200,-	9.800,-	12.040,-	13.020,-
Abschrei-bung	60.000,-	6	24.000,-	36.000,-	52.800,-	56.400,-
Zinsen	19.000,-	0	19.000,-	0	19.000,-	19.000,-
Summe					204.960,-	220.480,-

zu c)

	Standardkostenrechnung	Prognosekostenrechnung
Rechnungsziel	Innerbetriebliche Steuerung und Kontrolle	Planung der gesamten Unternehmung
Bewertung der Güterver-bräuche	minimale Kosten	erwartete Istkosten
Zwecksetzung der Kosten-kontrolle	Ermittlung von Verbrauchs-abweichungen	Ermittlung von Preis-, Be-schäftigungs-, Prognose-verfahrensabweichungen
	Kontrolle mittlerer und unterer Instanzen	Kontrolle des gesamten Unternehmens

Aufgabe 4.1.4: Kostenplanung in der Standard- und Prognosekostenrechnung

zu a)

Die Optimalbeschäftigung liegt bei linearen Kostenverläufen an der Kapazitätsgrenze (minimale Stückkosten).

$K = 6.000 + 30 \cdot x$

$x_{max} = 300$

$K = 6.000 + 30 \cdot 300 = \textbf{15.000,- €}$

zu b)

Es wird die erwartete Beschäftigung in die Kostenfunktion eingesetzt.

$K = 6.000 + 250 \cdot 30 = \textbf{13.500,- €}$

zu c)

$$\text{Variator } v = \frac{\text{variable Kosten bei Planbeschäftigung}}{\text{Gesamtkosten bei Planbeschäftigung}} \cdot 10$$

Standardkostenrechnung $\quad v = 10 \cdot \dfrac{300 \cdot 30}{15.000} = 6$

Prognosekostenrechnung $\quad v = 10 \cdot \dfrac{250 \cdot 30}{13.500} = 5,6$

zu d)

Ein Zusatzauftrag führt zu einer Erhöhung der Beschäftigung der ausführenden Kostenstellen. Er wirkt also auf die Höhe der variablen Kosten. Gegebenenfalls kann ein Zusatzauftrag (bei entsprechender Größe) eine Kapazitätsänderung (durch Ausbau der bestehenden Kapazitäten) erforderlich machen. In diesem Falle entstehen sprungfixe Kosten. Der Zusatzauftrag kann ferner zu einer Verdrängung anderer Aufträge führen (in einer Situation der Vollbeschäftigung). Bei der Entscheidung über die Annahme oder Ablehnung werden dann Informationen über den Erfolgsentgang durch die Verdrängung anderer Aufträge relevant. Eine Vollkostenrechnung stellt durch die Proportionalisierung der Fixkosten weder aussagefähige Informationen über den Erfolgsentgang noch über die sprungfixen Kosten bereit, die durch den Zusatzauftrag ausgelöst werden.

Aufgabe 4.2.1:   Target-Costing

zu a)

Multiplikation der Erfüllbarkeit der Funktionen mit den Funktionsteilgewichten:

Semmel: $15 \cdot 15\% + 90 \cdot 10\% + 90 \cdot 5\% + 70 \cdot 30\% + 5 \cdot 20\% + 80 \cdot 20\% =$
53,75%

Brätling: $60 \cdot 15\% + 5 \cdot 10\% + 30 \cdot 30\% + 60 \cdot 20\% + 20 \cdot 20\% =$ **34,50%**

Salatblatt: $10 \cdot 15\% + 5 \cdot 10\% + 10 \cdot 5\% + 20 \cdot 20\% =$ **6,50%**

Ketchup: $15 \cdot 15\% + 15 \cdot 20\% =$ **5,25%**

Σ 100,00%

zu b)

$$ZI = \frac{TG}{KA}\%$$

mit: Zielkostenindex   (ZI)
Kostenanteil   (KA)
Teilgewicht   (TG)

		ZI
Semmel	$\dfrac{53,75}{30}$	1,79
Brätling	$\dfrac{34,5}{50}$	0,69
Salatblatt	$\dfrac{6,5}{15}$	0,43
Ketchup	$\dfrac{5,25}{5}$	1,05

zu c)

Der Zielkostenindex (ZI) drückt die Abweichung zwischen Marktbedeutung und Kostenverursachung aus.

ZI < 1   Komponente ist eher zu teuer

ZI > 1   Komponente ist eher zu billig

Speziell auf das Beispiel bezogen, bedeutet dies, dass die Semmel eher zu billig ist. Ihre Bedeutung für die Funktion des Produktes gesteht einen höheren Kostenanteil zu. Dagegen sind der Brätling und das Salatblatt zu teuer. Ihre Bedeutung für die Produktfunktion liegt weit hinter ihrem relativ hohen Kostenanteil. Die Kosten sollten reduziert werden. Als einzige Produktkomponente besitzt der Ketchup nahezu den Optimalwert.

Diese Interpretation des Zielkostenindexes ist eher zu streng, weshalb Tanaka eine so genannte Zielkostenzone definiert hat. In ihr sind die erlaubten Abweichungen von dem Optimalwert ZI = 1 im Bereich niedriger Teilgewichte und Kostenanteile größer als im Bereich hoher Teilgewichte und Kostenanteile.

Aufgabe 4.2.2: Target-Costing

zu a)

Bestimmung der Funktionsteilgewichte:

$$\left| \begin{array}{c} \text{Relative} \\ \text{Bedeutung der} \\ \text{Funktionen aus} \\ \text{Kundensicht} \end{array} \right| \quad x \quad \left| \begin{array}{c} \text{Relativer Beitrag} \\ \text{der} \\ \text{Komponenten} \\ \text{zur Erfüllung der} \\ \text{Funktionen aus} \\ \text{Herstellersicht} \end{array} \right| = F_i{}^*K_j$$

	Funktionen						
	F1	F2	F3	F4	F5	F6	Funktionsteil-
Komponenten	20%	15%	35%	15%	10%	5%	gewichte
K1 Matratze	0,1	0,075	0,14	0,045	0,05	0,015	42,50%
K2 Gestell	0,07	0,0225	0,1575	0,06	0,015	0,0175	34,25%
K3 Bezug	0,01	0,045	0,035	0,03	0,02	0,015	15,50%
K4 Bettkasten	0,02	0,0075	0,0175	0,015	0,015	0,0025	7,75%
							Σ=100%

zu b)

Berechnung des Zielkostenindex für jede Produktkomponente:

$$\text{Zielkostenindex} = \frac{\text{Funktionsteilgewicht}}{\text{Kostenanteil}}$$

Zielkostenindex für:

$$K_1 = \frac{0{,}425}{0{,}4} = 1{,}0625$$

$$K_2 = \frac{0{,}3425}{0{,}25} = 1{,}37$$

$$K_3 = \frac{0{,}155}{0{,}25} = 0{,}62$$

$$K_4 = \frac{0{,}0775}{0{,}1} = 0{,}775$$

zu c)

Interpretation der ermittelten Zielkostenindizes:

Der Zielkostenindex gibt Aufschluss darüber, ob eine Teilkomponente zu teuer oder zu billig ist:

Zielkostenindex < 1 $\Rightarrow$ die Teilkomponente ist zu teuer
Zielkostenindex > 1 $\Rightarrow$ die Teilkomponente ist zu billig

Im Idealfall nimmt der Zielkostenindex den Wert 1 an.

Die unterschiedliche Bedeutung der einzelnen Komponenten wird durch eine trichterförmige Zielkostenzone berücksichtigt. Sie gibt einen Toleranzbereich für Abweichungen der Zielkostenindizes vom Wert 1 an. Mit zunehmender Bedeutung einer Komponente werden nur noch geringe Abweichungen toleriert, die Zielkostenzone wird enger.

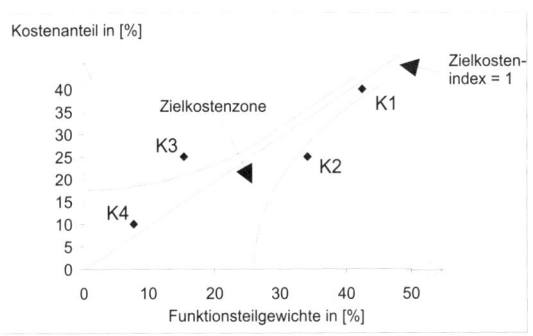

K1: ZKI = 1,0625

⇒ Nahezu ideales Verhältnis von Funktionsbeitrag und Kostenanteil. Anpassungsmaßnahmen müssen nicht ergriffen werden.

K2: ZKI = 1,37 > 1

⇒ ZKI liegt unterhalb der Zielkostenzone. Diese Komponente hat ein günstiges Verhältnis zwischen dem Grad ihrer Funktionserfüllung und ihrem Kostenanteil. Zusätzliche Investitionen in die Qualität der Komponente wären möglich.

K3: ZKI = 0,62 < 1

⇒ ZKI liegt oberhalb der Zielkostenzone. Diese Komponente ist im Vergleich zu ihrem Funktionsbeitrag zu teuer. Kostensenkungspotentiale müssen ausgeschöpft werden.

K4: ZKI = 0,775 < 1

⇒ Diese Komponente ist ebenfalls zu teuer, liegt aber innerhalb der Zielkostenzone. Wegen der geringen Gesamtbedeutung ihrer Funktion und Kosten verzichtet man auf Anpassungsmaßnahmen.

Aufgabe 4.2.3:   Target-Costing

zu a)

	K1	K2	K3	K4	K5
Komponentengewicht	0,3475	0,3425	0,1125	0,1525	0,0450
Kostenanteil (Gesamtkosten: 730)	0,3630	0,3151	0,1096	0,0616	0,1507
Zielkostenindex	0,96	1,09	1,03	2,48	0,30
Interpretation	ein wenig zu teuer	ein wenig zu billig	fast ideal	wesentlich zu billig	wesentlich zu teuer

zu b)

	K1	K2	K3	K4	K5
Komponentengewicht	0,3475	0,3425	0,1125	0,1525	0,0450
Kostenanteil (Gesamtkosten: 670)	0,3955	0,3433	0,1194	0,0672	0,0746
Zielkostenindex	0,88	1,00	0,94	2,27	0,60
Interpretation	zu teuer	ideales Verhältnis	ein wenig zu teuer	immer noch zu billig	immer noch wesentlich zu teuer

Das Konzept des Target-Costing beruht auf dem Ausgleich der Relation zwischen Kosten und Nutzen. Eine isolierten Kostenänderung einer Komponente ändert dadurch nicht nur den eigenen Zielkostenindex, sondern auch die Zielkostenindices der anderen Komponenten. Eine isolierte Betrachtung der Produktkomponenten stellt somit keine geeignete Vorgehensweise bei der Verbesserung der Zielkostenindices dar, da die Auswirkung auf die anderen Komponenten und der sich daraus ergebende Handlungsbedarf nicht berücksichtigt wird.

Aufgabe 4.2.4:   Target-Costing

zu a)

(1) $70x_1 + 40x_2 + 20x_3 = 47$
(2) $30x_1 + 60x_2 + 10x_3 = 35,5$
(3) $70x_3 = 17,5$

Aus (3):
$x_3 = 17,5 / 70 = 0,25 =>$ **25%**

Einsetzen in (1) und Auflösen nach x_1:
$70x_1 = 42 - 40x_2$
$x_1 = 0,60 - 0,5714x_2$

Einsetzen von x_1 und x_3 in (2):
$30 \cdot (0,60 - 0,57x_2) + 60x_2 + 10 \cdot 0,25 = 35,5$
$18 - 17,1x_2 + 60x_2 = 33$
$42,9 \, x_2 = 15$
$x_2 = 0,35 =>$ **35%**

x_3 und x_2 in (2):
$30x_1 + 60*0,35 + 10*0,25 = 35,5$
$30x_1 + 60*0,35 + 10*0,25 = 35,5$
$30x_1 = 12$
$x_1 = 0,4 =>$ **40%**

zu b)

Berechnung der Zielkostenindizes

$$Zielkostenindex = \frac{Funktionsteilgewicht}{Kostenanteil}$$

Zielkostenindex $< 1 \Rightarrow$ die Teilkomponente ist zu teuer
Zielkostenindex $> 1 \Rightarrow$ die Teilkomponente ist zu billig

Im Idealfall nimmt der Zielkostenindex den Wert 1 an.

$$K_1 = \frac{0{,}47}{0{,}4} = 1{,}175 \Rightarrow \text{zu billig}$$

$$K_2 = \frac{0{,}355}{0{,}35} = 1{,}014 \Rightarrow \text{nahezu ideal, keine Veränderungen erforderlich}$$

$$K_3 = \frac{0{,}175}{0{,}25} = 0{,}7 \Rightarrow \text{zu teuer}$$

Aufgabe 5.1.1: Erfolgsrechnung auf Voll- und Teilkostenbasis (UKV)

Vollkosten:

Monat	abgesetzte Menge [Stück]	Erlöse [€]	HK der abgesetzten Menge [€]	Erfolg [€]
1	750	37.500,-	21.000,-	12.750,-
2	1.750	87.500,-	49.000,-	34.750,-
3	4.700	235.000,-	131.600,-	99.650,-
4	2.800	140.000,-	78.400,-	57.850,-
5	1.300	65.000,-	36.400,-	24.850,-
6	700	35.000,-	19.600,-	11.650,-
Summe				**241.500,-**

$$\frac{HK}{Stück} : \quad 20 + \frac{20.000}{2.500} = 28,- €$$

Teilkosten:

Monat	abgesetzte Menge [Stück]	Erlöse [€]	variable HK der abgesetzten Menge [€]	Erfolg [€]
1	750	37.500,-	15.000,-	-1.250,-
2	1.750	87.500,-	35.000,-	28.750,-
3	4.700	235.000,-	94.000,-	117.250,-
4	2.800	140.000,-	56.000,-	60.250,-
5	1.300	65.000,-	26.000,-	15.250,-
6	700	35.000,-	14.000,-	-2.750,-
Summe				**217.500,-**

Aufgabe 5.1.2:   Erfolgsrechnung auf Voll- und Teilkostenbasis (UKV und GKV)

zu a)

Vollkosten: Kalkulation: Selbstkosten/Stück =

$$\frac{600.000 + 160.000 + 80.000}{10.000} = 84,- €$$

Umsatzkostenverfahren [€]

Selbstkosten	840.000	Erlöse	1.000.000
Gewinn	**160.000**		
	1.000.000		1.000.000

Gesamtkostenverfahren [€]

HK	600.000	Erlöse	1.000.000
VwGK	80.000		
VtGK	160.000		
Gewinn	**160.000**		
	1.000.000		1.000.000

Teilkosten: Kalkulation: variable Selbstkosten /Stück =

$$\frac{500.000 + 70.000}{10.000} = 57,- €$$

Umsatzkostenverfahren [€]

variable Selbstkosten	570.000	Erlöse	1.000.000
Fixe Kosten	270.000		
Gewinn	**160.000**		
	1.000.000		1.000.000

Gesamtkostenverfahren [€]

variable HK	500.000	Erlöse	1.000.000
variable VtGK	70.000		
Fixe Kosten	270.000		
Gewinn	**160.000**		
	1.000.000		1.000.000

zu b)

Beachte: Durch die Absatzminderung sinken die variablen Vertriebskosten

auf: $\dfrac{8}{10} \cdot 70.000 = 56.000,- €$.

Vollkosten: $\dfrac{HK}{Stück} = \dfrac{600.000}{10.000} =$ **60,- €**

$\dfrac{Vw\text{-} u.\ VtGK}{Stück} = \dfrac{146.000 + 80.000}{8.000} =$ **28,25 €**

$\dfrac{SK}{Stück} =$ **88,25 €**

Umsatzkostenverfahren [€]

Selbstkosten	706.000	Erlöse	800.000
Gewinn	**94.000**		
	800.000		800.000

Gesamtkostenverfahren [€]

HK	600.000	Erlöse	800.000
VwGK	80.000		
VtGK	146.000	Bestands-mehrung	120.000
Gewinn	**94.000**		
	920.000		920.000

Teilkosten: $\dfrac{variable\ HK}{Stück} = \dfrac{500.000}{10.000} =$ **50,- €**

$\dfrac{variable\ VtGK}{Stück} = \dfrac{56.000}{8.000} =$ **7,- €**

$\dfrac{variable\ SK}{Stück} =$ **57,- €/Stück**

Umsatzkostenverfahren [€]

variable Selbstkosten	456.000	Erlöse	800.000
Fixe Kosten	270.000		
Gewinn	**74.000**		
	800.000		800.000

Gesamtkostenverfahren [€]

variable HK	500.000	Erlöse	800.000
variable VtGK	56.000	Bestands-mehrung	100.000
Fixe Kosten	270.000		
Gewinn	**74.000**		
	900.000		900.000

Aufgabe 5.1.3: Erfolgsrechnung auf Voll- und Teilkosten-basis

zu a)

Anwendung des Umsatzkostenverfahrens:

Das Umsatzkostenverfahren liefert den Beitrag jedes einzelnen Produktes zum Betriebserfolg, wie es die Aufgabe verlangt. Im Gesamtkostenverfahren werden die Kostenarten nicht nach Produktarten differenziert.

zu b)

Periodenergebnis zu Vollkosten:

	Produkt A	Produkt B	Gesamt
Bruttoerlöse [€]	636.309,-	626.570,-	1.262.879,-
- HK des Absatzes [€]	391.212,20	470.822,60	862.034,80
- Vw- u. VtGK [€]	120.191,70	148.586,60	268.778,30
Betriebserfolg [€]	**124.905,10**	**7.160,80**	**132.065,90**

zu c)

Periodenergebnis zu Teilkosten:

	Produkt A	Produkt B	Gesamt
Bruttoerlöse [€]	636.309,-	626.570,-	1.262.879,-
- Variable SK [€]	292.230,80	350.879,20	643.110,-
	58.917,50	71.608,-	130.525,50
Deckungsbeitrag [€]	285.160,70	204.082,80	489.243,50
- Fixkosten der Periode [€]	160.255,60	$(1,66 - 1,24 + 0,51 - 0,25) \cdot$ 235.670 für A	
	+ 115.818,21	$(2,63 - 1,96) \cdot$ 172.863 für B	
	+ 76.978,60	$(0,83 - 0,40) \cdot$ 179.020 für B	
	= 353.052,41		
Betriebserfolg [€]	**136.191,09**		

zu d)

Die Teilkostenrechnung weist einen höheren Gewinn aus, da in ihr die Bestandsminderung bei B nur zu variablen Herstellkosten bewertet wurde, bei der Vollkostenrechnung dagegen zu vollen Herstellkosten. Bei der Vollkostenrechnung wurden Fixkosten der Vorperiode auf die jetzige Periode durch Schlüsselung übertragen. In der Vorperiode wies die Vollkostenrechnung durch eine Bestandserhöhung einen höheren Gewinn als die Teilkostenrechnung aus.

Aufgabe 5.1.4: Erfolgsrechnung auf Voll- und Teilkostenbasis (UKV)

zu a)

2001: Fix: 30% von 3.500.000 = 1.050.000,- €

Typ A var.: $\dfrac{3.900.000 - 3.500.000}{2.500.000 - 2.000.000} = \dfrac{400.000}{500.000} = 0,80$ €/Stück

Typ B var.: $\dfrac{850.000\ €}{1.000.000\ \text{Stück}} = 0,85$ €/Stück

2002: Vollkostenrechnung:

Fixkosten: $\dfrac{1.050.000\ €}{3.500.000\ \text{Stück}} = 0,30$ €/Stück

Gewinn- und Verlustrechnung 2002 auf Vollkostenbasis [€]

A 2,2 Mio. Stück · (0,8 + 0,3) = 2.420.000	1,10 · 2,2 Mio. Stück =	2.420.000
B 1 Mio. Stück · (0,85 + 0,3) =1.150.000	1,20 · 1 Mio. Stück =	1.200.000
Gewinn **50.000**		
3.620.000		3.620.000

zu b)

Gewinn- und Verlustrechnung 2002 auf Teilkostenbasis [€]

A 2,2 Mio. Stück · 0,8 = 1.760.000	1,10 · 2,2 Mio. Stück=	2.420.000
B 1 Mio. Stück · 0,85 = 850.000	1,20 · 1 Mio. Stück =	1.200.000
Fixkosten 1.050.000	**Verlust**	**40.000**
3.660.000		3.660.000

zu c)

Die Differenz ergibt sich aus der Proportionalisierung der Fixkosten und der Bewertung der Bestandserhöhung in der Vollkostenrechnung mit Fixkostenanteilen bzw. zu geringer Verrechnung der Fixkostenanteile.

Der Unterschied hat folgende Gründe:

* hergestellte Menge > abgesetzte Menge
* Die Kosten der abgesetzten Menge sind bei Vollkostenrechnung kleiner als bei Teilkostenrechnung (*oder* über Bestandsänderungen erklärbar).
* Ein Teil der Fixkosten ist bei Vollkostenrechnung in die nächste Periode geschoben, bei Teilkostenrechnung aber 2002 voll belastet worden.

Aufgabe 5.1.5:   Erfolgsrechnung auf Voll- und Teilkostenbasis (UKV)

zu a)

	Schlüsselzahl
A B C	1,2 * 100 = 120 1,0 * 80 = 80 1,4 * 60 = 84
Summe	284

Fixe Herstellkosten: 2.272 / 284 = 8,- €/RE

Produkt	Herstellkosten		Vertriebskosten	Selbstkosten
	fix	variabel		
A B C	1,2 * 8 = 9,60 1,0 * 8 = 8,- 1,4 * 8 = 11,20	10,- 14,- 20,-	3,40 2,60 2,-	23,- 24,60 33,20

zu b)

Umsatzkostenverfahren auf Vollkostenbasis [€]

Selbstkosten A (80 * 23,-)	1.840,-	Verkaufserlöse A (80 * 31,50)	2.520,-
Selbstkosten B (100 * 24,60)	2.460,-	Verkaufserlöse B (100 * 26,50)	2.650,-
Selbstkosten C (40 * 33,20)	1.328,-	Verkaufserlöse C (40 * 24,80)	992,-
Gewinn	534,-		
	6.162,-		6.162,-

zu c)

Grund für unterschiedliches Ergebnis:

* Argumentation über Struktur des Umsatzkostenverfahrens: Fixkosten werden bei Teilkostenrechnung nicht auf die hergestellte Menge

geschlüsselt. Die Schlüsselung führt bei einer Vollkostenrechnung dazu, dass bei einer Bestandserhöhung der auf die hergestellten aber nicht abgesetzten Produkte geschlüsselte Teil der Fixkosten in der betrachteten Periode nicht berücksichtigt wird, der Gewinn aufgrund der geringeren Kosten also höher ist. Entsprechend umgekehrt bei Bestandsminderung.

- Argumentation über Struktur des Gesamtkostenverfahrens: Unterschiedliche Bewertung der Bestände
  o Vollkostenrechnung: Bewertung der Bestände zu vollen (=fixen und variablen) Kosten
  o Teilkostenrechnung: Bewertung der Bestände zu variablen Kosten
- Auswirkungen auf Gewinn: Bestandserhöhung: Gewinn (VKR) > Gewinn (TKR); Bestands-minderung: Gewinn (VKR) < Gewinn (TKR)

Aufgabe 5.1.6: Erfolgsrechnung auf Voll- und Teilkosten-basis (GKV)

zu a)

- Variable Kosten 2001 insgesamt : $6.000.000 \cdot 0,7$ = **4.200.000,- €**

- *Typ A:*

Variable Kosten/Stück: $\dfrac{850.000\ €}{50.000\ \text{Stück}}$ = **17,- €/Stück**

Variable Kosten 2001: $17\,\dfrac{€}{\text{Stück}} \cdot 200.000$ = **3.400.000,- €**

- *Typ B:*

Variable Kosten 2001 von 800.000,- €

Variable Kosten/Stück: $\dfrac{800.000\ €}{100.000\ \text{Stück}} = $ **8,- €/Stück**

- Fixkosten gesamt 2001: 1,8 Mio. (ohne Geschäftsführer)

2001: $\dfrac{1,8\ \text{Mio}\ €}{300.000\ \text{Stück}} = $ **6,- €/Stück**

2002: $\dfrac{2.450.000\ €}{350.000\ \text{Stück}} = $ **7,- €/Stück**

• *Vollkostenrechnung:*

Gewinn- und Verlustrechnung [€]

Gesamtkosten	7.500.000	Erlös Typ A: 230.000 · 25,- =	5.750.000
		Erlös Typ B: 100.000 · 15,- =	1.500.000
Gewinn	**230.000**	Bestandsmehrung: 20.000 · (17+7) =	480.000
	7.730.000		7.730.000

zu b)

• *Teilkostenrechnung:*

Gewinn- und Verlustrechnung [€]

Gesamtkosten	7.500.000	Erlöse Typ A und B:	7.250.000
Gewinn	**90.000**	Bestandsmehrung: 20.000 · 17 =	340.000
	7.590.000		7.590.000

zu c)

Differenzen sind auf die Bestandsveränderung und deren unterschiedliche Bewertung zurückzuführen.

Aufgabe 5.1.7: **Erfolgsrechnung auf Voll- und Teilkosten-basis (UKV), Preisuntergrenze und Break-Even-Analyse**

zu a)

Erzeugnis [€/Stück]	Memphis	King	Vegas
Fertigungslöhne	0,40	0,60	0,20
Fertigungsmaterial	0,30	1,20	0,30
Variable FGK und MGK	0,80	1,20	0,50
Variable Herstellungskosten	**1,50**	**3,-**	**1,-**
Variable Vw- u. VtGK	0,30	0,40	0,20
Variable Selbstkosten	**1,80**	**3,40**	**1,20**
SEKVt	0,20	0,30	0,10
Absolute Preisuntergrenze	**2,00**	**3,70**	**1,30**
Fixe FGK und MGK	0,50	1,50	0,70
Fixe Vw- u. VtGK	0,17	0,47	0,43
Fixkosten	**0,67**	**1,97**	**1,13**
Vollkostenverrechnungssatz	2,67	5,67	2,43

zu b)

- *Periodenergebnis zu Vollkosten:*

Umsatzkostenverfahren [€]			
Volle Selbstkosten A *	26.700	Erlöse A	40.000
Volle Selbstkosten B	20.412	Erlöse B	21.600
Volle Selbstkosten C	9.720	Erlöse C	8.000
Gewinn	**12.768**		
	69.600		69.600

* jeweils Vollkostenverrechnungssatz · abgesetzte Menge

• *Periodenergebnis zu Teilkosten:*

Umsatzkostenverfahren [€]

variable Selbstkosten A	20.000	Erlöse A	40.000
variable Selbstkosten B	13.320	Erlöse B	21.600
variable Selbstkosten C	5.200	Erlöse C	8.000
Fixe Kosten	14.200		
Gewinn	**16.880**		
	69.600		69.600

Somit betragen die jeweiligen Gewinne: Gewinn$_{Vollk}$ = **12.768,- €**
Gewinn$_{Teilk}$ = **16.880,- €**

Die verschiedenen Gewinne nach Voll- und Teilkostenrechnung entstehen durch die unterschiedliche Bewertung der Lagerbestandsentnahmen. Bei allen Produkten überstieg die verkaufte Menge die hergestellte. Die Entnahme wird in der Teilkostenrechnung zu variablen Kosten, in der Vollkostenrechnung zu vollen Selbstkosten bewertet. Deshalb weist die Teilkostenrechnung einen höheren Gewinn aus.

zu c)

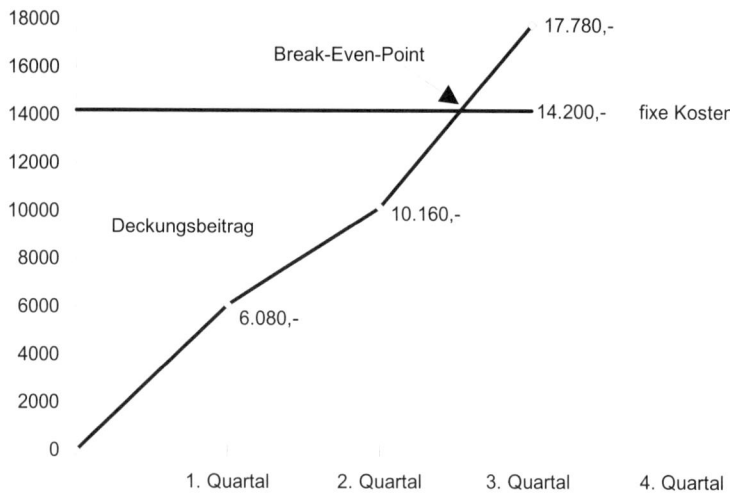

kumulierte Deckungsbeiträge:

1. Quartal: $2.000 \cdot 2 + 600 \cdot 2,30 + 1.000 \cdot 0,70$ = **6.080,- €**
2. Quartal: $3.000 \cdot 2 + 1.200 \cdot 2,30 + 2.000 \cdot 0,70$ = **10.160,- €**
3. Quartal: $6.000 \cdot 2 + 1.600 \cdot 2,30 + 3.000 \cdot 0,70$ = **17.780,- €**

Aufgabe 5.1.8: Kostenträgerrechnung und kurzfristige Erfolgsrechnung

zu a)

	Produkt A	Produkt B	$\sum$
Fertigungsmaterial [€]	88.000	54.000	142.000
Fertigungslöhne [€]	76.000	78.000	154.000
Fertigungszeit [h]	1.000	1.200	2.200

zu b)

Zuschlagssätze:

Fertigungsmaterial: $\dfrac{24.140€}{142.000€} = 0,17$

FGK: $\dfrac{187.000€}{2.200h} = 85\,\dfrac{€}{h}$

VwVt-GK: $\dfrac{186.444€}{466.610€} = 0,4$

zu c)

Selbstkosten der Produktarten:

Alternative 1:

	Produkt A	Produkt B
MEK [€]	22	18
MGK [€]	3,74	3,06
FEK [€]	19	26
FGK [€]	21,25	34
HK [€]	65,99	81,06
VwVt-GK [€]	26,396	32,424
SK – Stück [€]	92,386	113,484
SK – Gesamt [€]	**369.544**	**283.710**

Alternative 2:

	Produkt A	Produkt B
MEK [€]	88.000	54.000
MGK [€]	14.960	9.180
= MK [€]	102.960	63.180
FEK [€]	76.000	78.000
FGK [€]	85.000	102.000
= FK [€]	161.000	180.000
HK – Produktion [€]	263.960	243.180
HK – je Stück [€]	65,99	81,06
Bestandsänderung [€]	0	40.530
HK Umsatz [€]	263.960	202.650
VwVt-GK [€]	105.584	81.060
= SK – Gesamt [€]	**369.544**	**283.710**

zu d)

Gesamtkostenverfahren:

Betriebsergebnis

Fertigungsmaterial	142.000	Erlös Produkt A	360.000
Fertigungslöhne	154.000	Erlös Produkt B	325.000
Gemeinkosten	397.784	BVÄ Produkt B	40.530
Betriebsgewinn	31.746		
	725.530		725.530

Umsatzkostenverfahren:

Betriebsergebnis

Selbstkosten Produkt A	369.544	Erlös Produkt A	360.000
Selbstkosten Produkt B	283.710	Erlös Produkt B	325.000
Betriebsgewinn	31.746		
	685.000		685.000

Aufgabe 5.1.9: Kurzfristige Periodenerfolgsrechnung

zu a)

Berechnung pro Stück:

	1. Quartal		2. Quartal	
	VK	TK	VK	TK
Herstellkosten	120	40	120	40
Verw./Vertrieb	50		33,33	
Selbstkosten	170	40	153,33	40

Alternativ: **Berechnung Gesamt** (bezogen auf die abgesetzte Menge):

VK	1. Quartal	2. Quartal
Herstellkosten	96.000	144.000
Verw./Vertrieb	40.000	40.000
Selbstkosten	136.000	184.000

TK	1. Quartal	2. Quartal
Variable HK	32.000	48.000
Fixkosten	120.000	120.000

Betriebsergebnisse:

1. Quartal UKV (Vollkosten)

SK	136.000	Erlöse	144.000
Gewinn	8.000		
	144.000		144.000

1. Quartal UKV (Teilkosten)

var. SK	32.000	Erlöse	144.000
Fixkosten	120.000	Verlust	8.000
	152.000		152.000

2. Quartal UKV (Vollkosten)

SK	184.000	Erlöse	216.000
Gewinn	32.000		
	216.000		216.000

2. Quartal UKV (Teilkosten)

var. SK	48.000	Erlöse	144.000
Fixkosten	120.000		
Gewinn	48.000		
	216.000		216.000

zu d)

Im 1. Quartal werden die fixen Herstellkosten bei der VK-Rechnung auf die hergestellte Menge verteilt. Da die hergestellte Menge die abgesetzte Menge übersteigt, werden die Herstellkosten pro Stück der abgesetzten Menge im Vergleich zur Teilkostenrechnung reduziert. Da die Selbstkosten der abgesetzten Menge in die Erfolgsrechnung eingehen, sind die Kosten des 1. Quartals somit geringer. Bei der Teilkostenrechnung belasten die Fixkosten komplett die Periode, in der sie angefallen sind. Sie werden nicht auf die hergestellte Menge verteilt.

Übersteigt die hergestellte Menge die abgesetzte Menge, so ist der Gewinn bei Anwendung der Vollkostenrechung größer als der Gewinn bei Anwendung der Teilkostenrechnung.

Aufgabe 5.1.10:   Kurzfristige Periodenerfolgsrechnung

zu a)

	A	B
Material-EK	6	10
Fertigungslöhne *	12	8
Fertigungs-GKfix (Afa) **	24	16
HK zu Vollkosten	42	34
HK zu Teilkosten	18	18

* Fertigungslöhne: $\dfrac{100.000}{5.000 \cdot 30 + 5.000 \cdot 20} = 0{,}4$ Euro/Min.

** Afa Maschine: $\dfrac{1.000.000}{5} = 200.000$ Euro, davon 120.000 auf A und 80.000 auf B.

GKV zu Vollkosten

Material A	30.000	Erlöse A	200.000
Material B	50.000	Erlöse B	220.000
Fertigungslöhne	100.000	Δ Bestand A	42.000
Fertigungs-GK (Afa)	200.000		
Verwaltung/ Vertrieb	60.000		
Δ Bestand B	17.000		
Gewinn	5.000		
	462.000		462.000

zu b)

GKV zu Teilkosten

Material A	30.000	Erlöse A	200.000
Material B	50.000	Erlöse B	220.000
Fertigungslöhne	100.000	Δ Bestand A	18.000
Fertigungs-GK (Afa)	200.000	Verlust	11.000
Verwaltung/ Vertrieb	60.000		
Δ Bestand B	9.000		
	449.000		449.000

Aufgabe 5.1.11: Deckungsbeitragsrechnung, Periodenerfolgsrechnung und Break-Even-Analyse

zu a)

- Vorschlag 1: Gut, da Deckungsbeitrag von B2 negativ. Erhöhung des Gewinns um den Betrag des negativen DB I (7.500 Euro).
- Vorschlag 2: Schlecht, da A zumindest zur Deckung der fixen Kosten beiträgt (DB I positiv). Diese können kurzfristig nicht abgebaut werden. Der Gewinn würde um 16.000 Euro (= DB I) sinken.
- Vorschlag 3: Gut, da die 2.000 zusätzlich abgesetzten Stück A einen zusätzlichen DB I von 3.200 Euro generieren. Abzüglich der 2.000 Euro Kosten bleibt eine Gewinnverbesserung von 1.200 Euro.

zu b)
2.000/1,60 = 1.250 Stück

zu c)
Ein Gesamtkostenverfahren zu Teilkosten würde zum selben Ergebnis kommen wie die Deckungsbeitragsrechnung. Der Unterschied zwischen einem GKV zu TK und einem GKV zu VK ist die Bewertung der Lagerbestandsänderungen. Diese treten nur bei Produkt A auf. Zu Vollkosten würden sie statt zu variablen Herstellkosten von 8,40 Euro nun zu vollen Herstellkosten bewertet. Die Differenz sind die fixen HK pro Stück (18.000/12.000 = 1,50 Euro). Der Gewinn erhöht sich daher um 2.000*1,50 = 3.000 Euro auf 13.500 Euro.

Aufgabe 5.2.1:   Erfolgsrechnung auf Voll- und Teilkostenbasis (UKV) und Programmplanung

zu a)

Kalkulation von Produkt A:

- variable HK pro Stück $= \dfrac{66.000 - 60.000}{6.000 - 5.000} =$ **6,-**   €

- Gesamtkosten: $5.000 \cdot 6 + K_f =$ **60.000,-** €
  Fixkosten $K_f =$ **30.000,-** €

- variable Vertriebskosten pro Stück:

  $\dfrac{(83.500 - 66.000) - (75.000 - 60.000)}{7.000 - 5.000} =$ **1,25** €

- Vertriebskosten $=$ $5.000 \cdot 1,25 + K_f^{Vt} =$ **15.000,-** €
  Fixe Vertriebskosten $=$ $K_f^{Vt} =$ **8.750,-** €

- Volle Herstellkosten pro Stück $= 6 + \dfrac{30.000}{6.000} =$ **11,-** €

- Volle Vertriebskosten pro Stück $= 1,25 + \dfrac{8.750}{7.000} =$ **2,50** €

- Volle Selbstkosten pro Stück $=$ **13,50** €

Umsatzkostenverfahren auf Vollkostenbasis [€]

Selbstkosten		Umsatzerlöse	
A:	94.500	A:	105.000
B:	59.500	B:	56.000
Gewinn	**7.000**		
	161.000		161.000

zu b)

Produkt B deckt einen Teil der Fixkosten mit ab. Teilkostenrechnung als Basis für programmpolitische Entscheidungen. Volle Selbstkosten bei B liegen über dem Verkaufspreis.

Anwendung der Deckungsbeitragsrechnung:
Verkaufserlös [€]:   **+ 8,-**
variable Kosten [€]   **- 6,-**
Stückdeckungsbeitrag [€]   **= 2,-**

=> Produkt B wird nicht gestrichen.

zu c)

Umsatzkostenverfahren auf Teilkostenbasis [€]

variable Selbstkosten		Umsatzerlöse	
A:	50.750	A:	105.000
B:	42.000	B:	56.000
Fixkosten			
A:	38.750		
B:	19.500		
Gewinn	**10.000**		
	161.000		161.000

zu d)

Unterschiede im Gewinnausweis auf Vollkosten- und Teilkosten-Basis bei Bestandsänderungen.

Bestandsminderung A: $-1.000 \cdot (11 - 6) =$ **– 5.000**
Bestandserhöhung B: $1.000 \cdot (7 - 5) =$ **+ 2.000**

Gewinn der Vollkostenrechnung ist um 3.000,- € kleiner.

Aufgabe 5.2.2:   Erfolgsrechnung auf Voll- und Teilkosten-basis und Programmplanung

zu a)

* *Ermittlung der fiktiven Recheneinheiten:*

	HK$_f$ [€]	HK$_v$ [€]	VtK$_f$ [€]	VtK$_v$ [€]
A	$50 \cdot 1{,}2 = 60{,}-$	$50 \cdot 1{,}0 = 50{,}-$	$40 \cdot 1{,}7 = 68{,}-$	$68{,}-$
B	$40 \cdot 1{,}0 = 40{,}-$	$40 \cdot 1{,}4 = 56{,}-$	$50 \cdot 1{,}3 = 65{,}-$	$65{,}-$
C	$30 \cdot 1{,}4 = 42{,}-$	$30 \cdot 2{,}0 = 60{,}-$	$20 \cdot 1{,}0 = 20{,}-$	$20{,}-$
Σ	**142,-**	**166,-**	**153,-**	**153,-**

mit:

HK$_f$ = fixe Herstellkosten

HK$_v$ = variable Herstellkosten

VtK$_f$ = fixe Vertriebskosten

VtK$_v$ = variable Vertriebskosten

- Ermittlung der Kosten pro Recheneinheit:

$$HK_f = \frac{25.560}{142} = \textbf{180,- €}$$

$$HK_v = \frac{29.880}{166} = \textbf{180,- €}$$

$$VtK_f = \frac{6.120}{153} = \textbf{40,- €}$$

$$VtK_v = \frac{6.120}{153} = \textbf{40,- €}$$

- Kostenverteilung auf die Produkte gemäß der Recheneinheiten:

	HK_f [€]	HK_v [€]	VtK_f [€]	VtK_v [€]
A	180 · 60 = 10.800,-	180 · 50 = 9.000,-	40 · 68 = 2.720,-	2.720,-
B	180 · 40 = 7.200,-	180 · 56 = 10.080,-	40 · 65 = 2.600,-	2.600,-
C	180 · 42 = 7.560,-	180 · 60 = 10.800,-	40 · 20 = 800,-	800,-
Σ	**25.560,-**	**29.880,-**	**6.120,-**	**6.120,-**

- variable und volle Selbstkosten je Stück der abgesetzten Produkte:

	variable Selbstkosten [€] SK_v			fixe Selbstkosten [€] SK_f			volle SK
	HK_v [€]	VtK_v [€]	$\Sigma\,SK_v$	HK_f [€]	VtK_f [M]	$\Sigma\,SK_f$	
A	$\frac{9.000}{50} = 180,-$	$\frac{2.720}{40} = 68,-$	248,-	$\frac{10.800}{50} = 216,-$	68,-	284,-	**532,-**
B	$\frac{10.080}{40} = 252,-$	$\frac{2.600}{50} = 52,-$	304,-	$\frac{7.200}{40} = 180,-$	52,-	232,-	**536,-**
C	$\frac{10.800}{30} = 360,-$	$\frac{800}{20} = 40,-$	400,-	$\frac{7.560}{30} = 252,-$	40,-	292,-	**692,-**

=> erfolgswirksam werdende Fixkosten:

a)   Teilkostenrechnung: $HK_f + VtK_f = 25.560 + 6.120 = \textbf{31.680,- €}$

b)   Vollkostenrechnung: A $40 \cdot 284 = 11.360,- €$
                           B $50 \cdot 232 = 11.600,- €$
                           C $20 \cdot 292 = \;\;5.840,- €$

                           _____

                           Σ   **28.800,- €**

zu b)

Umsatzkostenverfahren -> kostenträgerorientiert

Umsatzkostenverfahren bei Vollkostenrechnung [€]

A	532 · 40 =	21.280	A	40 · 645 =	25.800
B	536 · 50 =	26.800	B	50 · 595 =	29.750
C	692 · 20 =	13.840	C	20 · 618 =	12.360
Betriebsergebnis		**5.990**			
		67.910			67.910

Nach der Vollkostenrechnung müsste das Produkt C eigentlich eingestellt werden, da es einen Verlust von € 13.840 - 12.360 = 1.480,- € liefert.

Nach der Teilkostenrechnung ist zunächst zu prüfen, ob Produkt C noch einen positiven Deckungsbeitrag liefert: 12.360 - 20 · 400 = 4.360,- €.

Es sollten alle Produkte produziert werden.

zu c)

• **Differenz der Betriebsergebnisse:**

Teilkostenrechnung:
Σ Erlöse   =   67.910,-
- Σ Teilkosten =   31.680 + 9.920 + 15.200 + 8.000

Σ	**3.110,-**

Vollkostenrechnung:
Σ Erlöse   =   67.910,-
- Σ Vollkosten =   21.280 + 26.800 + 13.840

Σ	**5.990,-**

• **Differenz nach a):**

Teilkostenrechnung	31.680,-
Vollkostenrechnung	-28.800,-

Σ	**2.880,-**

Umsatzkostenverfahren bei Teilkostenrechnung [€]

A	248 · 40 =	9.920	A		25.800
B	304 · 50 =	15.200	B		29.750
C	400 · 20 =	8.000	C		12.360
Fixkosten	HK$_f$	25.560			
	VK$_f$	6.120			
Betriebsergebnis		**3.110**			
		67.910			67.910

Begründung der Differenz:

Produkt	Veränderung Menge	fixe HK / Stück [€]	Ergebnis [€]
A	+ 10	· 216,-	2.160,-
B	-10	· 180,-	-1.800,-
C	+ 10	· 252,-	2.520,-
Summe			**2.880,-**

Aufgabe 5.2.3:　Programmplanung bei Voll- und Teilkostenrechnung

zu a)

Produkt	A	B	C
Verkaufszahlen [Stück]	500	500	2.000
Stückerlös [€]	14,-	28,-	15,-
Stückfertigungszeiten [h/Stück]	2	4	3,5
Vollkosten [€]	5.000,-	10.000,-	35.000,-
Vollkosten [€/Stück]	10,-	20,-	17,50
Gewinn [€/Stück]	4,-	8,-	- 2,50,-
Gewinn [€]	2.000,-	4.000,-	- 5.000,-
Gewinn gesamt [€]		1.000,-	

zu b)

Produkt	A	B	C
Variable Kosten [€]	3.000,-	6.000,-	21.000,-
Variable Kosten [€/Stück]	6,-	12,-	10,50
Deckungsbeitrag [€/Stück]	8,-	16,-	4,50
Deckungsbeitrag [€]	4.000,-	8.000,-	9.000,-
Deckungsbeitrag gesamt [€]	21.000,-		
- Fixe Kosten K_f [€]	- 20.000,-		
Gewinn [€]	**1.000,-**		

Ohne das "Verlustprodukt" C würde der Unternehmer einen Verlust von € 8.000,- haben, da: $DB_A + DB_B - K_f = 12.000 - 20.000 = -8.000,-$ €.

zu c)

Die Vollkostenrechnung führt zu einer falschen Entscheidung. Orientiert man sich einzig an den Stückverlusten, so würde man durch die Herausnahme von C den Gewinn weiter reduzieren. Der Grund hierfür ist, dass durch Herausnahme von C auf € 9.000,-Deckungsbeitrag verzichtet wird und die Fixkosten kurzfristig nicht eingespart werden können. In dieser Situation ohne Engpass ist zu empfehlen, alle Produkte mit einem positiven Deckungsbeitrag, d.h. A, B und C, zu fertigen.

Aufgabe 5.2.4:   Programmplanung bei Voll- und Teilkostenrechnung

zu a)

Produkt	Gewinn pro Produkt [€/Produkt]	Gewinn pro Stück [€/Stück]
A	42.000,-	7,-
B	3.200,-	0,20
C	40.000,-	3,20
Gesamt	85.200,-	

zu b) und c)

Produkt	Gewinn pro Produkt [€/Produkt]	Gewinn pro Stück [€/Stück]
A	34.560,-	6,40
B	-17.280,-	-1,20
C	31.500,-	2,80
Gesamt	48.780,-	

Das Ansteigen der Stückkosten bei zurückgehender Ausbringungsmenge deutet auf die Existenz fixer Kosten hin, die konstant bleiben. (Die Deckungsbeitragssumme verringert sich bei gleich bleibenden Fixkosten.)

Produkt A:

$$k_v = \frac{156.000 - 143.640}{6.000 - 5.400} = \quad \textbf{20,60 €}$$

Deckungsbeitrag : $33 - 20,60 = \quad$ **12,40 €**

$K_f = 143.640 - 20,60 \cdot 5.400 = \quad$ **32.400,- €**

Produkt B:

$$k_v = \frac{508.800 - 478.080}{16.000 - 14.400} = \quad \textbf{19,20 €}$$

Deckungsbeitrag : $\quad 32 - 19,20 = \quad$ **12,80 €**

$K_f = 478.080 - 19,20 \cdot 14.400 = \quad$ **201.600,- €**

Produkt C:

$$k_v = \frac{285.000 - 261.000}{12.500 - 11.250} = \quad \textbf{19,20 €}$$

Deckungsbeitrag : $\quad 26 - 19,20 = \quad$ **6,80 €**

$K_f = 261.000 - 19,20 \cdot 11.250 = \quad$ **45.000,- €**

K_f **gesamt =** **279.000,- €**

zu d)

Periodengewinn, wenn die Produktion von Produkt B eingestellt wird:

$$G = DB_A + DB_c - K_f = 12,40 \cdot 5.400 + 6,80 \cdot 11.250 - 279.000 =$$
$$66.960 + 76.500 - 279.000 = \textbf{-135.540,- € Verlust}$$

zu e)

Maßgeblich für Verbleib oder Ausscheiden aus dem Produktionsprogramm ist allein der Deckungsbeitrag (DB); solange er positiv ist, sollte Sorte B unbedingt produziert werden.

Aufgabe 5.2.5: Programmplanung bei Voll- und Teilkostenrechnung mit Engpass

zu a)

Produkt	Gewinn [€/Stück]	variabler Kostenanteil [€/Stück]	fixer Kostenanteil [€/Stück]	gesamter Gewinn [€]	gesamte fixe Kosten [€]
A	1,90	3,-	2,-	95,-	100,-
B	2,-	4,20	1,80	160,-	144,-
C	2,-	7,-	3,-	60,-	90,-
D	1,50	6,-	6,-	75,-	300,-
				390,-	634,-

zu b)

Produkt	benötigte Kapazität	verfügbare Kapazität	DB [€/Stück]	DB [€/Engpassminute]
A	3 · 50 = 150		3,90	**1,30**
C	4 · 30 = 120	270	5,-	**1,25**
B	4 · 80 = 320		3,80	**0,95**
D	5 · 50 = 250	570	7,50	**1,50**
	840	840		

- Entscheidungen werden anhand des relativen Deckungsbeitrags getroffen.

- Man produziert auf Maschine AC nur Produkt A und auf Maschine BD nur Produkt D.

$$\frac{270}{3} = 90 \qquad => DB_A = 3,90 \cdot 90 = \qquad \textbf{351,- €}$$

$$\frac{570}{5} = 114 \qquad => DB_D = 7,50 \cdot 114 = \qquad \textbf{855,- €}$$

Gewinn (A,D) = $DB_{ges} - K_f$ = 1.206 - 634 = **572,- €**

zu c)

- Wenn nur D produziert wird:

$\dfrac{840}{5} = 168$ Stück => $DB_D = 7{,}50 \cdot 168 =$ **1.260,- €**

Gewinn (D) = DB_D - (K_f + Umrüst.) = 1.260 - (634 + 200) =   **426,- €**

- Wenn nur C produziert wird:

$\dfrac{840}{4} = 210$ Stück => $DB_C = 5{,}00 \cdot 210 =$ **1.050,- €**

Gewinn (C) = DB_C - (K_f + Umrüst.) = 1.050 - (634 + 50) =   **366,- €**

- Wenn nur D auf BD produziert wird:

$\dfrac{570}{5} = 114$ Stück => $DB_D = 7{,}50 \cdot 114 =$ **855,- €**

Gewinn (D auf BD) = DB_D - K_f = 855 - 634 =   **221,- €**

Aufgabe 5.2.6: Programmplanung bei Voll- und Teilkostenrechnung mit Engpass

zu a)

Vollkostenrechnung:

Produkt	Verkaufspreis [€]	gesamte Stückkosten [€]	Stückgewinn [€]	Produktions-menge [Stück]	Gewinn je Produktart [€]
A	80,-	90,-	-10,-	--	--
B	70,-	60,-	10,-	400	4.000,-
C	50,-	52,-	-2,-	--	--
D	120,-	95,-	25,-	100	2.500,-
Nettogesamt-gewinn [€]			6.500,-		

Es werden nur die Produkte gefertigt, die keinen Stückverlust einbringen. Von Produkt B und D wird jeweils die maximale Absatzmenge produziert.

Deckungsbeitragsrechnung:

Produkt	variable Kosten [€/Stück]	Stück-DB [€]	Produktions- menge [Stück]	DB je Produktart [€]
A	85,-	-5,-	--	--
B	50,-	20,-	400	8.000,-
C	45,-	5,-	500	2.500,-
D	80,-	40,-	100	4.000,-
- K_f	10.000,-			
Nettogewinn [€]	**4.500,-**			

Es werden alle Produkte mit einem positiven Deckungsbeitrag gefertigt.

$K_f = K - K_v$

$$K_f = (18.000 + 24.000 + 26.000 + 9.500) - (200 \cdot 85 + 400 \cdot 50 + 500 \cdot 45 + 100 \cdot 80)$$
$$= 10.000,- €$$

Empfehlung:
Die Berechnung auf Basis der Vollkostenrechnung ist fehlerhaft. Der Gewinn wird zu hoch ausgewiesen. Fixkosten wurden auf alle Produkteinheiten verteilt, das Produktionsprogramm besteht aber nur aus zwei von ihnen. Ein Teil der Fixkosten wurde damit weggelassen. Das Produktionsprogramm, das aus der Deckungsbeitragsrechnung hervorgeht, sollte ausgeführt werden.

zu b)

Vollkostenrechnung:

Produkt	Fertigungsabteilung I [h]	Fertigungsabteilung II [h]
A	--	--
B	4.000	800
C	--	--
D	500	800
benötigte Kapazität	**4.500**	**1.600**
verfügbare Kapazität	10.000	2.000

Deckungsbeitragsrechnung:

Produkt	Fertigungsabteilung I [h]	Fertigungsabteilung II [h]
A	--	--
B	4.000	800
C	500	250
D	500	800
benötigte Kapazität	**5.000**	**1.850**
verfügbare Kapazität	10.000	2.000

In beiden Fällen reicht die verfügbare Kapazität für das gewählte Produktionsprogramm.

zu c)

Vollkostenrechnung:

Kein Engpass durch die verringerte Kapazität der Fertigungsabteilung II => unverändertes Produktionsprogramm => unveränderter Nettogewinn von € 6.500,-.

Deckungsbeitragsrechnung:

Produkt	Stück-DB [€]	DB je Engpass-Einheit [€]	Rangfolge	Produktions-menge [Stück]	DB [€·Stück]
A	-5,-	--	--	--	--
B	20,-	10,-	1	400	8.000,-
C	5,-	10,-	1	500	2.500,-
D	40,-	5,-	2	75	3.000,-
				- Kf [€]	10.000,-
				Nettogewinn [€]	**3.500,-**

Produktionsmenge von D:

$$\frac{1.650 - 400 \cdot 2 - 500 \cdot 0,5}{8} = \frac{600}{8} = 75$$

Aufgabe 5.2.7:   Eigenfertigung oder Fremdbezug

zu a)

Gesamtkosten =   **420.000,- €**

$$\text{Kostenanteil Kleinteil} = \frac{10}{60} \cdot 420.000 = \textbf{70.000,- €}$$

$$\text{Kosten Kleinteil pro Stück} = \frac{70.000}{50.000} = \textbf{1,40 €}$$

Zukauf wäre somit günstiger, da das Kleinteil nur 1,01 €/Stück kostet.

zu b)

variable Gesamtkosten =   **300.000,- €**

$$\text{Kostenanteil Kleinteil} = \frac{1}{6} \cdot 300.000 = \textbf{50.000,- €}$$

$$\text{Kosten Kleinteil pro Stück} = \frac{50.000}{50.000} = \textbf{1,- €}$$

Es werden nur die variablen Kosten betrachtet, da sich, unabhängig von Eigenfertigung oder Zukauf, die Höhe der Fixkosten nicht ändert. Eigenfertigung wäre günstiger, da bei Zukauf das Teil 1,01 €/Stück kostet.

Einsparung/Monat: 0,01 €/Stück · 50.000 Stück/Monat = **500,- €**
Einsparung/Jahr: 12 · 500,- = **6.000,- €**

zu c)

Ein Monatsbedarf wird ständig zusätzlich im Lager gebunden:
Wert = 1,00 · 50.000 = 50.000,- € *(zusätzlicher Kapitalbedarf)*

zu d)

Durch Anlage von € 50.000,- in Lagerbestand bei Eigenfertigung jährliche Einsparung in Höhe von € 6.000,-, d.h.

$$\text{Zinssatz} = \frac{6.000}{50.000} = 12\% \text{ bei Eigenfertigung.}$$

Bei einem Zinssatz von 13% könnte das Kapital von € 50.000,- anderweitig gewinnbringender angelegt werden, d.h. der Zukauf des Kleinteils ist unter Beachtung der Zinsen vorzuziehen.

Aufgabe 5.3.1:   Kostenrechnung unter unsicheren Erwartungen

zu a)

Deckungsbeitrag (DB):

$A_1 = \sqrt{1.000} = \mathbf{31,62}$

$A_2 = 0,5\sqrt{400} + 0,5\sqrt{2500} = \mathbf{35}$

Gewinn (G):

$A_1 = \sqrt{600} = \mathbf{24,49}$

$A_2 = 0,5\sqrt{0} + 0,5\sqrt{2100} = \mathbf{22,91}$

Die Alternativenwahl kehrt sich um:

bei Deckungsbeitrag: A_2 optimal, bei Gewinn: A_1 optimal.

Bei der Unterstellung einer Risikonutzenfunktion in der gewählten Form sind Fixkosten für die Entscheidung relevant.

zu b)

Dieselbe Nutzenfunktion kann nur für die dieselben Situationsbedingungen gelten. D. h. für Deckungsbeitrag (DB) und Gewinn (G) muss die Nutzenfunktion derart transformiert werden, dass die Entscheidung immer an derselben Stelle getroffen wird.

Durch die Verlagerung der Betrachtung von Gewinn zu Deckungsbeiträgen ist der Nullpunkt der anzuwendenden Funktion anders zu definieren. Damit ändert sich auch grundsätzlich deren Gestalt.

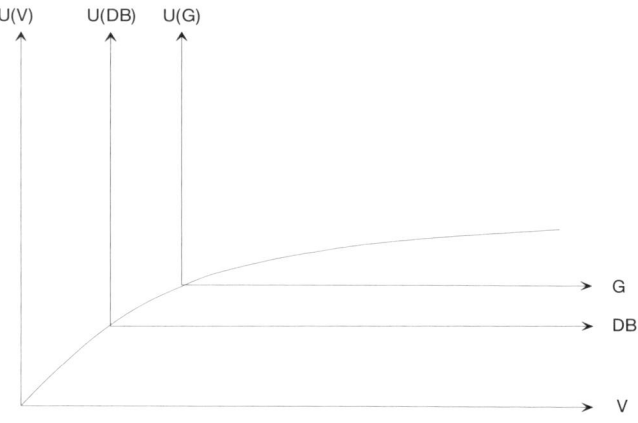

Die Abbildung verdeutlicht, dass die Nutzenbewertung unter Beachtung der gesamten Vermögensposition V eines Entscheidungsträgers vorgenommen werden muss. Bei zutreffender Transformation ist das Ergebnis davon unabhängig, ob man sich an Gewinn oder Deckungsbeitrag orientiert.

zu c)

- *Deckungsbeitrag:*

$$A_1 = 1 - e^{-\frac{1.000}{500}} = 1 - 0,135 = \mathbf{0,865} \text{ (optimal)}$$

$$A_2 = 0,5 \cdot (1 - e^{-\frac{400}{500}}) + 0,5 \cdot (1 - e^{-\frac{2.500}{500}}) = 0,2753 + 0,4966 = \mathbf{0,7719}$$

- *Gewinn:*

$$A_1 = 1 - e^{-\frac{600}{500}} = 1 - 0,301 = \mathbf{0,699} \text{ (optimal)}$$

$$A_2 = 0,5 \cdot (1 - e^0) + 0,5 \cdot (1 - e^{-\frac{2.100}{500}}) = 0 + 04925 = \mathbf{0,4925}$$

Die Exponentialfunktion führt nicht zu einem "Umkippen" der Entscheidung. In beiden Fällen (DB oder G) führt Alternative A1 zu einem höheren Nutzen. Die Exponentialfunktion wie auch eine lineare Funktion weisen als Risikonutzenfunktion die Eigenschaft auf, dass für sie alternativenidentische Beträge, wie z.B. die Gesamtvermögensposition V, irrelevant für eine Entscheidung sind. Diese beiden Funktionstypen besitzen ein über ihren gesamten Funktionsverlauf konstantes Arrow-Pratt-Maß $r(Z) = -\dfrac{U''(Z)}{U'(Z)}$ und erfüllen das Pfanzagl'sche Konsistenzaxiom.

Aufgabe 5.3.2:   Kostenrechnung unter unsicheren Erwartungen

zu a)

	Brût (10.000 Flaschen)		Extra-Brût (7.000 Flaschen)	
	S_1	S_2	S_1	S_2
Erlöse	275.000,-	360.000,-	210.000,-	266.000,-
EK [€]	70.000,-	70.000,-	49.000,-	49.000,-
- GK$_v$ [€]	125.000,-	125.000,-	70.000,-	70.000,-
DB [€]	**80.000,-**	**165.000,-**	**91.000,-**	**147.000,-**

zu b)

Fixkosten [€]: $\dfrac{948.000}{12}$ = **79.000,-€/Monat**

	Brût (10.000 Flaschen)		Extra-Brût (7.000 Flaschen)	
	S_1	S_2	S_1	S_2
Gewinn [€]	**1.000,-**	**86.000,-**	**12.000,-**	**68.000,-**

zu c)

	Brût (10.000 Flaschen)	Extra-Brût (7.000 Flaschen)
EW(DB$_B$) [€]	$0,4 \cdot 80.000 + 0,6 \cdot 165.000$ = 131.000,-	$0,4 \cdot 91.000 + 0,6 \cdot 147.000$ = 124.600,-
EW(G$_B$) [€]	$0,4 \cdot 1.000 + 0,6 \cdot 86.000$ = **52.000,-**	$0,4 \cdot 12.000 + 0,6 \cdot 68.000$ = **45.600,-**

Entscheidung: Brût fertigen

zu d)

	Brût (10.000 Flaschen)	Extra-Brût (7.000 Flaschen)
EW(U(DB)) [€]	$0,4 \cdot \sqrt{80.000} + 0,6 \cdot \sqrt{165.000}$ = **356,86**	$0,4 \cdot \sqrt{91.000} + 0,6 \cdot \sqrt{147.000}$ = **350,71**
EW(U(G)) [€]	$0,4 \cdot \sqrt{1.000} + 0,6 \cdot \sqrt{86.000}$ = **188,60**	$0,4 \cdot \sqrt{12.000} + 0,6 \sqrt{68.000}$ = **200,28**

Entscheidung nach U (DB): Brût optimal

Entscheidung nach U (G): Extra-Brût optimal.

zu e)

Die Entscheidung fällt unterschiedlich aus, je nachdem, ob Gewinn oder Deckungsbeitrag als Zielgröße für die Nutzenbestimmung verwendet werden.

Es wurde ein spezieller Funktionstyp mit veränderlicher Risikopräferenz (nach dem Arrow-Pratt-Maß) im Funktionsverlauf verwendet. Bei derartigen Funktionen können alternativenidentische Beträge für eine Entscheidung relevant sein.

Dieses Phänomen tritt nicht bei Funktionen auf, bei denen das Konsistenzaxiom gilt bzw. deren absolutes Arrow-Pratt-Maß konstant ist, so wie die Exponentialfunktion oder, im einfachsten Fall, eine lineare Funktion.

Aufgabe 5.3.3: **Kostenrechnung unter unsicheren Erwartungen**

zu a)

Zielgröße Z = Deckungsbeitrag:

	S_1 (p=0,6)	S_2 (p=0,4)
DB_{Beef}	16.500,-	3.630,-
$DB_{Fleischlos}$	10.500,-	8.750,-

Berechnung des Erwartungswertes des Nutzens der Deckungsbeiträge für die Produktlinien Beef und Fleischlos:

$$EW(U(DB_{Beef})) = 0,6 \cdot \sqrt{16.500} + 0,4 \cdot \sqrt{3.630} = 101,17$$

$$EW(U(DB_{Fleischlos})) = 0,6 \cdot \sqrt{10.500} + 0,4 \cdot \sqrt{8.750} = 98,90$$

⇨ Entscheidung für **Beef**

zu b)

Zielgröße Z = Gewinn:

	S_1 (p=0,6)	S_2 (p=0,4)
G_{Beef}	13.200,-	330,-
$G_{Fleischlos}$	7.200,-	5.450,-

Berechnung des Erwartungswertes des Nutzens der Gewinne für die Produktlinien Beef und Fleischlos:

$$EW(U(G_{Beef})) = 0,6 \cdot \sqrt{13.200} + 0,4 \cdot \sqrt{330} = 76,20$$

$$EW(U(G_{Fleischlos})) = 0,6 \cdot \sqrt{7.200} + 0,4 \cdot \sqrt{5.450} = 80,44$$

⇨ Entscheidung für **Fleischlos**

zu c)

In der obigen Risikonutzenfunktion ist dies nicht gerechtfertigt, da sie kein konstantes Arrow-Pratt-Maß aufweist. Hier muss mit dem Übergang auf eine andere Zielgröße auch die Nutzenfunktion transformiert werden. Ausführliche Begründung siehe Aufgabe 5.3.1 b).

Aufgabe 5.3.4: Kostenrechnung unter unsicheren Erwartungen

zu a)

	Apfelbissen				Kirschtasche			
	S1		S2		S1		S2	
	S3	S4	S3	S4	S3	S4	S3	S4
DB	45000	54000	18000	27000	37450	48150	26750	37450
G	28000	37000	1000	10000	20450	31150	9750	20450
W(U)	0,35	0,35	0,15	0,15	0,35	0,35	0,15	0,15
EW(DB)	15750	18900	2700	4050	13107,5	16852,5	4012,5	5617,5
Σ(EW(DB))	41400				39590			
EW(G)	9800	12950	150	1500	7157,5	10902,5	1462,5	3067,5
Σ(EW(G))	24400				22590			

zu b)

U(DB)	212,13	232,38	134,16	164,32	193,52	219,43	163,55	193,52
EW (U(DB))	74,25	81,33	20,13	24,65	67,73	76,80	24,53	29,03
Σ(EW(U(DB)))	200,35				198,09			
U(G)	167,33	192,35	31,62	100	143,00	176,49	98,74	143,00
EW(U(G))	58,57	67,32	4,74	15	50,05	61,77	14,81	21,45
Σ(E(U(G)))	145,63				148,09			

zu c)

- Transformation des Koordinatensystems
- Pfanzagl´sches Konsistenzaxiom
- Entscheidungsbereich der Kostenrechnung
- Entscheidungshorizont der Kostenrechnung

Aufgabe 5.4.1: Prozess- versus Grenzplankostenrechnung

	Prozesskostenrechnung	Grenzplankostenrechnung
Unterschiede		
Konzept	Versuch der Schlüsselung von Fix- und Gemeinkosten indirekter Leistungsstellen auf Basis direkter Bezugsgrößen	Verursachungsprinzip, keine Schlüsselung, nur der variablen GK
Orientierung	Prozesse (über Kostenstellen hinweg)	Kostenstellen
Kostenträger	Prozesse (Weg zum Ergebnis)	Produkte (als Ergebnis)
Anwendungsbereich	Dienstleistungen, Verwaltung	eher Fertigung
Vorteile	indirekte Leistungsbereiche im Brennpunkt Planung: relevante Informationen für Programmpolitik (Berücksichtigung von Produktkomplexität und Variantenvielzahl) Kontrolle: von Prozessen in den indirekten Leistungsbereichen	Teilkostenrechnung, keine Schlüsselung Planung: größere Aussagefähigkeit, da keine Schlüsselung geeignet für kurzfristige Preispolitik Kontrolle: der Kostenstellen im Vordergrund ausbaufähig über mehrfach gestufte Deckungsbeitrags-rechnung
Nachteile	eher Vollkostencharakter, damit Schlüsselung (lmn) => weniger für Preisuntergrenze zusätzlicher Aufwand durch Schlüsselung und Bezugs-größenwahl	Aufwand durch Kostenplanung, Bezugsgrößenbestimmung, Trennung in variable und fixe Kosten
Gemeinsamkeiten	**Grundaussage: „sehr ähnlich"**	**„ineinander überführbar"**
Kostentheoretische Fundierung	mehrvariablige lineare Kostenfunktion	
Bezugsgrößen	eindimensional, mehrvariablig	
Kostenbegriff	wertmäßig	

Aufgabe 5.4.2:   Vergleich von Kostenrechnungssystemen

zu a)

mögliche Kriterien:

- Real- und entscheidungstheoretische Fundierung (Kosteneinflussgrößen, Kostenfunktionen)
- Verwendbarkeit der generierten Informationen für Planung, Verhaltenssteuerung und Kontrolle
- Aktualität der Daten
- Anpassungsfähigkeit des Rechnungssystems
- Wirtschaftlichkeit des Rechnungssystems

Daneben gibt es eine Reihe von Kriterien, die dem Vergleich der Kostenrechnungssysteme dienen, beispielsweise Umfang der Kostenverrechnung, Rechnungstyp, etc.

zu b)

	Vollkostenrechnung	Kilger	Laßmann	Riebel
Produktions- und Kostenfunktion	Wird in der Literatur nicht näher spezifiziert, einvariablige lineare Kostenfunktion denkbar	Mehrvariablige, lineare Kostenfunktionen; umfangreiches Einflussgrößensystem mit Beschäftigung als Haupteinflussgröße; starke produktionstheoretische Fundierung (Leontief, auch Gutenberg)	Zunächst Ermittlung der Verbrauchsmengen auf Basis produktionstheoretischer Zusammenhänge (Kostengüter-/Einflussgrößenfunktion, Einflussgrößen-/Erzeugnisprogrammfunktion); dann Bewertung mit Preisen und Ermittlung der Kostenfunktion; Unterscheidung in disponierbare und nicht disponierbare Einflussgrößen	Mehrdimensionale Kostenzusammenhänge, keine Kostenfunktion; zentrale Einflussgröße = Entscheidung
Verfahren zur Bestimmung der Produktions- und Kostenfunktion	Statistische Verfahren, „Durchschnittsprinzip"	Vorrangig analytisch unter Nutzung naturwissenschaftlicher, technischer Erkenntnisse; aber auch statistische Methoden	Analytische und statistische Verfahren	Orientierung an empirisch beobachtbaren Größen / an Zahlungen

zu c)

wichtige Unterschiede ergeben sich bei:

– Bezugsgrößen (Anzahl, Beeinflussbarkeit), zentraler Kosteneinflussgröße
– der Nutzung naturwissenschaftlichen, technischen Wissens
– zentralem Kostenrechnungsprinzip

Aufgabe 5.4.3: Bezugsgrößen

zu a)

Für jede Kostenstelle und Kostenart werden Sollkostenfunktionen formuliert; hierbei stellen die unabhängigen Variablen die Bezugsgrößen dar.

Anforderungen an Bezugsgrößen:
– proportional zur Höhe der Kosten
– proportional zur Leistung

Kostenzusammenhänge:
– homogen / inhomogen
– direkt / indirekt

zu b)

Relative Einzelkostenrechnung:
– Bezugsgrößenhierarchie
– Kosten werden Entscheidungen zugeordnet
  Entscheidungsobjekte: Produkte, Produktgruppen, Kostenstellen, ...
– Keine Kostenfunktion
– Identitätsprinzip

Periodische Planerfolgsrechnung:
– Unterscheidung in (nicht) disponierbare Einflussgrößen
– Beispiele: Produktmengen, Losgrößen, Preise, usw.
– Mehrvariablige, mehrdimensionale, lineare Kostenfunktion

Prozesskostenrechnung:
– Prozessbezugsgrößen (= cost driver)
– Beschäftigung, Variantenzahl, ...
– Keine heterogene Kostenverursachung

Aufgabe 5.4.4:   Systeme der Teilkostenrechnung

zu a)

	Kilger	Riebel
Kostenbegriff	Wertmäßig	Pagatorisch
Rechnungstyp	Kalkulatorisch	Pagatorisch
Lohnkosten, Abschreibungen	Löhne: voll variabel (alternative Verwendbarkeit von Arbeitskräften als Prämisse) Abschreibungen: z.T. variabel (Gebr.verschleiß) z.T. fix	Löhne und Abschreibungen kurzfristig nicht veränderbar $\Rightarrow$ Bereitschaftskosten
Zuordnung echter, variabler Gemeinkosten	Schlüsselung	Keine Schlüsselung
Kostenfunktion	Mehrvariablige lineare Kostenfunktionen	Mehrdimensionale lineare Kostenzusammenhänge, keine Kostenfunktion
Zentrales Kostenrechnungsprinzp	Verursachungsprinzip	Identitätsprinzip
Zentrale Einflussgröße	Beschäftigung	Entscheidung
Zeitliche Reichweite	Eine Periode	Eine oder mehrere Perioden
Rechnungsgrößen	Kosten und Erlöse	Ein- und Auszahlungen

zu b)

Planung - Beispiele für Beurteilung von Kilger und Riebel:

– Kilger: Orientierung an eher kurzfristigem Planungshorizont → Bereitstellung von Informationen für die Programmplanung, Preispolitik, ...; Ausbaufähigkeit zur mehrdimensionalen, mehrstufigen Deckungsbeitragsrechnung

– Riebel: Orientierung an eher mittel- bis langfristigem Planungshorizont → gibt Hinweise für Investitions- und Desinvestitionsentscheidungen

Steuerung - Beispiele für Beurteilung von Kilger und Riebel:

- Kilger: Kostenstellenorientierung und damit Zuordnung von Planung und Kontrollergebnissen zu einem Verantwortlichen, umfangreiches Instrumentarium der Abweichungsanalyse

- Riebel: Zusammenhang zwischen Kosten und eigener Entscheidungsmöglichkeit durch Identitätsprinzip besser sichtbar (Sicherung des Entscheidungsbezugs und damit der Entfaltung von Anreizwirkungen); jeglicher Verzicht auf Schlüsselung mag zudem die Akzeptanz seitens der Verantwortlichen erhöhen, da Willkür vermieden wird

Aufgabe 6.1.1:   Abschreibungen, Lücke-Theorem

zu a)

Periode	Saldo	Vermögen am Periodenende			Vermögensänderung			Gewinn	Kalk. Zinsen	Perio-denerfolg =
	[€]	[€]			[€]			[€]	[€]	G* [€]
		Vorräte	Anlage	Σ	Vorräte	Abschr.	Σ			
0	-100,-	40,-	60,-	100,-	--	--	--	--	--	--
1	40,-	50,-	40,-	90,-	+10,-	-20,-	-10,-	30,-	8,-	22,-
2	60,-	50,-	20,-	70,-	--	-20,-	-20,-	40,-	7,2	32,8
3	20,-	--	--	--	-50,-	-20,-	-70,-	-50,-	5,6	-55,6

lineare Abschreibung: $KW = \dfrac{22}{1,08} + \dfrac{32,8}{1,08^2} - \dfrac{55,6}{1,08^3} = \mathbf{4,35}$

Periode	Saldo	Vermögen am Periodenende			Vermögensänderung			Gewinn	Kalk. Zinsen	Perio-denerfolg =
	[€]	[€]			[€]			[€]	[€]	G* [€]
		Vorräte	Anlage	Σ	Vorräte	Abschr.	Σ			
0	-100,-	40,-	60,-	100,-	--	--	--	--	--	--
1	40,-	50,-	30,-	80,-	+10,-	-30,-	-20,-	20,-	8,-	12,-
2	60,-	50,-	10,-	60,-	--	-20,-	-20,-	40,-	6,4	33,6
3	20,-	--	--	--	-50,-	-10,-	-60,-	-40,-	4,8	-44,8

digitale Abschreibung: $KW = \dfrac{12}{1,08} + \dfrac{33,6}{1,08^2} - \dfrac{44,8}{1,08^3} = \mathbf{4,35}$

$$d = \frac{AW - RW}{\dfrac{n(N+1)}{2}} = \frac{60}{\dfrac{3 \cdot 4}{2}} = \mathbf{10}$$

zu b)

Periode	Saldo	Vermögen am Periodenende			Vermögensänderung			Gewinn	Kalk. Zinsen	Perio-denerfolg =
	[€]	[€]			[€]			[€]	[€]	G* [€]
		Vorräte	Anlage	Σ	Vorräte	Abschr.	Σ			
0	-100,-	40,-	60,-	100,-	--	--	--	--	--	--
1	40,-	50,-	30,-	80,-	+10,-	-30,-	-20,-	20,-	8,-	12,-
2	60,-	50,-	--	50,-	--	-30,-	-30,-	30,-	6,4	23,6
3	20,-	--	(-30,-)	(-30,-)	-50,-	(-30,-)	-80,-	-60,-	4,-	-64,-

kalkulatorische Abschreibung: $KW = \dfrac{12}{1,08} + \dfrac{23,6}{1,08^2} - \dfrac{64}{1,08^3} = -19,46$

$KW = 4,35 - 30 \cdot 1,08^{-3} = -19,46$

zu c)

• Die Aussagefähigkeit des Periodenerfolges ist abhängig von der Abschreibungsmethode.

• Sofern die Abschreibung nur zu abweichenden Periodisierungen führt bleibt die Basisaussage des Lücke-Theorems erhalten.

• Sofern die Abschreibung zur Verletzung des Kongruenzprinzips führt, gilt die Basisaussage nicht mehr; der Zusammenhang zwischen Periodenerfolgs- und Zahlungsrechnung geht verloren.

• Problem: Das Lücke-Theorem liefert keine Anhaltspunkte für die Herleitung der "richtigen" Bewertungsansätze.

Aufgabe 6.1.2: Abschreibungen, Lücke-Theorem

zu a)

zentrale These:

• Kapitalwertberechnungen auf der Basis von Periodenerfolgsgrößen (Kosten und Leistungen oder Aufwand und Ertrag) führen unter Berücksichtigung von kalkulatorischen Zinsen auf das gebundene Kapital zu dem gleichen Ergebnis, wie eine mit Zahlungsgrößen durchgeführte Kapitalwertberechnung.

• Die kalkulatorischen Zinsen haben dabei die Aufgabe, die Diskontierungsreihen einander anzugleichen.

- Aufgrund der Periodisierung (die Erfolgsgrößen Kosten/Erlöse bzw. Aufwand/Ertrag stellen lediglich periodisierte Zahlungen dar) ist eine Modifikation der Gewinnreihe notwendig. Achtung: nur das Periodisierungsproblem wird betrachtet; keine Wertunterschiede wegen Abschreibung auf Wiederbeschaffungswertbasis etc.

Unter Einhaltung dieser Prämissen gilt für den Kapitalwert C_0 zum Zeitpunkt 0:

$$C_0 = \sum_{t=0}^{T}(E_t - A_t)\cdot(1+i)^{-t} = \sum_{t=0}^{T}(G_t - i\cdot KB_{t-1})\cdot(1+i)^{-t} = \sum_{t=0}^{T}G_t^{*}\cdot(1+i)^{-t}$$

und für den **Endwert** am Planungshorizont T:

$$C_T = \sum_{t=0}^{T}(E_t - A_t)\cdot(1+i)^{T-t} = \sum_{t=0}^{T}(G_t - i\cdot KB_{t-1})\cdot(1+i)^{T-t} = \sum_{t=0}^{T}G_t^{*}\cdot(1+i)^{T-t}$$

Prämissen:

1. Die Summe der (Teil-)Periodengewinne G_t ist gleich der Summe der Zahlungsüberschüsse $Ü_t = E_t - A_t$

$$\sum_{t=0}^{T}G_t = \sum_{t=0}^{T}(E_t - A_t) = \sum_{t=0}^{T}Ü_t$$

2. Zu Beginn jeder Periode t muss die Kapitalbindung KB_{t-1} (zu Beginn der Periode bzw. der Vorperiode) nach folgender Formel berechnet werden:

$$KB_{t-1} = \sum_{s=0}^{t-1}G_s - \sum_{s=0}^{t-1}(E_s - A_s) = \sum_{s=0}^{t-1}G_s - \sum_{s=0}^{t-1}Ü_s$$

mit: $KB_{-1} = 0$ und $KB_T = 0$

zu b)

Periode t	L_t	K_t	G_t	ΣG_s	$\Sigma(E_s - A_s)$	KB_t	KB_{t-1} * i	G^*_t	$G^*_t(1+i_t)^{-t}$	$G^*_t(1+i_t)^{(T-t)}$
0	0	0	0	0	0	0	0	0	0	0
1	700	700	0	0	-1.400	1.400	0	0	0	0
2	1.400	1.400	0	0	-1.400	1.400	140	-140	-115,70	-186,34
3	1.960	1.400	560	560	-1.400	1.960	140	420	315,55	508,2
4	1.260	700	560	1.120	-140	1.260	196	364	248,62	400,4
5	0	0	0	1.120	1.120	0	126	-126	-78,24	-126
Σ	5.320	4.200	1.120				602		370,23	596,26

Periode t	E_t	A_t	$Ü_t$	KB_s	ΔKB_t	G_t	KB_{t-1} * i	G^*_t	$G^*_t(1+i_t)^{-t}$	$G^*_t(1+i_t)^{(T-t)}$
0	0	0	0	1.400	1.400	1.400	0	1.400	1.400	2254,71
1	0	1.400	-1.400	1.400	0	-1.400	140	-1540	-1.400	-2.254,71
2	0	0	0	1.400	0	0	140	-140	-115,70	-186,34
3	0	0	0	700	-700	-700	140	-840	-631,10	-1.016,4
4	1.260	0	1.260	0	-700	560	70	490	334,68	539
5	1.260	0	1.260	0	0	1.260	0	1.260	782,36	1.260
Σ	2.520	1.400	1.120			1.120			370,23	596,26

Kapitalwert der Zahlungen:

$$C_0 = -\frac{1.400}{1,1} + \frac{1.260}{1,1^4} + \frac{1.260}{1,1^5} = 370,23$$

$$C_5 = -1.400 \cdot 1,1^4 + 1.260 \cdot 1,1^1 + 1.260 \cdot 1,1^0 = 596,26$$

zu c)

Die Gültigkeit des Lücke-Theorems ändert sich bei variablem Zinssatz nicht, da auch in diesem Fall Änderungen über die Verzinsung des gebundenen Kapitals ausgeglichen werden. Die Berechnung erfolgt analog der Berechnung bei konstantem Zins; Unterschied: je Periode gilt ein anderer Zinssatz.

Aufgabe 6.2.1: Traditionelle versus Investitionstheoretische Kostenrechnung

Kriterium	Traditionelle Kostenrechnung	Investitionstheoretische Kostenrechnung
Unterschiede		
Zielsetzung	Bestimmung der optimalen Bestellmenge über einfaches Verfahren	Verknüpfung von Kosten und Investitionsrechnung zur Vereinheitlichung der betrieblichen Planung
Einordnung in die Planungs- und Steuerungshierarche	operatives Vorgehen ohne strategischen Bezug	durch Anlehnung an die Investitionsrechnung stärker taktisch, strategisch ausgerichtet
Rechnungsgrößen	Lagerkosten, Bestellkosten	Einzahlungen, Auszahlungen
Vorgehen	Minimierung der Gesamtkosten der Lagerhaltung	Minimierung des Kapitalwerts der Zahlungen über eine Kette von Bestellzyklen
Verwendbarkeit für Planung und Kontrolle	einfaches Vorgehen, zahlreiche Modellvarianten, große praktische Bedeutung	Konzept mit hohem theoretischen Aussagegehalt, praktische Verwendbarkeit allerdings gering
Behandlung dynamischer Zusammenhänge	Erweiterung auf dynamische Bestellmengenmodelle	Annahme unendlicher Kette identischer Bestellzyklen
Überleitungsmöglichkeiten:		
	Informationsbereitstellung für den Entscheider	
	Vorgehen der traditionellen Kostenrechnung als Grenzfall der investitionstheoretischen Kostenrechnung bei kleinem Zinssatz oder kurzer Zyklusdauer	
	theoretische Fundierung der traditionellen Kostenrechnung durch die Investitionstheorie	

Aufgabe 6.2.2: Investitionstheoretische Kostenrechnung, Abschreibung

zu a)

Anlagenabschreibung: Kapitalwertänderung des Anlageneinsatzes in jedem Zeitpunkt

Vorgehen:

1. Bestimmung des Kapitalwertes des Anlageneinsatzes als Kapitalwert der unendlichen Investitionskette K

2. Bestimmung des Kapitalwertes K_t des Anlageneinsatzes zu jedem Zeitpunkt t

3. Differenz der Kapitalwerte K und K_t entspricht dem Anlagenwert W_t

4. Die Wertänderung des Anlagenwertes entspricht der Gesamtabschreibung D_t^G

Annahmen:

1. sichere Erwartungen / Risikoneutralität des Entscheiders.

2. Vorliegen einer unendlichen identischen Investitionskette, d.h. Anlagen werden mit gleichen Aus- und Einzahlungen immer wieder angeschafft und eingesetzt

3. kontinuierliche Funktionen / Verzinsung

4. kein technischer Fortschritt / Inflation

5. Der Kapitalwert des Anlageneinsatzes wird durch die Größen (A, C, T, L) bestimmt, direkte Zurechnung der Einzahlungen zu den Produkten. $K = K(A, C, T, L)$

6. Anschaffungsauszahlungen A sind konstant und fallen zum Anschaffungszeitpunkt 0 und zu den Ersatzzeitpunkten T an. A = const.

7. In den Ersatzzeitpunkten erhält man für den Verkauf der alten Anlage einen Liquidationserlös L. Dieser ist nur vom Anlagenalter T beim Ersatz abhängig $L = L(T)$

8. Während der Nutzungsdauer fallen Betriebs- sowie Instandhaltungszahlungen C an. Die Funktion der Betriebs- und Instandhaltungszahlungen ist mehrvariablig, linear und monoton steigend, sie umfasst neben den Zahlungen für Betriebsstoffe und verschleißbedingten Mehrverbrauch an Werkstoffen die Wartungs-, Reparatur- und sonstigen Instandhaltungszahlungen. Ihre Höhe ist bestimmt durch das Anlagenalter t, die Beschäftigung pro Periode (bzw. Zeitpunkt) y_t und die kumulierte Beschäftigung Y_t.

$$C(t, y_t, Y_t) = \alpha \cdot t + \beta \cdot y_t + \gamma \cdot Y_t$$

Diese Hypothese ist nicht empirisch bestätigt. Plausibel erscheint, dass z.B. bei Kraftfahrzeugen deren Alter, Fahrleistung in der Periode und bisheriger Kilometerstand näherungsweise bestimmend für Benzinverbrauch, Wartung, Reparaturen und dergleichen sind. Dennoch ist dieser Funktionsverlauf lediglich als erster Ansatz zu werten, der durch empirisch bestätigte Hypothesen für unterschiedliche Gebrauchsgüter zu ersetzen ist.

zu b)

Angaben:

$$A = 50 \qquad L = \frac{75}{T+1} \qquad \bar{y} = 6 \qquad C = 0{,}3 \cdot t + 3 \cdot y_t + 0{,}12 \cdot Y_t$$

Umrechnung:

$$C = 0{,}3 \cdot t + 3 \cdot (y_t = \bar{y}_t = 6) + 0{,}12 \cdot (Y_t = \bar{y}_t \cdot t = 6 \cdot t) = 0{,}3 \cdot t + 3 \cdot 6 + 0{,}12 \cdot 6 \cdot t = 18 + 1{,}02 \cdot t$$

$$T = 10{,}3 \qquad K = 297{,}74$$

Berechnung von K_t

$$K_t = \left[\int_t^T C(s, y_s, Y_s) \cdot e^{-is} ds - L(T) \cdot e^{-iT} + K \cdot e^{-iT} \right] \cdot e^{it}$$

für $t = 1$

$$K_1 = \left[\int_{t=1}^{T=10,3} C(s) \cdot e^{-0,1 \cdot s} ds - L(T) \cdot e^{-0,1 \cdot 10,3} + K \cdot e^{-0,1 \cdot 10,3} \right] \cdot e^{0,1 \cdot 1}$$

Berechnung des Integrals

$$\int_{t=1}^{T=10,3} C(s)\cdot e^{-0,1\cdot s}ds = \int_{t=1}^{T=10,3} (18+1,02\cdot s)\cdot e^{-0,1\cdot s}ds$$

$$= \int_{t=1}^{T=10,3} \left(18\cdot e^{-0,1\cdot s} +1,02\cdot s\cdot e^{-0,1\cdot s}\right)ds$$

$$= \left[\frac{18}{-0,1}\cdot e^{-0,1\cdot s} +\frac{1,02}{(-0,1)^2}\cdot e^{-0,1\cdot s}\cdot(-0,1\cdot s-1)\right]_{t=1}^{T=10,3}$$

$$= \frac{18}{-0,1}\cdot e^{-0,1\cdot 10,3} +\frac{1,02}{(-0,1)^2}\cdot e^{-0,1\cdot 10,3}\cdot(-0,1\cdot 10,3-1)$$

$$-\left[\frac{18}{-0,1}\cdot e^{-0,1\cdot 1} +\frac{1,02}{(-0,1)^2}\cdot e^{-0,1\cdot 1}\cdot(-0,1\cdot 1-1)\right]$$

$$= -180\cdot e^{-1,03} +102\cdot e^{-1,03}\cdot(-1,03-1)-\left[-180\cdot e^{-0,1} +102\cdot e^{-0,1}\cdot(-0,1-1)\right]$$

$$= -180\cdot e^{-1,03} +102\cdot e^{-1,03}\cdot(-2,03)-\left[-180\cdot e^{-0,1} +102\cdot e^{-0,1}\cdot(-1,1)\right]$$

$$= -64,26 -73,92 -\left[-162,87 -101,52\right]$$

$$= \underline{\underline{126,21}}$$

$$K_1 = \left[126,21 -\frac{75}{10,3+1}\cdot e^{-0,1\cdot 10,3} +297,74\cdot e^{-0,1\cdot 10,3}\right]\cdot e^{0,1\cdot 1}$$

$$= \left[126,21 -2,37 +106,29\right]\cdot e^{0,1}$$

$$= \left[230,13\right]\cdot e^{0,1}$$

$$= \underline{\underline{254,33}}$$

zu c)

Die lineare Abschreibung ist ein Grenzfall der Investitionstheoretischen, wenn man die Zinsen vernachlässigt oder als eigene Kostenart verrechnet und bei den laufenden Anlagenzahlungen keine dynamischen Beziehungen auftreten oder diese durch den Ansatz von Durchschnittswerten geglättet sind. Insofern ist der investitionstheoretische Ansatz umfassender.

Aufgabe 6.2.3:   Bestimmung von Preisuntergrenzen

zu a)

Teilkostenrechnung: 1 €

Vollkostenrechnung:

$$\left(10000 + \int_0^2 2000\,dt + 12000 + \int_2^4 1000\,dt\right)\bigg/2000 = 28000/2000 = 14$$

zu b)

Berechnung des Kapitalwerts K

$$K = -10000 - \int_0^2 2000\,e^{-0,1t}\,dt - 12000\,e^{-0,1\cdot2} + (p-1)\cdot\int_2^4 1000\,e^{-0,1t}\,dt$$

Bestimmung der Preisuntergrenze: Kapitalwert gleich null setzen und nach dem Preis auflösen:

$$p = \left(10000 + \int_0^2 2000\,e^{-0,1t}\,dt + 12000\,e^{-0,1\cdot2} + \int_2^4 1000\,e^{-0,1t}\,dt\right)\bigg/\int_2^4 1000\,e^{-0,1t}\,dt$$

Preisuntergrenze vor dem Kauf des Web-Servers:

$$p = \left(10000 + \int_0^2 2000\,e^{-0,1t}\,dt + 12000\,e^{-0,1\cdot2} + \int_2^4 1000\,e^{-0,1t}\,dt\right)\bigg/\int_2^4 1000\,e^{-0,1t}\,dt$$

$$= \frac{10000 + 2000\cdot(-10)\left(e^{-0,2} - e^0\right) + 12000\,e^{-0,2} + 1000\cdot(-10)\left(e^{-0,4} - e^{-0,2}\right)}{1000\cdot(-10)\left(e^{-0,4} - e^{-0,2}\right)}$$

$$= (10000 + 3625 + 9825 + 1484)/1484$$

$$= 24934/1484$$

$$= 16,80$$

Preisuntergrenze zum Zeitpunkt 1:

$$p = \left(\int_1^2 2000\,e^{-0,1t}\,dt + 12000\,e^{-0,1\cdot2} + \int_2^4 1000\,e^{-0,1t}\,dt\right)\bigg/\int_2^4 1000\,e^{-0,1t}\,dt$$

$$= \frac{2000\cdot(-10)\left(e^{-0,2} - e^{-0,1}\right) + 12000\,e^{-0,2} + 1000\cdot(-10)\left(e^{-0,4} - e^{-0,2}\right)}{1000\cdot(-10)\left(e^{-0,4} - e^{-0,2}\right)}$$

$$= (1722 + 9825 + 1484)/1484$$

$$= 13031/1484$$

$$= 8,78$$

Preisuntergrenze vor der Vermarktungsauszahlung zum Zeitpunkt 2:

$$p = \left(12000\,e^{-0,1\cdot2} + \int_2^4 1000\,e^{-0,1t}\,dt\right) \bigg/ \int_2^4 1000\,e^{-0,1t}\,dt$$

$$= \left(12000\,e^{-0,2} + 1000\cdot(-10)\left(e^{-0,4} - e^{-0,2}\right)\right) \big/ \left(1000\cdot(-10)\left(e^{-0,4} - e^{-0,2}\right)\right)$$

$$= (9825 + 1484)/1484$$

$$= 13031/1484$$

$$= 7,62$$

Preisuntergrenze zum Zeitpunkt 3:

$$p = \left(\int_3^4 1000\,e^{-0,1t}\,dt\right) \bigg/ \int_3^4 1000\,e^{-0,1t}\,dt$$

$$= 1$$

zu c)

− Investitionstheoretischer Ansatz geht von sicheren Erwartungen aus (bzw. Erwartungswert verbunden mit Risikoneutralität des Entscheiders) − hohe Unsicherheit im Bereich Internet schränkt Anwendbarkeit ein

− Sehr hohe Vorleistungen im vorliegenden Fall − investitionstheoretischer Ansatz empfiehlt frühzeitigen Projektabbruch in der Investitionsphase, falls der Marktpreis frühzeitig unter die Preisuntergrenze fällt.

− Folgeprojekte müssten in die Bestimmung der Preisuntergrenze einbezogen werden.

zu d)

Fristigkeit des Entscheidungsproblem	Strategisch	Taktisch	Operativ
Erfolgsgröße	Erfolgspotential	Kapitalwert	Deckungsbeitrag, Gewinn
Entscheidungsrelevante Informationen	Stärken/ Schwächen	Einzahlungen/ Auszahlungen, Zinsfuß	Kosten, Erlöse

Bereitstellung der Informationen durch das Rechnungssystem, idealerweise sind die Größen der operativen Ebene konsistent auf jene der taktischen und strategischen Ebene ausgerichtet.

Aufgabe 6.2.4:   Preisuntergrenze

zu a)

A_F	= 800	Auszahlungen für Forschung
A_E	= 1.000	Auszahlungen für Entwicklung
A_A	= 3.000	Auszahlungen für Anlagen
T_P	= 6	Anzahl der Produktionsperioden
F	= 200	Fixe Zahlungen je Produktionsperiode
k_v	= 10	Variable Zahlungen je Stück
x	= 200	Anzahl der gefertigten Stück
K	= Kapitalwert	

a = Deckungsbeitragsprozentsatz als Zuschlag auf die variablen Selbstkosten k_v

a_0^* = Mindestzuschlagssatz im Zeitpunkt t = 0

Annahme:

bis zum Anlaufen der Fertigung eines Produktes sind Vorleistungsauszahlungen z.B. für Forschung A_F, Entwicklung A_E und Anlagenkauf A_A zu erbringen. Diese fallen zu Beginn in einperiodigem Abstand an.

Ausgangspunkt für die Berechnung von Preisuntergrenzen ist der Kapitalwert K der während des gesamten Lebenszyklus einer Produktart anfallenden Zahlungen:

$$K = -A_F - A_E \cdot e^{-i} - A_A \cdot e^{-2i} - F \cdot \sum_{t=t'}^{T-1} e^{-it} + (p - k_v) \cdot x \cdot \int_{t=t'}^{T} e^{-it} dt$$

Annahmen:

– in den Perioden der Herstellung sind jeweils zum Periodenbeginn fixe Zahlungen F und laufend die Zahlungen k_v je Stück zu leisten

– Diesen Fertigungsauszahlungen stehen die Erlöse p je Stück gegenüber.

– Nach einer Forschungs- und Entwicklungszeit werde das Produkt in dem Zeitraum t' bis T gefertigt und abgesetzt.

- Der Stückdeckungsbeitrag ist als Zuschlagssatz α auf die variablen Kosten k_v angegeben, so dass gilt:

$$p = \left(1 + \tfrac{\alpha}{100}\right) \cdot k_v \quad \Rightarrow \quad DB = \left[\left(1 + \frac{\alpha}{100}\right) \cdot k_v - k_v\right] \cdot x = \frac{\alpha}{100} \cdot k_v \cdot x$$

⇨ Man erhält die Preisuntergrenze, indem man obige Gleichung für einen Kapitalwert von $K = 0$ nach α auflöst:

$$\alpha = \frac{A_F + A_E \cdot e^{-i} + A_A \cdot e^{-2i} + F \cdot \sum\limits_{t=t'}^{T-1} e^{-it}}{k_v \cdot x \cdot \int\limits_{t=t'}^{T} e^{-it} dt} \cdot 100$$

Wenn die Verzinsung auf $i = 0$ sinkt und der Zinseffekt damit vernachlässigt wird,

⇨ ergibt sich die Preisuntergrenze α_0^{*} der Vollkostenrechnung:

$$\alpha_0^{*} = \frac{A_F + A_E + A_A + F \cdot T_P}{k_v \cdot x \cdot T_P} \cdot 100$$

Berechnung der kurzfristigen Preisuntergrenze:

- Bei einer Verzinsung größer als Null verändert sich der Mindest-zuschlagssatz α_t^{*} nach jeder durchgeführten Zahlung.

- Ergebnis: der Zuschlagssatz sinkt von anfänglich 65% nach der letzten Zahlung von F in $t = 7$ auf Null ab

- Da keine fixen Zahlungen mehr anfallen, bilden die variablen Kosten hier die Preisuntergrenze.

- Preisuntergrenzenansätze der Voll- und der Teilkostenrechnung lassen sich somit als Grenzfälle des investitionstheoretischen Ansatzes interpretieren.

Mindestzuschlagssätze bei einmaligem Produktlebenszyklus (i=0,1):

t	0	0	1	1	2	2	3	3	4	4
α_t^{*}	65,94	55,35	55,35	43,31	43,31	8,30	10,48	7,97	10,48	10,48

t	5	5	6	6	6,5	7	7	8		
α_t^{*}	10,48	6,65	10,48	4,99	6,82	10,48	0	0		

$$\alpha = \frac{\underset{A_F}{\underbrace{800}} + \underset{A_E}{\underbrace{1.000 \cdot e^{-0,1}}} + \underset{A_A}{\underbrace{3.000 \cdot e^{-2 \cdot 0,1}}} + \underset{F}{\underbrace{200}} \cdot \sum_{t=t'}^{T-1} e^{-0,1 \cdot t}}{\underset{k_v}{\underbrace{10}} \cdot \underset{x}{\underbrace{200}} \cdot \int_{t=t'}^{T} e^{-0,1 \cdot t} dt} \cdot 100$$

t=0

Vor den Forschungsauszahlungen:

$$\alpha_0^* = \frac{800 + 1.000 \cdot e^{-0,1} + 3.000 \cdot e^{-0,2} + 200 \cdot \sum_{t=2}^{7} e^{-0,1 \cdot t}}{10 \cdot 200 \cdot \int_{t=2}^{8} e^{-0,1 \cdot t} dt} \cdot 100$$

Berechnung des Integrals

$$\int_{2}^{8} e^{-0,1 \cdot t} dt = \left(-\tfrac{1}{0,1}\right) \cdot \left[e^{-0,1 \cdot t}\right]_{2}^{8} = \left(-\tfrac{1}{0,1}\right) \cdot \left[e^{-0,8} - e^{-0,2}\right]$$

$$\alpha_0^* = \frac{4.161,03 + 200 \cdot \left[e^{-0,2} + e^{-0,3} + e^{-0,4} + e^{-0,5} + e^{-0,6} + e^{-0,7}\right]}{20 \cdot \left\{\left(-\tfrac{1}{0,1}\right) \cdot \left[e^{-0,8} - e^{-0,2}\right]\right\}} = 65,94$$

Differenzen beim Nachrechnen ergeben sich durch Rundungsfehler!

Nach den Forschungsauszahlungen:

$$\alpha_0^* = 55,35 = \frac{1.000 \cdot e^{-0,1} + 3.000 \cdot e^{-0,2} + 200 \cdot \sum_{t=2}^{7} e^{-0,1 \cdot t}}{10 \cdot 200 \cdot \int_{t=2}^{8} e^{-0,1 \cdot t} dt} \cdot 100$$

t=1

Vor den Entwicklungsauszahlungen:

$$\alpha_1^* = 55{,}35 = \frac{1.000 \cdot e^{-0{,}1} + 3.000 \cdot e^{-0{,}2} + 200 \cdot \sum_{t=2}^{7} e^{-0{,}1 \cdot t}}{10 \cdot 200 \cdot \int_{t=2}^{8} e^{-0{,}1 \cdot t} dt} \cdot 100$$

Nach den Entwicklungsauszahlungen:

$$\alpha_1^* = 43{,}31 = \frac{3.000 \cdot e^{-0{,}2} + 200 \cdot \sum_{t=2}^{7} e^{-0{,}1 \cdot t}}{10 \cdot 200 \cdot \int_{t=2}^{8} e^{-0{,}1 \cdot t} dt} \cdot 100$$

t=2

Vor den Anlagenauszahlungen:

$$\alpha_2^* = 43{,}31 = \frac{3.000 \cdot e^{-0{,}2} + 200 \cdot \sum_{t=2}^{7} e^{-0{,}1 \cdot t}}{10 \cdot 200 \cdot \int_{t=2}^{8} e^{-0{,}1 \cdot t} dt} \cdot 100$$

Nach den Anlagenauszahlungen und den Fixkosten:

$$\alpha_2^* = 8{,}30 = \frac{200 \cdot \sum_{t=3}^{7} e^{-0{,}1 \cdot t}}{10 \cdot 200 \cdot \int_{t=2}^{8} e^{-0{,}1 \cdot t} dt} \cdot 100$$

t=3

Vor Fixkosten:

$$\alpha_3^* = 10{,}48 = \frac{200 \cdot \sum_{t=3}^{7} e^{-0{,}1 \cdot t}}{10 \cdot 200 \cdot \int_{t=3}^{8} e^{-0{,}1 \cdot t} dt} \cdot 100$$

Unmittelbar nach Fixkosten:

$$\alpha_3^* = 7,97 = \frac{200 \cdot \sum\limits_{t=4}^{7} e^{-0,1 \cdot t}}{10 \cdot 200 \cdot \int\limits_{t=3}^{8} e^{-0,1 \cdot t} dt} \cdot 100$$

t=4

Vor Fixkosten:

$$\alpha_4^* = 10,48 = \frac{200 \cdot \sum\limits_{t=4}^{7} e^{-0,1 \cdot t}}{10 \cdot 200 \cdot \int\limits_{t=4}^{8} e^{-0,1 \cdot t} dt} \cdot 100$$

Unmittelbar nach Fixkosten:

$$\alpha_4^* = 7,48 = \frac{200 \cdot \sum\limits_{t=5}^{7} e^{-0,1 \cdot t}}{10 \cdot 200 \cdot \int\limits_{t=4}^{8} e^{-0,1 \cdot t} dt} \cdot 100$$

t=5

Vor Fixkosten:

$$\alpha_5^* = 10,48 = \frac{200 \cdot \sum\limits_{t=5}^{7} e^{-0,1 \cdot t}}{10 \cdot 200 \cdot \int\limits_{t=5}^{8} e^{-0,1 \cdot t} dt} \cdot 100$$

Unmittelbar nach Fixkosten:

$$\alpha_5^* = 6,65 = \frac{200 \cdot \sum\limits_{t=6}^{7} e^{-0,1 \cdot t}}{10 \cdot 200 \cdot \int\limits_{t=5}^{8} e^{-0,1 \cdot t} dt} \cdot 100$$

t=6

Vor Fixkosten:

$$\alpha_6^* = 10{,}48 = \frac{200 \cdot \sum\limits_{t=6}^{7} e^{-0{,}1 \cdot t}}{10 \cdot 200 \cdot \int\limits_{t=6}^{8} e^{-0{,}1 \cdot t} dt} \cdot 100$$

Unmittelbar nach Fixkosten:

$$\alpha_6^* = 4{,}99 = \frac{200 \cdot e^{-0{,}7}}{10 \cdot 200 \cdot \int\limits_{t=6}^{8} e^{-0{,}1 \cdot t} dt} \cdot 100$$

t=7

Vor Fixkosten:

$$\alpha_7^* = 10{,}48 = \frac{200 \cdot e^{-0{,}7}}{10 \cdot 200 \cdot \int\limits_{t=7}^{8} e^{-0{,}1 \cdot t} dt} \cdot 100$$

Unmittelbar nach Fixkosten:

$$\alpha_7^* = 0 = \frac{0}{10 \cdot 200 \cdot \int\limits_{t=7}^{8} e^{-0{,}1 \cdot t} dt} \cdot 100$$

zu b)

Die Lösungen der Teil- und der Vollkostenrechnung stellen Grenzfälle des investitionstheoretischen Ansatzes dar.

– Die variablen Kosten bilden die kurzfristige Preisuntergrenze.

– Die vollen Durchschnittskosten bilden die langfristige Preisuntergrenze, sofern alle Zahlungen kontinuierlich anfallen, der Zinssatz Null wird oder die Zinsen gesondert verrechnet werden.

Aufgabe 6.2.5:   Preisuntergrenze

zu a)

Ausgangspunkt für die Berechnung von Preisuntergrenzen ist der Kapitalwert K der während des gesamten Lebenszyklus des Produktes „Race" anfallenden Zahlungen:

$$K = -A_{FE} - A_A \cdot e^{-i} - F \cdot \sum_{t=t'}^{T-1} e^{-it} + (p - k_v) \cdot x \cdot \int_{t=t'}^{T} e^{-it} dt$$

Bei einem Kapitalwert von $K=0$ lässt sich dies unter Verwendung der angegebenen Formel $DB = (p - k_v) \cdot x = \dfrac{\alpha}{100} \cdot k_v \cdot x$ darstellen als:

$$\frac{\alpha}{100} \cdot k_v \cdot x \cdot \int_{t=t'}^{T} e^{-it} dt = A_{FE} + A_A \cdot e^{-i} + F \cdot \sum_{t=t'}^{T-1} e^{-it}$$

Für den Zuschlagssatz α, der für die Ermittlung der Preisuntergrenze relevant ist, ergibt sich durch Auflösen der obigen Gleichung nach α:

$$\alpha = \frac{A_{FE} + A_A \cdot e^{-i} + F \cdot \sum_{t=t'}^{T-1} e^{-it}}{k_v \cdot x \cdot \int_{t=t'}^{T} e^{-it} dt} \cdot 100$$

Berechnung der Preisuntergrenze bei einem Verhandlungszeitpunkt zu Beginn des Betrachtungszeitraums:

$$\alpha^0 = \frac{4000 + 1500 \cdot e^{-0,05} + 500 \cdot \sum_{1}^{3} e^{-0,05t}}{80 \cdot 100 \cdot \int_{1}^{4} e^{-0,05t} dt} \cdot 100$$

$$\alpha^0 = \frac{4000 + 1500 \cdot e^{-0,05} + 500 \cdot (e^{-0,05} + e^{-0,1} + e^{-0,15})}{80 \cdot (-\dfrac{1}{0,05}) \cdot \left[e^{-0,05t}\right]_1^4}$$

$$\alpha^0 = \frac{4000 + 1426,84 + 1358,39}{80 \cdot (-20) \cdot (e^{-0,2} - e^{-0,05})} = \frac{6785,23}{211,99} = 32$$

Für die Preisuntergrenze ergibt sich damit:

$$PUG = k_v \cdot (1 + \alpha) = 105,60$$

zu b)

Bestimmung der Preisuntergrenze bei Nachverhandlung unmittelbar vor Beginn der letzten Produktionsperiode:

Berechnung von α^3

$$\alpha^3 = \frac{500 \cdot \sum\limits_{3}^{3} e^{-0,05t}}{80 \cdot 100 \cdot \int\limits_{3}^{4} e^{-0,05t} dt} \cdot 100 = \frac{500 \cdot e^{-0,15}}{80 \cdot (-20) \cdot (e^{-0,2} - e^{-0,15})} = \frac{430,35}{67,16} = 6,41$$

Für die Preisuntergrenze ergibt sich damit: PUG = 85,21

zu c)

Preisuntergrenze bei Vollkostenrechnung entspricht Durchschnittskosten, d.h. konkret:

$$k_v + \frac{K_{fix}}{x_{gesamt}} = 80 + \frac{7000}{300} = 103,33$$

Preisuntergrenze bei Teilkostenrechnung entspricht den variablen Kosten. Es ergibt sich damit eine PUG = 80.

– Investitionstheoretische PUG ist in den frühen Perioden höher als die Durchschnittskosten, sinkt dann aber ab in Richtung der kurzfristigen PUG (bei einmaligem Produktlebenszyklus sogar bis auf einen Zuschlagssatz von 0)

– Mögliche Begründung: Bei investitionstheoretischer Rechnung Betrachtung und Einbeziehung aller – vom Betrachtungszeitpunkt ausgehend – zukünftig noch anfallenden Zahlungen inklusiver ihrer Verzinsung. Traditionelle VKR lässt hingegen zeitlichen Anfall der Zahlungen im Sinne von Zinsbetrachtungen außer Acht.

Stichwortverzeichnis